住宅精细化设计
DETAILED DESIGN FOR DWELLINGS

周燕珉 等著

中国建筑工业出版社

图书在版编目(CIP)数据

住宅精细化设计/周燕珉等著.—北京：中国建筑工业出版社，2006（2023.6重印）
ISBN 978-7-112-08742-6

Ⅰ.住… Ⅱ.周… Ⅲ.住宅－建筑设计　Ⅳ.TU241

中国版本图书馆CIP数据核字(2006)第136186号

责任编辑：费海玲　戴　静
责任校对：王　爽　刘　钰

住宅精细化设计

周燕珉　等著

*

中国建筑工业出版社出版、发行（北京西郊百万庄）
各地新华书店、建筑书店经销
北京美光制版有限公司制版
北京云浩印刷有限责任公司印刷

*

开本：880×1230毫米　1/20　印张：14⅜　字数：400千字
2008年1月第一版　　2023年6月第二十二次印刷
定价：48.00元
ISBN 978-7-112-08742-6
　　　(15406)

版权所有　翻印必究
如有印装质量问题，可寄本社退换
（邮政编码　100037）

前言

我国正处于一个住宅建设大发展的时代,近年来每年竣工的城镇住宅面积约占全球的一半。从下一代人的角度看,当今年代将是留给他们最多住宅建筑遗产的年代。因此,我们这一代人的住宅设计的优劣,由于其量大面广而实在是不容忽视的重要问题。

但就目前住宅设计的现状而言,其情形不能不说是令人担忧的。大量的住宅设计是"萝卜快了不洗泥"的产物,各个方面都缺乏仔细的推敲。毛坯房仍在大行其道,二次装修造成大量的资源浪费和环境污染。在国家大力提倡建设节约型社会的今天,住宅建设领域实行精细化设计已经成为时代的要求。

笔者在清华大学建筑学院从事住宅设计的研究、教学及实践多年,在住宅的精细化设计方面积累了较多的经验和心得。近年来陆续在相关学术刊物上发表了多篇涉及住宅设计各个方面的研究心得及调研活动的成果。此次通过中国建筑工业出版社将这些成果集结成书,既是对自己近年来住宅设计研究工作的一个阶段性总结,也希望为推动我国住宅精细化设计的发展做出一点贡献。

本书布局分为三篇,共收入31篇文章。"综合篇"包括了相对来说具有综合性、前沿性和国际视野的3篇文章。"调研篇"包括4篇文章,内容涵盖了住宅设计中调研的方法及实际调研的成果。"设计篇"共有23篇文章,分为"户型设计"、"细部设计"、"老年人住宅"三大专题,这三大专题未能涵盖的文章归于"其他"之中。

笔者近年来的研究活动得到了深圳万科公司的大力支持,在此深表感谢。同时,笔者近几年先后指导过的多名学生以论文的合作者或绘图、校对等形式为完成本书也有贡献,在此一并道谢。最后我要将本书献给我高龄的父母,他们以无私的爱给了我全方位的后援,使我能够心无旁骛地投身于教学和科研中。

周燕珉
2007年9月

目 录

前言

综合篇

02	我国城市住宅套型设计发展趋势研究	（周燕珉、杨　洁）
06	中日韩集合住宅比较	（周燕珉、杨　洁）
15	90平方米中小套型住宅设计探讨	（周燕珉、杨　洁、林菊英）

调研篇

26	住宅设计研究中入户调研的意义及方法	（周燕珉、杨　洁）
39	中青年客户群居住需求研究综述	（周燕珉、杨　洁）
42	住宅各空间需求研究	（周燕珉、侯珊珊）
54	针对住宅各空间需求的设计建议	（周燕珉、侯珊珊、杨　洁）

设计篇

■ 套型设计专题

76	板式住宅套型设计要点	（周燕珉、林菊英）
84	板式中高层住宅公共交通空间设计研究	（周燕珉、李　汶）
95	18层以上塔式高层住宅公共交通空间设计研究	（周燕珉、王　超）
106	套型空间的组合设计研究	（周燕珉、侯珊珊、林菊英）
142	对可变式中小套型设计的新尝试	（周燕珉、王世伟）
148	都市大进深住宅套型设计解决方案	（周燕珉、霍　佳、林菊英）
153	联排住宅特性与设计规律初探	（周燕珉、谭剑桥）
162	居住区规划与套型的配合设计浅议	（周燕珉、杨　洁）

■ 厨卫设计专题

167	住宅复合型厨房空间研究	（周燕珉、邵玉石）
172	由 SARS 引发的对厨房设计的再思考	（周燕珉）
175	住宅卫生间设计研究	（周燕珉）
180	住宅卫生间的光环境设计	（周燕珉）
185	中国未来住宅厨卫设计发展趋势研究	（周燕珉）

■ 老年住宅专题

192	老年客户群居住需求调研及设计建议	（周燕珉、杨洁、霍佳）
203	老年住宅中的共通设计事项	（周燕珉、董元铮）
218	老年住宅装修设计要点	（程晓青、周燕珉）
222	老年人居室装修设计实践	（周燕珉、林菊英、袁素）
239	面向残疾老龄人的住宅设计	（张洁、周燕珉）
248	考虑视力衰退因素的老年人居室设计要点	（周燕珉、陈树坤）
253	日本老年人居住状况及养老模式的发展趋势	（周燕珉、陈庆华）

■ 其他

262	选房秘笈	（周燕珉、侯珊珊）
265	住宅建筑窗的设计要点 60 条	（周燕珉、侯珊珊）
274	住宅套型设计还有改进的余地	（周燕珉、程晓青）
277	镜子在住宅中的巧用	（周燕珉、袁素）

285 **主要参考文献**

住宅精细化设计 综合篇

GENERAL PART

我国城市住宅套型设计发展趋势研究

2006年5月28日，我国建设部等六部委联合制定的《关于调整住房供应结构稳定住房价格的意见》（简称"国六条"）中明确指出："年度居住用地供应总量的70%，必须用于中低价位、中小套型普通商品住房（含经济适用住房）和廉租房"，"套型建筑面积90平方米以下住房（含经济适用住房）面积所占比重，必须达到开发建设总面积的70%以上。"

"国六条"中对于套型面积的限定引起了社会上广泛的议论：随着社会经济水平和生活水平的提高，人们的居住标准也在不断提高，为何在经济已经较为发达的今天，国家要对于商品住宅作出这种严格的限制呢？为找出这个问题的答案，我们从套型设计的角度出发，在回顾我国城市住宅套型发展史的基础上，列出现阶段我国城市住宅套型结构的主要问题，进而深入领会"国六条"的内涵，尝试提出我国城市住宅套型设计的发展方向。

一、我国城市住宅套型模式的发展历程

住宅户内功能空间的数量、组合方式往往与家庭的人口构成、生活习惯、地域、气候条件，特别是社会经济条件及国家的住宅政策制度等有着密切关系，并随着时间的推移而不断改变。我国城市住宅的套型发展先后经历了如下几个阶段（见表1、表2）。

（1）建国初期，为解决人民的居住问题，使"居者有其屋"是当时重要的政治任务之一。但受到社会经济能力的限制，在城市建设速度跟不上的情况下，住宅常为多户合住，厨卫空间为几户共用。这个时代的居住目标仅仅是"一人一张床"。

（2）20世纪六七十年代，受到自然灾害和"文革"的影响，城市住宅建设发展缓慢。"文革"初期住宅标准一度降低，到了后期有所缓解。这时，独门独户、满足家庭使用要求的小面积住宅已经成为多数人的希望。在多数新建住宅中，厨卫空间已为各户独立使用。

（3）20世纪70年代末到80年代，改革开放在推动了我国经济发展的同时，也有效带动了城市住宅的建设。"一户一套房"成为这时的居住目标。住宅面积比起以往有所增加，但出于节地的考虑，在套型设计的面宽和进深标准上，有着严格的控制。住宅中的空间配置基本能满足当时人们的生活需要，部分套型出现了独立小方厅（即餐厅），初步做到了"餐寝分离"。

（4）20世纪90年代，我国进入经济高速发展时期，人民的生活水平已经有了明显的提高，对于居住水平的要求也进一步提高。由于住宅依然作为部门和企业物质福利加以分配，相关部门对设计和建设标准的控制仍然很严格。但为满足当时的居住要求，套型面积又有所扩大，各功能空间也作了相应调整，起居室开始独立出来，做到了"居寝分离"。

（5）1998年，我国开始全面推行商品房政策，城市住宅的形式大为改观。居住者的需求得到进一

步重视，各功能空间的配置随之完善，"一人一间房"是这个时期的居住目标。随着住宅市场竞争的需要，套型设计也丰富起来。

（6）2003年以来，住宅的商品化特征越发明显，套型设计呈现多样化的趋势。从"健康住宅"、"绿色住宅"、"生态住宅"到"亲情住宅"、"另类住宅"、"第二居"，新概念层出不穷，居住的舒适性、健康性和文化性受到普遍关注。但是，套型设计也出现了消费超前的倾向，单户住宅的面积开始迅速增加，市场上追崇着大套型和豪宅。

二、现阶段我国城市住宅套型结构的主要问题

众所周知，近几年我国的城市建设正处于空前高速发展时期，城市中商品住宅的开发和建设也正以前所未有的速度和规模展开。但与此同时，在城市住宅领域中仍存在很多不容忽视的问题。

我国城市住宅套型模式的发展历程（1950~1980） 表1

套型模式	合住型	居室型	方厅型
年代	20世纪50年代	20世纪60~70年代	20世纪70年代末~80年代
示例			
特征	● 套型小 ● 多为一室或带套间的两室 ● 卧室一般兼起居和用餐功能 ● 几户共用厨房和厕所 ● 居住目标为"一人一张床"	● 每户一至二室 ● 多数为穿套式房型 ● 各房间功能仍以睡眠为主 ● 起居、用餐功能尚未独立 ● 独用小厨房和厕所	● 增加了二室、三室的套型 ● 走廊扩大为小方厅，形成独立的用餐空间，家庭起居活动仍在卧室，做到"餐寝分离" ● 卫生间主要为两件套（便器、面盆），有些套型增设浴位 ● 冰箱、洗衣机位置尚不确定 ● 居住目标为"一户一套房"

我国城市住宅套型模式的发展历程（1990~2007） 表2

套型模式	起居型	安居型	舒适型
年代	20世纪90年代	1998年以后	2003年以后
示例			
特征	• 起居室作为家庭团聚、娱乐、用餐等功能的活动场所独立出来 • 做到居寝分离 • 独用厨房加大，设备趋于完善 • 卫生间安装三件套（便器、浴盆、面盆） • 考虑了冰箱、洗衣机专用位置	• 全面进入商品住宅时代 • 套型结构大为改善 • 餐、起、寝分离 • 厨房设备完善 • 设有服务阳台 • 卫生间安装三件套 • 三室以上套型多设置双卫生间 • 居住目标为"一人一间房"	• 动静分区，餐、起、寝、学分离 • 有独立的小门厅、公共或客用卫生间 • 交通流线清晰 • 附有服务阳台、储藏间等 • 主卧室功能细化，设卫生间、衣帽间等，并注意干湿分区 • 面宽加大，空间通透灵活

1. 套型结构失调

随着城市化进程不断加快，城市中的住宅用地逐渐紧张，商品住房价格随之普遍上涨。大套型住宅由于利润空间较大，在商品住房供给中所占比例越来越高，而中小套型的比例则不断减小。这种供给结构的不合理，一方面造成了中低价位商品房的短缺，进而导致住房支付能力问题凸现，城市中大部分人买不起住房，为社会带来不安定因素；另一方面，也造成了住宅市场上盲目建造大套型的奢华风气，这不仅不符合我国目前的经济能力，更有悖于可持续发展的长远战略。

2. 粗放型建造

目前我国相关法规和政策尚不够完善和配套，住宅设施设备的标准化程度普遍较低。同时，过于追求短时间内大量开发、建设，使得套型设计的精细化无从顾及，特别是20世纪90年代末以来大量出现的"毛坯房"，令住户在装修过程中不仅耗费精力，还存在一定程度的危险，更是带来邻里干扰等多方面问题。虽然近几年来部分地区开始出现精装修商品住宅，但由于部品缺少精制构件，且设计和装修施工不到位、不精细，住户入住后仍感到不满，不得不进行二次装修改造，由此带来人力和物力的巨大浪费。

3. 设计缺乏研究

此外，住宅的开发和设计领域对于住宅的套型设计尚不够重视，缺乏对于居住需求的细致研究。大部分的住宅开发者和设计者都比较年轻，缺乏开发和设计经验，对于套型空间的细节推敲不深入，使得大量套型的功能性空间设计不甚合理，造成我国现阶段商品住宅的套型设计水准普遍较低。

上述问题，若不加以重视并及时解决，将会对我国今后住宅的发展产生重大影响。

三、我国城市住宅套型设计的发展方向

"国六条"的提出，对当前我国城市住宅建设中出现的种种问题具有针对性。在土地等资源日渐紧缺的今天，推行节能省地的小面积住宅很有必要。

近年来，我国商品住宅的套型面积一直不断增加，普通的二室户、三室户基本都在100平方米以上，很多甚至达到一百五六十平方米。

回顾我国城市住宅的发展历程，不难发现，在过去的几十年中，受到国家整体经济水平的限制，也曾经历过几个"小套型时期"。几十年后的今天大力推广小面积套型，可能会遭遇一部分人的误解，认为这是居住水平下降的表现。然而这并非历史的倒退，而是立足于现状并兼顾长远发展的理性思考。与以往在经济困难时期以及在分配制度下，以"节省"为惟一原则、不顾及居住舒适度的小套型不同，如今的小套型是在节能省地的原则基础上，充分满足不同居住者的多种实际使用需求的套型设计，并尽可能确保住宅的宜居性。

我们认为，在今后的小套型设计中，应在以下三个方面加以注意：

（1）以"节能省地"为大前提，着力探讨节约型居住区的规划方法，如增加中高层楼栋的比例，以北向退台的楼栋形式节省日照间距，设计通风良好的一梯多户的单元等等；

（2）提倡住宅的精细化设计，追求套型结构的合理配置，功能空间的灵活可变，厨卫空间的人性化设计，以及利用压缩户内多余交通面积等手段在节地的同时保证居住空间的舒适性；

（3）推广精装修住宅，以工业化、标准化的部品，精细成熟的施工技术和环保的建材降低成本，保证住宅产品的质量，减少在人力物力方面的浪费。

中日韩集合住宅比较

本文将要探讨的是中、日、韩三国的集合住宅各自的特点,并把比较的重点放在套型空间的构成特点上。我们进行中、日、韩三国集合住宅比较的目的和意义在于:

首先,日韩与我国在地理位置上非常邻近,气候条件类似。而且,日韩文化与中华文化同源,三个国家的人民生活习惯较为接近,对于居住空间的要求和体验也较为接近,因此进行比较有借鉴的可能和意义。

其次,东京、首尔等日韩特大城市由于人口密度很高,出于集约化利用土地的需要,集合住宅已经成为这类城市的主要居住形式。我国的北京、上海等特大城市也已经开始面临住宅用地紧张的问题,大量的高密度的居住区成为开发的主体模式。日韩两国集合住宅的建设和发展远远早于我国,现已进入成熟阶段,几十年的经验积累,可供我们学习和借鉴。

第三,日韩作为发达国家,对于居住的水准要求较高,相应的其住宅设计也比较精细。我国目前的集合住宅建设还处于粗放型阶段,相信随着经济的不断发展、人们生活水平的逐步提高,对居住质量的要求也必将相应提高,经过精细设计的日韩住宅可以成为我们很好的借鉴对象。

一、中日韩三国住宅比较

1. 基本开发模式比较

日韩均为土地私有制国家,集中连片开发相对困难,大范围的整体规划不容易实现。日本个人的独立住宅比重高,集合住宅由政府、"住宅公团"及开发商进行开发,多为租赁形式。除市中心的部分高层住宅外,以低层和多层为主,呈现低层高密度的特征。韩国的集合住宅开发在经历了20世纪60~70年代对于6~8层板式住宅的集中、大量开发时期之后,逐渐转向小规模开发。80~90年代以12~

中、日、韩三国集合住宅开发模式比较　　　　表1

	土地所有制	大城市集合住宅类型	集合住宅开发规模
中国	公有制	多层、中高层、高层	集中、大量开发
日本	私有制	低层、多层、中高层	小规模开发
韩国	私有制	中高层、高层	小规模开发

18层的板式住宅为主,90年代以后20~25层的高层住宅比例增加,2000年以后高标准的超高层商住塔楼开始大量出现。由于用地紧张,韩国常见的集合住宅为中高层,住宅的日照间距较小,整体呈现中高层高密度的特征。

由于我国土地为公有制,集合住宅的大规模开发相对较为容易。20世纪90年代以前,我国的集合住宅主要为6层以下的多层住宅,近十年来,随着城市人口密度的不断增加和商品住宅的发展,中高层住宅和高层住宅的比例逐渐增加,大城市开始呈现高层高密度的特征(见表1)。

2. 住栋基本形式比较

韩国集合住宅多采用剪力墙的结构形式,常见形式为梯间板式;套型面宽较大,进深相对较小;高于3层即设置电梯,多数板式集合住宅为20层左右的高层;因此其楼栋形式较为单薄。日本的集合住宅主要为框架结构,基本形式以外廊板式为主,也有一定比例的高塔;为有效地利用土地,住宅套型面宽较小,进深相对较大。

在集合住宅的外立面造型上,以我国住宅较为丰富多变,日韩住宅则较为朴素简约。韩国住宅单元立面凹凸变化较少,每户前后都有通长的封闭式阳台作为室内外过渡空间,较少有以不同大小的窗洞造成立面变化的机会;其外墙面多采用浅色涂料,住宅立面整体形象较为平实(见图1)。

日本集合住宅因消防法规的要求,户间的阳台须相互连通(以便在紧急的情况下打破隔板从邻家出口避难),特别是高层住宅,往往在正立面造成连续的横向线条,又因其多采用外廊式的入户方式,使得其背立面也以横向线条为主(见图2、图3)。日本气候潮湿多雨,外立面多采用柔和色调的

图1 韩国梯间式集合住宅

图2 日本外廊式集合住宅

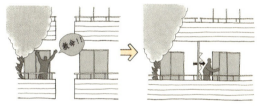

打破阳台间隔板,往邻家避难

图3 日本的高层集合住宅因消防法规的限制外立面多呈横线条

瓷砖饰面,立面效果较为清雅,与城市灰白色基调的公建相互协调。

我国商品住宅正处于热销阶段,开发商之间竞争激烈,都希望突出小区特色,以漂亮的外观作为吸引消费者的手段之一,因此将住宅外立面设计得十分抢眼,飘窗、构架、飞顶、色彩对比等手法繁多。

3. 套型尺度比较

韩国家庭中,三代同堂仍保持着一定的比例,两个孩子的家庭也比较多。因此,韩国集合住宅的主流套型为三至四室户的套型。由于气候比较寒冷,韩国住宅非常重视南向采光,集合住宅每户的套型

中、日、韩三国住宅套型面积尺度比较　　　　表2

	户均人数（人）	主流套型面积（m²）	人均住宅面积（m²）	户进深（不含阳台）（m）	户面宽（m）
中国	3.0	80～120	24	11～13	8～11
日本	2.7	60～100	30	11～13	6～8
韩国	3.3	115	28	10～12	>10

平面一般呈扁宽型，且南北两侧设通长的封闭式阳台以加强保温。起居、主卧、次卧3个空间朝南向一字排开，面宽较大：起居室的面宽为3.6～5.1m，主卧的面宽为3.6～4.8m，次卧的面宽为3.0～3.6m，因此四室户的套型总面宽往往达到10m以上。卧室形状较为方正，进深大多在3.0～4.2m之间，套型纵向一般只有三进空间，套型的总进深相对较小（见图4）。

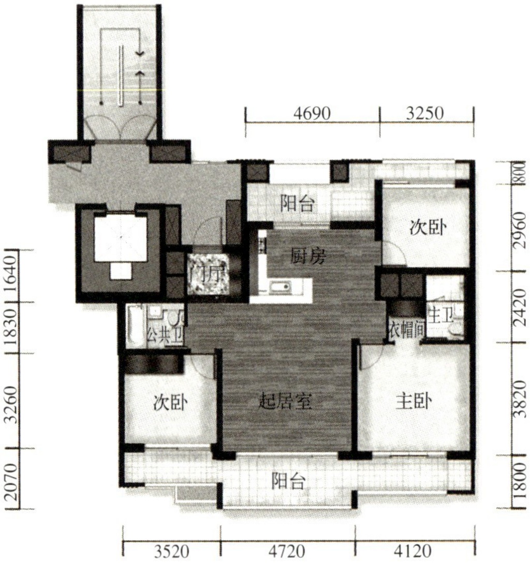

日本有相当比例的独栋住宅，生活条件较好、人口较多的大家庭一般独户居住；而集合住宅的住户主要为大城市中的工薪阶层和青年家庭。此类住户的基本家庭结构为2～3口之家的核心家庭模式，因此以三室户为集合住宅的主流套型。为节约土地、争取较高的容积率，日本集合住宅的套型平面多为瘦长型，较小三室户总面宽为8m左右，而进深相对较大，为11～13m左右（不含阳台和走廊），且平面布局较为紧凑，套型面积一般较小，在不计阳台、外廊等公共面积的情况下，三室户面积为80m²左右（见图5）。

我国近一个时期的主流套型也为两室户和三室户，以常见的板式住宅套型为例，其面宽和面积均介于日韩之间，不计公摊面积时，两室户的面宽为7.5～8.5m，面积为70～95m²，三室户的面宽为9.5～11.5m，面积为95～120m²，进深约11～13m（不含阳台），高于韩国，与日本接近（见表2）。

二、日韩集合住宅套型特征综述

日韩集合住宅的套型平面各有特点，概括来讲：韩国的集合住宅较为重视空间的舒适性，日本的集合住宅则非常注意空间的充分利用。其各自的特征在下文中我们进行了总结。

图4　韩国集合住宅三室户典型平面

中日韩集合住宅比较

图5 日本集合住宅 3LDK 典型平面

1. 韩国集合住宅套型特点

韩国住宅套型的空间结构有一个明显的特征，即起居室和餐厅作为主要的家庭公共活动空间，位于套型的中部，主卧和次卧分布在起居室的两侧；次卧区靠近门厅处，一般作为儿童和老人的房间使用，主卧则靠近内侧，供户主居住。厨房与餐厅相连，并紧邻北侧服务阳台（见图4、图6）。韩国套型的主要特点为：重视门厅，主次卧分区，重视阳台、服务间和储藏空间。

韩国住宅中重视门厅的独立性，地面与其他房间有几厘米的高差（日本也同样），使换鞋空间明确，保证洁污分区。门厅平面多为"L"形，即进门后有一转折，既保证了住宅内部的私密性，也营造了"对景"的空间效果（见图7）。不仅门厅本身的装饰性强，由门厅转入住宅的"内部空间"时，正对的墙面也必然设置装饰性的家具或饰物，而不是正对着某个房间的门。近几年来，韩国住房的门厅逐步扩大。空间的礼仪性进一步增强，收纳空间的比重也逐渐增大。

图6 韩国塔式豪华住宅三室户套型平面

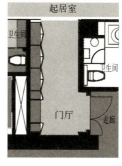

图7 "L"形门厅平面

图8 韩国梯间式集合住宅四室户平面

韩国的主卧区比较受重视，一般位于住宅的最内部，自成一体。四室户的主卧区多由主卧室、衣帽间、主卧卫生间和一个附加空间组成（此空间有时作为夫妇独用的私密房间，有的家庭把电视和音响放于此处，构成一个单独的小起居或小书房），各房间相互贯通，形成可回旋的空间组合（见图8）。

韩国住宅的南北两侧常设有1.3~1.8m宽的横向贯通式封闭阳台：南向为生活阳台，与起居、卧室等空间相连；北侧为服务阳台，是主要的家务空间，面积较大，韩国人喜欢泡菜，所以会在这里放置大量泡制泡菜用的瓶、罐、坛等用具，也作为洗涤、晾晒、熨烫衣物的空间。餐厨空间接近，常合二为一成DK式，与起居室南北分设，之间有时用推拉门进行空间分隔（见图8）。

韩国人对于储藏空间非常重视，住宅内的储藏空间面积较大，包括门厅内的收纳柜、主卧区内的衣帽间、服务阳台的储藏柜、次卧内的壁柜等。

概括而言，韩国重视居住空间的舒适性：套型南向采光面积大，门厅、起居、餐厨等空间各自独立，主卧区自成一体，私密性极强，服务间和大量的储藏空间保证了室内的整洁效果。特别是韩国的大套型设计，对于我们在设计我国的大型、豪华型住宅时，在功能细分方面，有很多可借鉴之处。

2. 日本集合住宅套型特点

日本集合住宅的发展经历了几个阶段，而今其套型结构已逐步趋于成熟，其最新套型的主要发展趋向为：实用化、精致化、标准化、灵活化。在空间布局上，日本的集合住宅由于外廊式结构，多从北侧入户，套型平面呈"十"字形，即：套型中间为走廊，卧室靠近住宅入口门厅附近，沿走廊两侧布置，并不强求南向；住宅中部一般为卫浴空间和厨房（厨房不要求必须对外开窗）；起居室则位于最南端，一般与餐厅相连，共同构成餐起空间；和室作为日本特有的第二起居空间，一般与起居室相邻设置，推拉门可以打开、摘下，其空间可间接采光而不必直接临窗，从而节省了面宽（见图5）。日本住宅的主要特点为：餐起并置，餐厨相连，卫浴空间分区设置，储藏空间分类灵活分布（见图9）。

日本的饮食习惯清淡，烹饪以蒸煮、凉拌为主，很少做煎炒等油烟较重的菜肴，因此其厨房多为开敞式与半开敞式，半开敞式的厨房通过窗与餐厅及餐桌相连，方便传递食品、物品，与客厅也很相近，这样的设置保证了使用上的相对独立，又可以使空间在视觉上连为一体，便于主妇在做饭的同时照顾到在起居室的家人和在阳台玩耍的儿童。

日本住宅内的卫生间常按使用功能分为洗浴、

流线近便。日本人重视洗浴,淋浴花洒和浴盆同在一个空间里但分开设置,形成独立湿区。日本人一般先淋浴后泡澡,洗浴时间很长,但因浴厕分开设置,减少了相互干扰。

日本的住宅面积虽小,但储藏空间丰富,且设置位置考虑周到、分类明确。日本住宅多采用框架结构,室内较少承重墙,轻质的隔墙、推拉门与壁柜等储藏空间结合设置,灵活且能充分利用空间。此外,储藏空间的设置位置充分考虑了日本人的生活习惯和就近储藏的原则,鞋帽、被褥、衣箱、杂物等都有相应的位置和专门储藏空间,使得各房间取物方便又很容易保持整洁(见图12)。

总的来说,日本住宅重视空间的流动和视线的贯通,户内面积虽小,但门窗洞口及动线的巧妙

图9　日本外廊式集合住宅 2LDK 套型平面

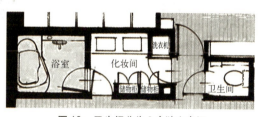

图10　卫生间分为 3 个独立空间

化妆、如厕三个各自独立空间(见图10)。一般的情况,日本的一户住宅内只设一套卫生间。如厕空间面积较小,常为 1m² 多,内部仅设一坐便器和一小型洗手池(见图11)。有时,洗手池与坐便器的水箱合为一体,进一步节省了空间。洗脸间内设洗手盆与洗衣机,一面与浴室相连兼作浴室的更衣间,一面和厨房相近或串通,成为家务室,使劳动

图11　如厕空间内的设施

住宅精细化设计·综合篇

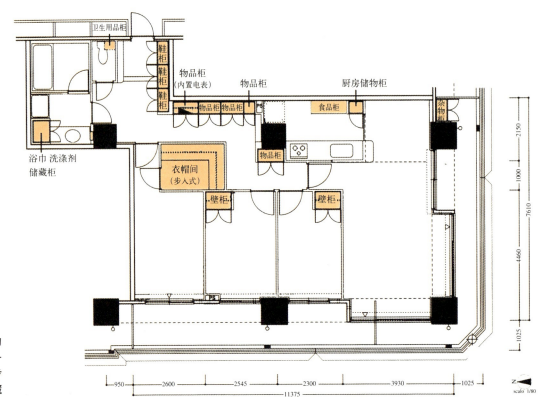

图12 日本集合住宅中的储藏空间实例——空间丰富、位置考虑周到、不同储藏分类明确

设计,使得室内空间显得极为丰富,做到了小中见大;再加上卫生间的合理分布、储藏空间的有效设置,使住宅空间的利用率高、舒适性强。这对我们设计小套型和经济型套型,非常有借鉴价值。

三、借鉴日韩住宅的优点,看我国住宅套型设计的发展趋势

我国正处于住宅的高速建设阶段,粗放型建设仍为当前的主要现象。然而,随着经济的发展和人们生活水平的逐步提高,我国的住宅设计也要逐渐转向精细化设计的方向。如今,消费者对于住宅商品的质量要求越来越严格,市场上,越来越多的精装修住宅在逐渐取代着毛坯房的位置。在这样的发展趋势下,以精细设计著称的日韩集合住宅中的很多空间设置和细节处理,非常值得我们借鉴。

1. 门厅空间人性化

近几年,我国对于住宅门厅的设计已开始重视,门厅空间也有逐步扩大的趋势。门厅作为住宅的入口空间,给人以第一印象,其礼仪性不言而喻。门厅空间设计的相对完整,不仅对于装饰装修的意

义重大，而且也可形成过渡空间，有利于增强住宅内部空间的层次感。

随着生活水平的提高，入户换鞋已经成为城市居住生活中的基本习惯，再加上穿衣戴帽、整理着装、放置雨伞、手包、钥匙等行为，门厅空间所需容纳的活动可谓日渐丰富，其重要性也越来越突出，为保证室内的整洁效果，门厅内鞋柜、衣柜、伞立等收纳性家具的存在十分必要，同时还要留有穿衣、换鞋的足够空间。随着物质生活的丰富，鞋帽、外衣类物品不断增加，用于户外活动的体育用品、健身器材类物品也需要储藏空间，门厅的储藏作用更加不可忽视。

日韩的集合住宅中，门厅空间的设计历来周到细致，可谓实用性与装饰性并重（见图13）。随着生活需求的细腻化，我们的门厅设计也会向此方向发展。

2. 主卧功能扩大化

现代住宅中，卧室空间的舒适性越来越得到使用者的关注，尤其在三室户以上的面积较大的套型中，主卧空间的设计更加成为居住舒适性的关键所在。近年来的新套型中，主卧的面宽和面积都在逐步增加，与此同时，主卧室的功能也在不断扩大。现在的主卧在设计时已经不再单纯满足于可以布置双人床、衣柜、电视柜、床头柜了，随着生活需求的不断增加，主卫、衣帽间、阳光间甚至小书房等功能空间已逐渐加入到主卧区的设计范围（见图14）。

但目前我国的大部分住宅套型中，主次卧的位置较为靠近，主卧自身的私密性相对较差。韩国的四室户住宅中主卧区自成一体的做法，不但使得主卧的空间配套完整，私密性强，内部活动受干扰的机会也较小，在提高了主卧舒适性的同时，整套住宅的空间品质也得到提升。这一点上我们可以借鉴其经验。

3. 储藏空间细分化

储藏空间在我国的以往的套型设计中一直没有受到重视。最初的住宅中基本没有储藏的空间，之后逐渐增加了壁柜、吊柜等收纳类空间，直到近年来在面积较大的套型中，才开始正式出现"储藏间"、"衣帽间"等空间。实际生活中，储藏空间对于现代居住生活十分必要，青年住户有大量的衣物储藏需求，中年住户需要空间分别储藏自己和孩子各自的生活用品，老年住户更是有很多不舍丢弃的物品需要储藏。通过调研我们发现，储藏间设置不足的住户家中往往较为凌乱，且服务阳台、书房甚至次卧

图13　日本集合住宅门厅——实用性与装饰性并重，电表箱与衣柜有机结合

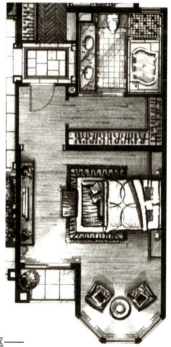

图14　我国集合住宅主卧区——空间细化设计实例

等空间都不得不兼有储藏间的部分功能。因此，今后的套型设计中，储藏空间的比重是应该增加的。

随着生活质量的提高，分类储藏的需求也在逐步增加。衣物、电器、玩具、清洁用品、杂物等不可能都置于一个大的储藏间之中，家务工具、厨房炊具和卫生间用具也不会收纳在一起，此外，旅行用的大箱子、日常的小物品、囤积的粮油食品也各自需要不同大小、不同条件的储藏空间。因此，在加大储藏面积的同时，储藏空间的分类细化也是有必要的。在这一点上，我们可以借鉴日本的经验。虽然其住宅面积较小，但储藏空间比重非常大，一般达到住宅使用面积的1/10左右，并且分类细致，这一点值得我们学习，也是我国今后住宅套型深化设计及精装修的发展方向之一。

4. 卫浴空间分间化

目前中国的卫生间设计中存在着盲目追求增加卫生间个数的倾向，如两室两厅的套型中，就有2卫（主卧卫和共用卫），甚至有3卫（主卧卫、共用卫、工人间的卫生间）的情况。我们认为在小面积住宅及经济适用住宅中设多个卫生间既不经济也无必要。由于现在的中国家庭已经是以小家庭为主，平均家庭人口为3.0人，二室户的购买者一般为青年夫妇，有1个卫生间应该足够。

部分追求时尚的青年夫妇，雇有保姆和钟点工的家庭，家中有老人同住者及经常在家中接待宾客者，希望有1个以上卫生间。这种情况下，我们认为可以参考日本卫生间功能分设的做法，设"一个半卫生间"，即在卧室区域设一个三件套或四件套（即在常用的三件卫生设备的基础上增加浴缸或洗衣机）的标准住宅卫生间，同时在公共区域设一个只有坐便器和洗手池的迷你型卫生间，后者可作为解决客人、工人的如厕需求，同时也可缓解主卫生间在早晚高峰使用期间的压力。

5. 管井设备可更替化

由于目前国家在厨、卫管线布局接口等方面没有严格的统一标准，造成各工种各自为政，各种管道的配置任意性过大，各专业过分强调本身的特点，而不是服从使用功能，考虑放置设备及装修的要求。特别是煤气管任意穿行厨房，造成厨房布置橱柜困难。橱柜厂家不能批量定型生产，须到每户去实地测量才能避开管线，橱柜安装时还必须在成品上凿洞开槽，增加了许多手工操作，并使橱柜质量大受影响。卫生间中因管线不能移动或位置不当，造成很难增加新设备和改变洁具位置。

这方面日韩的做法很值得我们借鉴。韩国集合住宅的设计中，将各种立管均纳入管井或管道夹墙中，使室内空间完整，易于装修，且方便检修。日本的新式住宅中，提倡将地面架高一定空间，在地板下面布置本户内的各种管线，立管和各种仪表则统一设于外侧公共走廊，查表、检修时不用入户，在公共区域即可完成，且便于日后住宅设备的更换和住户调整室内空间时重新布置管线。住宅结构的寿命一般为80～100年，而各种管线的寿命平均为20～30年，采用这种做法之后，各种管线都可以轻易更换而不影响住宅楼栋的主体结构，即不会因为局部设备的问题而拆毁整栋建筑，真正实现"全寿命住宅"。

随着我国城市化的推进，住宅的需求必然不断增加，作为设计者的我们，应在高速建设的大潮中保持清醒的头脑，在设计中注意把握时代发展的趋势，注意学习其他国家的先进经验，深入体会日韩集合住宅设计中的精细化设计，与我国的实际需求结合，把我国城市集合住宅的套型设计提高到新的阶段。

90平方米中小套型住宅设计探讨

在20世纪90年代商品住宅开始在我国房地产市场上出现以来的十几年间，我国普通商品住宅的套型已基本完成从"温饱型"到"舒适型"的转变，100m² 左右的二居室、三居室套型已成为多数城市房产市场的主流产品。然而，近几年在一些大中型城市中，"豪宅"的比例不断增加，普通商品住宅也逐渐出现套型变大变奢的趋势，造成住宅结构失调，普通居民买不起房。

改革开放以来，我国一直处于高速的城市化进程中，土地资源越来越紧张，这些大而不当的商品住宅的存在不仅增加了购房者的负担，而且降低了城市土地的利用率，与可持续发展的长远目标更是背道而驰。纵观国际上许多发达国家的普通住宅情况，其户均居住面积都在90m² 上下。因此，在高速发展和建设大潮中的我们也应保持冷静的头脑，从具体国情出发，从全民享有居住权利的大局出发，推进节能省地型住宅的研究和建设工作。

本文主要从住宅设计的角度出发，围绕节能省地的目标进行探讨，分住宅区规划、住栋设计和套型设计3个层面进行研究，结合我们自身的设计经验，尝试在各个层面给出一些较为详细的设计方法和建议，旨在抛砖引玉，推进我国这一领域的研究。

一、规划层面上小套型住宅提升容积率的方法

（一）板、塔结合，分别定性计算

在容积率压力大、中小套型比例大的项目中，板塔结合式住宅可以较好地解决各种资源的占用与分配问题。将板连塔分割为几部分，分别定性为塔或板（见图1）。然后分别参照我国建筑日照设计规范进行计算，可以有效地缩减建筑间距。目前被一些开发商尝试利用。

图1　板塔结合的布置形式

（二）板楼斜向布置

按照《北京市建筑设计技术细则》对间距的计算要求，板楼朝向与正南夹角在20°～60°时，建筑间距系数可降低为1.4H。规划设计时充分利用朝向与日照的关系，摆好住栋，以节省土地，对活跃小区规划的

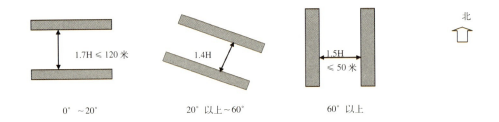

板楼朝向与正南夹角	0°～20°	20°以上～60°	60°以上
新建区	1.7	1.4	1.5

图2　不同朝向与日照间距关系（北京地区）

布局形式也有一定好处（见图2）。

（三）利用住栋斜边单元

1. 斜边单元几个特点

①斜边单元在日照上较有优势，由于倾斜摆放使前后单元间距可适当减小。

②斜边单元轮廓线舒展从而面积增大，且争取了更大的采光面，故斜单元的套型往往采光通风较好。

③斜套型视线开阔，结合景观资源可提升其价值，立面、体型设计易出彩，有利于小区形象的提升（见图3）。

图3　斜边单元的布置形式

2. 何种情况下可考虑设计斜边单元

①容积率略有不足时。因斜边单元较普通正南北单元在面积上有所"扩大"，且日照上又有优势，因此对提高容积率有帮助；

②排楼时，当剩余的宽度大于1个单元而小于2个单元时，可以选择作斜边单元扩大面积；

③在临近市政道路的时候，可通过牺牲该部分斜边单元，形成围合式，对组团内部降噪。

3. 斜边单元的问题

套型内部出现斜空间，不易布置家具，需精心处理。一般布置在厨房、卫生间、楼梯间或管道井等空间。

（四）利用住栋尽端单元

尽端单元是指位于楼栋端部的单元，因其外墙面较中间单元多，套型的日照、通风条件好，应充分利用其有利条件。但同时也要注意解决好开窗时与近处楼栋之间的对视问题。常见的套型处理手法

90平方米中小套型住宅设计探讨

图4 尽端单元扩大面积设计实例

图5 尽端单元"老少居"设计实例

有改变套型和增加户数两种。

1. 改变套型

在用地范围和日照间距许可的条件下,充分利用尽端单元良好的采光通风和景观视野条件,适当加大尽端单元套型面积,增加房间个数。如:标准单元为二室户,尽端单元可变为二室半、三室户,同时适当加大进深,提高土地利用率(见图4)。

2. 增加户数

利用尽端单元采光面多的优越条件,增加户数、设计小套型,不仅可以使每户都有较好的朝向和通风,而且可以提高楼电梯的使用率,降低公摊的公共交通面积(见图5、图6)。此外,这样的套型还特别适合"老少居"套型的设计,并且通过对套型的灵活性设计,使其形成为两个独立的小套型,合则为两代居,满足老年人与子女分而不离的居住需求。

二、住栋层面上小套型的设计探讨

(一)一梯两户板楼,舒适但不节地,优缺点并存

一梯两户时,由于公摊面积较大,每户的建筑

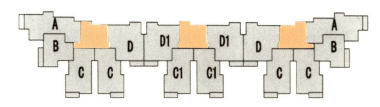

图6 尽端单元比中间单元增加一户的设计实例

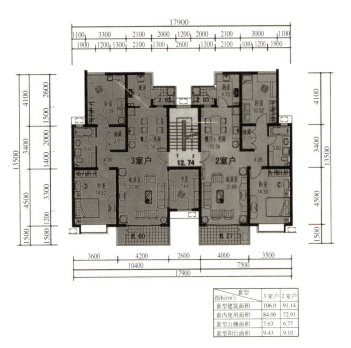
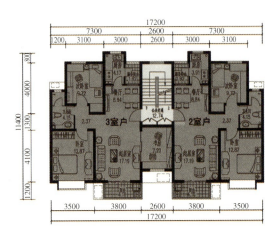

(a) 原理想住宅平面　　　　　　　　　　　　　　（b) 面积压缩后的平面

图 7　住宅面积压缩前后的对比设计

面积通常都会以90m²为上限尽量做足。若想将建筑面积控制在90m²以内，同时既要节地又要能保证使用功能及一定的舒适度，套型的面宽和进深需要慎重推敲。

下面是针对小套型板楼所作的探讨和图示。

1. 对理想式住宅的瘦身尝试。将一个市场上较受欢迎的面积在95～105m²之间，具有明餐、明厨、明卫的一梯二户的单元平面，进行"瘦身"，为保证其基本功能和舒适度不变，套型在面宽方面压缩的幅度不是很大，进深方面则有一定的余地，压缩后的套型建筑面积为90m²和83m²，但由于进深过小，在节地方面不是很有利（见图7）。

2. 在90m²小套型的限制下，一梯两户板楼中，面宽与进深，节地与舒适的相对关系像一把双刃剑，需要很好的平衡。我们在宜居和节地两方面进行了比较研究（见表1）。

（二）满足节能省地要求，每单元多户成为设计趋势

一梯两户、南北通透的板楼能最大限度地满足居住者对采光和通风的需要，但对于那些高层带电梯的住宅，难免会带来较大的公摊面积。对于90m²以下套型，这个问题就更加突出。同时为了紧缩套型面积，往往需要压减住宅进深以减掉套型中部多

90平方米中小套型住宅设计探讨

套型面宽与进深、节地与舒适的相对关系比较　　　　　表1

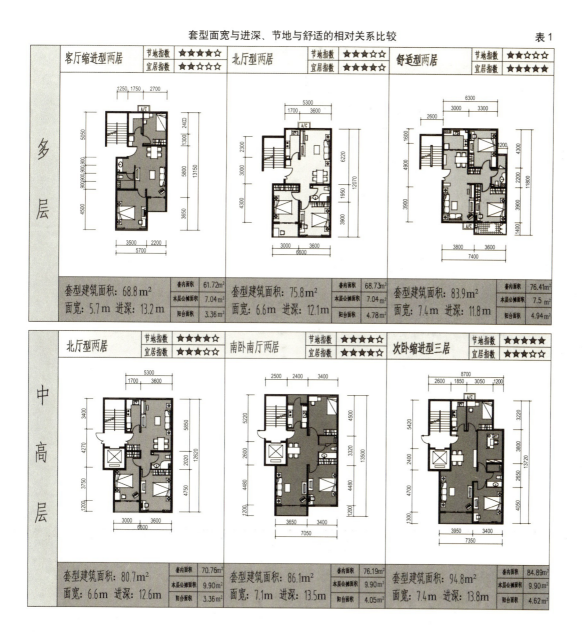

图8 一梯三户板塔平面示例

图9 一梯四户板塔平面示例

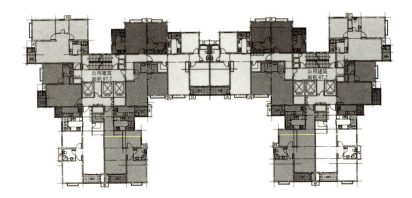
图10 一梯七户板塔平面示例

余的面积,这就造成板楼的厚度有所降低,由此导致的容积率下降又无法满足节能省地的需要。因此,一旦"90m²"及以下面积的套型成为主流,一梯两户的楼层格局很可能将被一梯多户所取代,板楼在住宅建筑中的主导地位也将让位于塔楼、板塔结合等其他的建筑样式,这样才能解决得房率和节能省地两方面的需要。

每单元多户住宅单元的常用形式有:塔式、板塔结合式、连廊式住宅等,下面对比这几种住宅形式的优缺点。

1. 板塔中一梯三户、一梯四户的优缺点(见图8、图9)

优点:1)均好性较好
　　　2)通风采光较好
缺点:1)每层面积不够大
　　　2)有一定相互遮挡

2. 板塔每单元六户以上的优缺点(见图10)

优点:1)容积率高、节地
　　　2)户公摊面积小
缺点:1)朝向均好性差
　　　2)容易产生纯北套型
　　　3)凹进处日照形成自遮挡,视野差

总的来说,板塔有下列优缺点,见表2。

板塔结合住宅的优缺点对比　　　　　　　表2

楼型	优点	缺点
板塔	1. 一梯三户时至少可以保证每单元有2户"南北通透",1户"纯南向"阳光好,但通风较差 2. 板塔往往可以做"厚",进深15~16m左右,对容积率贡献很大 3. 18层以下最有利,每单元3~6户不等,无需作剪刀梯,公共部分面积小,公摊少	1. 由于南向面宽分配问题,每单元户型4户以上时,单户品质并不高,往往是"通透不通风"需要认真思考妥善解决(见图11) 2. 南北通透的户型看上去主要房间朝南,但由于后退较多,受前方两侧户型的遮挡严重(见图10)

90平方米中小套型住宅设计探讨

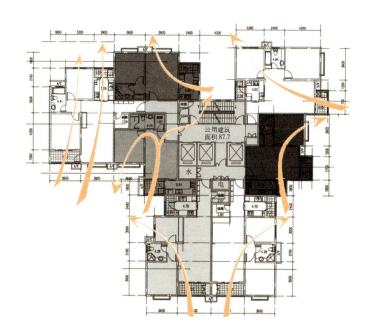

图 11　板塔式住宅通风方案示例

3. 塔楼的优缺点（见图 12）

优点：
1) 节地，户公摊面积小
2) 小区规划中易形成视觉通透的效果

缺点：
1) 朝向均好性差
2) 容易产生纯北套型
3) 对视问题严重
4) 每户外墙面占用少，通风差
5) 内部暗空间多
6) 日照形成自遮挡

4. 连廊式的优缺点（见图 13）

优点：
1) 易于形成一室的小套型，作青年、老年公寓使用
2) 楼、电梯资源节省；易满足消防要求

缺点：
1) 楼道面积多
2) 私密性差
3) 对流通风不易解决
4) 小面宽时厨房对外开窗困难

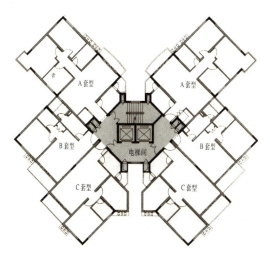

图 12　塔式住宅平面示例*

图 13　连廊式住宅平面示例

* 选自 时国珍主编. 中国创新 90 中小套型住宅设计竞赛获奖方案图集

（三）对套型面积影响重大，住宅交通核户公摊面积应合理确定（见图14）

由于住宅建筑面积不能超过90m²的规定，使公摊面积紧凑化变得更为重要，要压缩多余的走道，合理布置管井，稍有浪费就可能影响或减少户内的某项功能，需要精打细算。

经测算分析，较紧凑的多层住宅公摊面积为13～15m²。

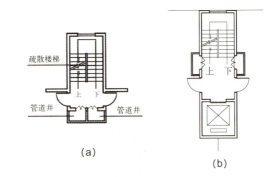

(a) 多层（6层以下）一梯两户交通部分面积13～15m²；

(b) 中高层（11层以下）一梯两户交通部分面积22～26m²

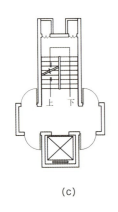
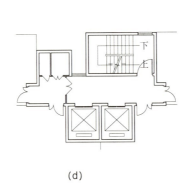
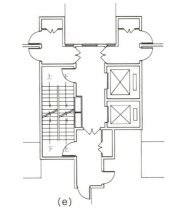

(c) 中高层（11层以下）一梯四户交通部分面积24～39m²；

(d) 高层（18层以下）一梯四户交通部分面积43～52m²；

(e) 高层（18层以上）一梯六户交通部分面积62～83m²

图14 住宅交通核面积的确定

中高层住宅因为加设电梯和增加户数公摊面积增加，大致在22～39m²之间。

高层住宅的公摊面积因增加电梯、剪刀叉楼梯、管井等，公摊面积较大，在43～83m²左右。

（四）目前市场上较为常见的小套型，空间还有压缩余地

近几年市场上较为常见的小套型住宅（图15），一般为二室二厅一卫，或三室二厅二卫，面积在90～120m²左右，常见为板式南北通风的单元住

图15 以往住宅市场上的普通小套型住宅，面积在90～120m²之间，空间仍有压缩余地

宅，单元面宽在18～20m，进深在12～13m左右。这类套型的舒适度较好，但共同的问题是面积还不够经济紧凑。特别是进深方面拉得较大，中部出现较大面积暗空间，并没有太多的实用价值。

三、套型层面上的小套型设计手法

（一）整体平衡

从大套型改革至小套型，首先要保证各空间基本的使用功能。可通过降低面宽，压紧中部交通面积来使整个套型面积得到控制，同时注意套型内各个功能空间的比例协调，不要过分强调或者削弱某一部分空间的大小，注意整体的平衡。

（二）餐起合一

在可能的条件下将餐厅和起居室两个功能空间合一，省去走道面积，使用功能基本不受影响，空间的灵活性也较强（见图16）。

（三）"复合式"厨房

将厨房的功能进行拆分，把爆炒、储藏等功能分散到不同的空间，例如设置单独的爆炒间，部分橱柜及冰箱移入餐厅，设置服务阳台等（见图17）。

（四）"一个半"卫生间

由一个设置"三件套"的全功能卫生间加上一个仅设置便器和小型洗器面的"半卫"组成。对于家庭结构复杂，可能经常有客人留宿的住家，这个"半卫"可以起到很大的作用。而在没有客人留宿的情况下，则完全可以将水道暂时封堵上，把"半卫"这个小空间当作储藏室使用，这样空间的使用就可以更加灵活，也更为高效了（见图18）。

图16 餐起合一的小套型

图17 将厨房功能拆分形成复合式厨房

图18 "一个半"卫生间

卫生间压缩后，洗衣机可放到生活阳台上，这样也方便晾衣。在设计时应注意在生活阳台上预设上下水。

（五）多功能空间

1."半间房"：在保证两间正常大小居室的同时，增添一个面积不大、最多不超过$8m^2$的"半间房"，可以作为书房、棋牌室，又可以当成一间小卧室。

2."能分能合"：在设计套型时尽量设置一些可拆改的隔断墙，使住户可以根据居住需要分割和改造空间，隔出一间小卧室或一个读书角落，将某个空间扩大等（见图19）。

（六）储藏空间

小套型住宅对于储藏空间的需求并不会减少很多，应充分利用可能的零碎角落设置储藏空间。

例如，生活阳台上可设置一定量的储物柜，还可利用走廊、过道上方空间做顶柜，服务阳台亦可承担一部分储藏功能（见图20）。

四、结束语

总的来说，针对于我国目前的住宅市场情况而言，倡导大力开发90m²以下的小套型住宅还是很有必要的。然而通过对于不同类型住宅的深入研究之后，我们认为此项政策在实际推行中还应稍作细化。

首先，应考虑不同类型住宅的公摊面积问题。在高层住宅中由于公摊面积相对较大，90m²住宅的实际使用面积较小，空间较为局促；在多层住宅中公摊面积相对较小，因此90m²的两室户稍为富裕，但开发商也许会过于追求容积率而不主动想办法控制，易于造成土地资源浪费。

其次，应考虑南北方住宅由于气候特征造成的差异。在北方地区，由于保温层及墙体厚度的增加，很难将三居室面积控制在90m²以下，特别是小高层以上的住宅。而三居室是大部分地区中的主力套型，市场需求量很大，势必造成供给和需求的不匹配，即使用户自行将小套型合并为大套型，也无法达到普通三居室的面积紧凑程度，不仅用户的购房资金增加，而且增加的面积中很多为走廊和厨卫面

（a）起居侧的多功能房间　　（b）卧室侧的多功能房间

图19　多功能空间示例

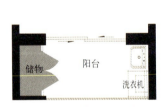

（a）生活阳台上的储藏柜和洗衣机　　（b）过道上方的顶柜

图20　储藏空间的设置

积，空间灵活度降低，改造费用增高。

最后，还应考虑小套型住宅区的设备等问题。70%面积是90m²以下小套型，意味着小套型的数量将超过总户数的70%。小套型的设备占成本比重较大，会提高每平方米的建筑造价，小套型住宅区容积率不容易提高，土地成本压力相对提高。且由于户数增加，需要增加相应停车位，也就相应提高了总建造成本。

住宅精细化设计 | 调研篇
INVESTIGATION PART

住宅精细化设计·调研篇

住宅设计研究中入户调研的意义及方法

在住宅设计研究中，把握居住者需求，了解既往住宅作品的得失之处，对于住宅设计的不断进步至关重要。而为了实现这一目的，住宅入户调研是一个行之有效和难以替代的方法。但目前在我国，这一方法的应用实例还不是很普遍。本文将结合自身的调研实践，对入户调研方法作简要的介绍。

一、入户调研的意义

入户调研对于获取第一手资料，从而为改进住宅设计积累素材具有不可替代的作用。对于住宅设计研究人员来说，入户调研的意义主要有以下几点：

1. 总结现有住宅产品的优缺点，并进行定性、定量分析，用以指导今后的住宅套型设计工作。

2. 了解住户对居住生活的需求和对理想住宅的希望，为新的住宅开发定位提供有力的依据。

3. 在一个设计人员所不熟悉的地区设计新项目时，需要对当地气候条件和居住习惯进行详细的了解，以使设计出来的作品与当地的地域特点和民俗习惯相吻合。

4. 对于年轻而缺乏生活经历的设计人员和

(a) 调研访谈实景

(b) 调研访谈实景

图1　调研访谈

开发商来说，详细了解当地居民的居家生活状况，是防止住宅产品脱离生活、脱离需求的重要保障。

5. 了解住户在装修过程中遇到的问题和对装修的要求，为未来的住宅项目实行精装修作准备。

二、入户调研的具体工作方法

入户调研可以采用的具体工作方法有多种，主要包括访谈、问卷调查、实测、拍照和观察：

1. 访谈——通过与住户交谈，了解住户在住宅使用中的感受和意见，包括生活习惯与空间的关系，空间使用和设备设置，对套型的满意与不满意之处，对套型设计的改进意见等（见图1）。

2. 问卷调查——通过事先精心设计的问卷，向住户了解其家庭结构，对各个空间的需求和利用状况等方面的问题。问卷调查既可以单独进行，也可以与访谈同时进行（见图2）。

3. 实测——通过实测，了解住户的家具尺寸、家具布置与建筑空间的关系，自行装修对住宅空间的改造等情况。

4. 拍照——可以作为实测的重要辅助手段，详细记录各种细节。如柜内的储藏情况、设备布局与使用情况、开关插座改建的位置，等等。

5. 观察——在现场观察到的一些引起调查者注意的情况可以当时或在访谈之后记录、整理出来。

6. 绘图——通过实际测量绘制出室内各房间的平面图，及室内家具布置、管线位置等，标明尺寸、名称（见图3）。

7. 后期整理——返回后，根据现场实测数据、图纸、照片等材料，绘制出准确的平面图，并整理出调研报告（见图4）。

三、入户调研实例

以下结合笔者开展的一个入户调研实例，对入户调研的全过程作一个比较详细的介绍。

图2 调查问卷表示例

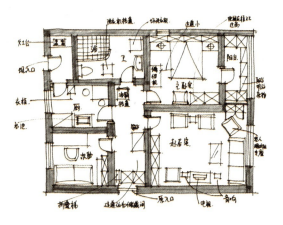

图3 某户调研平面草图示例

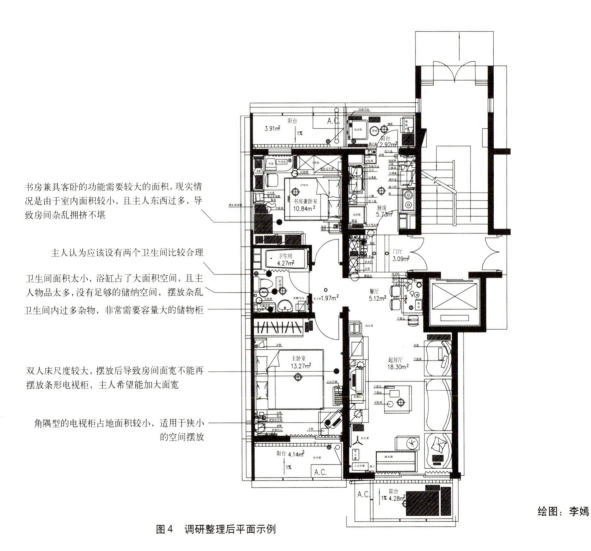

图4 调研整理后平面示例

绘图：李嫣

1. 入户调研的准备

在实际开展入户调研之前，必须进行周密的准备工作。主要包括以下几个方面：

1）考察、踩点。对拟开展入户调研的项目的环境进行初步考察并作1~2个入户踩点访问。

2）准备入户调研要目。通过对相关信息资料的分析，撰写一份入户调研要目，发放给每位参与入户调研的工作人员，在访谈时作为提问、提示和作记录之用。

3）设计问卷。按照功能空间分类的原则，以选择题的方式设计了问题。其中为了更好地说明问题和使被调查者更容易理解，有些问题以图示的方式出现。问题的选择主要体现各个功能空间中对套型设计影响最大的问题，如门厅的储藏，起居室的视距，餐厅与厨房的关系等。在问卷初步定型之后还需要进行一次预调研，以检测问卷，发现其中的问题，在此基础上进一步加以修改完善，提高其有效性。

4）确定调研对象。我们的做法是在调研对象项目的业主论坛上发出信息，募集愿意参与支持入户访谈调研工作的业主，并通过该网站确认同意接受调研的客户名单和调研时间等。

5）人员分组。根据确定的被访对象户数及时间，将调研人员分成若干小组。我们的每个小组由3～4人组成，每个小组有1名在住宅设计和研究方面有经验的核心成员主持访谈工作。同时每组配备协助工作、记录绘图拍照人员2名以上，其中绘图人员需由具有一定绘图经验的人员担任。

6）人员培训。对参加入户调研的全体人员进行培训，培训的内容包括：问询时使用的礼貌用语，观察及问询技巧，问询步骤，问询内容及要点，观察、记录、绘图、照相、测量的方法及统一要求。

2. 入户调研的实施

入户调研的实施过程主要由访谈记录、拍摄照片、测绘平面图由3个环节组成。

第一部分：个人基本状况

一、您的个人基本状况

1. 请在下面的表格中填写您的个人情况：

年龄（　　）岁	性别　男、女	身高（　　）公分
体重（　　）斤	职业或原职业	您现在有无配偶　有、无

2. 您现在与谁住在一起：（可多选）
A. 配偶　B. 儿子　C. 媳妇　D. 女儿　E. 女婿　F. 孙子（女）　G. 保姆
H. 亲友　I. 其他 ________

3. 您的工作状态：
A. 工作　B. 退休在家　C. 退休兼职　D. 其他 ________

4. 您的文化程度：________

5. 您的身体状态：
A. 完全自理　B. 需要一定照顾　C. 不能自理

6. 您的身体在哪些方面有问题或不便：（可多选）
A. 视力　B. 听力　C. 行动　D. 记忆力　E. 其他 ________

图5　问卷形式的访谈记录

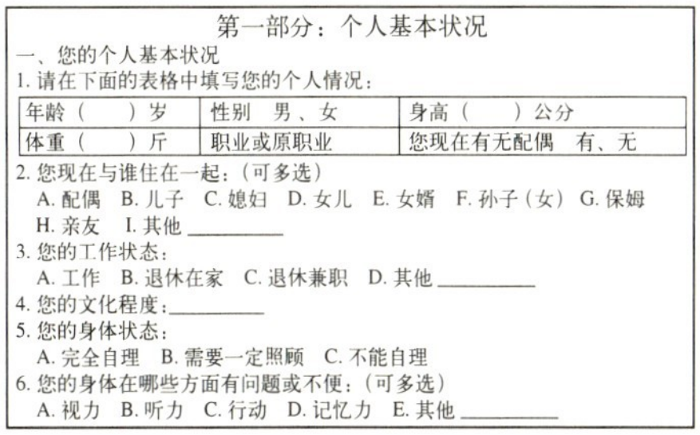

A. 访谈记录。按照入户调研要目，首先了解住户基本情况，如家庭成员年龄、职业等，接下来按照各个功能空间的分类，从空间使用和设备设置等角度了解住户的真实生活状况，并进一步探询住户的需求（见图5）。

B. 拍摄照片。使用数码相机进行拍摄，要求每个功能空间有不少于5张的照片，包括4个立面和顶棚。在此基础上尽量多拍实景，包括各种储藏及设备使用情况的细节（见图6）。

C. 测绘平面图。按照统一的幅面和比例，每户绘制一张空间使用情况实态测绘图，其上要求标注空间尺寸以及家具尺寸，同时标注摆放的主要物品的大小以及位置。

3. 调研成果汇总分析

在入户调研完成之后，就可以对原始资料进行

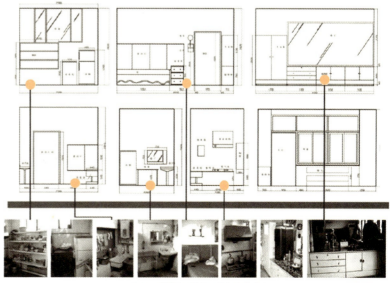

图6　拍摄照片与测绘图对应

汇总，并进行定性定量分析。在我们的实例中，共形成了以下5类成果，包括：

1) 每户的调研报告。由访谈记录、照片分析和测绘平面图组成（见图7）。

图7 根据调研整理出的分析报告（局部）

2）客户居住需求的描述。按照使用空间依次展开，系统描述项目业主对住宅产品的需求。

3）问卷统计分析。包括对各个问题基本情况的汇总分析，客户基本情况与相关题目的交叉统计分析，以及对其他问题的说明（见图8）。

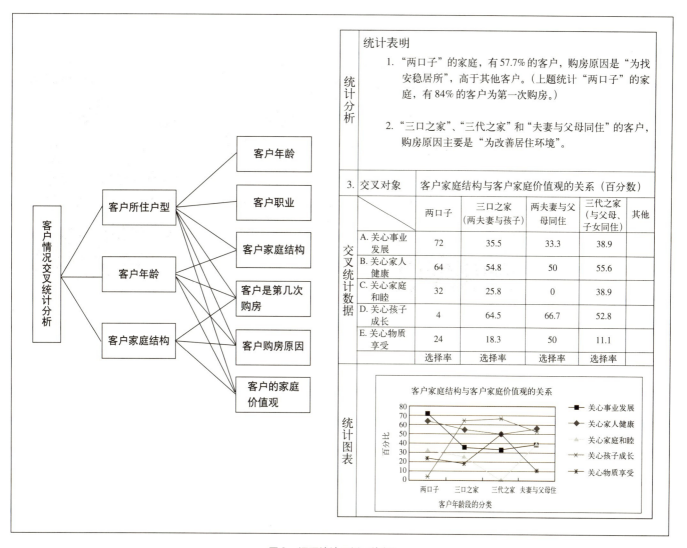

图8　调研统计示例（片断）

4）各功能空间使用情况综合分析。针对各个功能空间的使用现象及问题进行提炼和归纳（见图9）。

5）提出设计建议。最终，针对调研情况，提出对于各空间的具体设计建议（此部分在本书中另有文章详细描述，请读者参考）。

门厅的储鞋柜，分成上中下3段，下段是储鞋用，下段又分两节，每节分3或4层，每层的高度不一样，以方便放置不同高度的鞋，这是女主人设计的，储鞋柜的中段设计成敞口式用来放小物品如手表、钥匙，使用很方便。

图9　使用空间情况的综合分析

好的住宅设计应该能够满足居住者的真实生活需求，而入户调研工作正好可以帮助设计者们深入了解客户的居住需求，收集珍贵的第一手资料。及时深入地了解使用者的需求，才能真正在设计中体现以人为本的理念。因此，掌握入户调研的正确方法和技巧，对于住宅的开发和设计者们非常重要。

附：入户调研问卷设计实例

套型研究调查问卷

尊敬的各位业主朋友：您好！

  我们是清华大学建筑学院住宅科研课题组的师生，为完成目前户型使用状况的科研项目来进行此次调研。此行主要是想了解大家在住宅使用过程中所遇到的实际问题，以及您的意见和建议。希望借此能总结出影响住宅设计的实际因素，进而对国家政策的制定提供建议和依据，并进一步提高我国住宅设计水平，真心希望能够得到您的支持和帮助。

  本次调研将以问卷的形式，进行上门发放和回收，对您此次调研工作的支持，我们在此表示深深的谢意，并送上一份小小的纪念品。恳请您在百忙之中抽出几分钟的时间帮助填写问卷。

  衷心感谢您的支持！

清华大学建筑学院住宅科研课题组

首先是一些关于您自己情况的问题：

1. 您家的套型是几室几厅：_____，您居住在 _____ 层（请填写楼层）
2. 您在家中的身份是：_____
   A. 男主人 B. 女主人 C. 户主的父母 D. 户主的子女
3. 您的年龄是 _____
   A. 4 岁以下 B. 25～29 岁 C. 30～34 岁 D. 35～40 岁 E. 40～50 岁 F. 50～60 岁 G. 60 岁以上
4. 您的籍贯是 _____
5. 您的职业类型是 _____，您配偶的职业类型是 _____
   A. 政府机关 B. 企业职员/职业经理人 C. 学校及科研院所 D. 私营业主/自由职业者
6. 您的家庭结构是 _____
   A. 单身 B. 两口子 C. 三口之家（两夫妻与孩子） D. 三代之家（与父母、子女同住） E. 两夫妻与父母同住 F. 其他
7. 您家常住 _____ 口人，有 _____ 位老人；有 _____ 个孩子，年龄为 ___，___ 岁
8. 如果您家住有老人，您与老人的关系是 _____
   A. 父亲 B. 母亲 C. 岳父（公公） D. 岳母（婆婆） E. 其他亲戚

9. 这套房是您购买的第 _____ 套住宅

10. 您当时买这套房的第一目的是（请单选）

   A. 初次购房，找个安稳的住所 B. 再次购房，改善原来的居住条件 C. 投资置业，为了保值

   D. 为亲人购房

11. 下面是一些关于家庭特征的描述，请根据您或您家的情况选出目前最符合的2项：_____

   A. 我们家最关心的事是家里人职业/事业的发展

   B. 我们家最关心的事是家里人的健康

   C. 我们家最关心的事是家庭的和睦

   D. 我们家最关心的事是孩子的成长和教育

   E. 我们家最关心的事是提高物质享受

下面是住宅套型的问题：

关于门厅：

12. 您最喜欢如下哪一种入户方式_____

   A. 独立门厅（优点：比较正式，洁污分开 缺点：占用空间）

   B. 开门见山（优点：空间宽敞，省面积 缺点：私密性较差，入门后一览无余）

   C. 从露台/小院进（优点：有户外缓冲空间，有首层的感觉 缺点：入口离厨房远，门厅遮挡起居室）

A

B

C

13. 您觉得在门厅应放置下列哪些物品_____（可多选）

   A. 挂衣+放鞋的组合柜 B. 鞋柜 C. 地垫 D. 坐凳 E. 镜子 F. 装饰品 G. 伞立 H. 体育用品

   I. 垃圾筐 J. 儿童车 K. 其他 _____（请填写）

关于起居室：

14. 您觉得现在起居的面宽合适吗？_____

    A. 合适 B. 希望再大一些 C. 可以更小一些，省出面积用于其他空间

15. 如果起居室的空间足够，除了沙发,您还希望放哪些家具物品？（可多选）

    A. 茶几 B. 电视柜（矮柜） C. 音响 D. 躺椅 E. 装饰柜 F. 书架 G. 小冰箱 H. 饮水机 I. 钢琴 J. 牌桌 K.健身器械，如跑步机

16. 在家中，您在哪一个房间中度过的时间最长（除去睡觉）？_____

    A. 起居室 B. 卧室 C. 书房 D. 以上差不多

17. 您经常在家接待客人来访吗？_____

    A. 每周一两次 B. 一个月一次 C. 一年几次

18. 您常在家留客人或亲属短期住宿吗？_____

    A. 经常（每月都有） B. 偶尔（一年也就几次） C. 目前没有或从不

19. 您家是如何为留宿客人预备卧具的？_____

    A. 有专门的客人房间 B. 准备有卧具的替代用品（如沙发床、地垫、折叠床等）

    C. 不作预备，让客人去旅馆

关于餐厅：

20. 如有空间，您希望餐厅中除餐桌外设置以下哪些家具、设备？_____（可多选）

    A. 餐具柜（方便，可用来放餐具、餐巾、牙签等；有装饰作用）

    B. 饮水机

    C. 带水槽的备餐台（可以洗洗水果、加热方便面）

    D. 不放其他家具（显得空间大，整齐；可利用窗台或餐桌抽屉放东西）

21. 您希望在餐厅就餐时看到电视吗？_____

    A. 很希望，可以边吃饭边娱乐

    B. 不希望，影响健康，也影响家人之间的交流

    C. 无所谓

22. 如果由于住宅面宽和总面积的限制，餐厅和公用卫生间之中只能有一个房间可以直接对外开窗的话，您更倾向于选择哪一个？_____

    A. 明餐厅 B. 明卫生间

23. 除了餐厅，您还经常在什么空间进餐？_____（可多选）

    A. 厨房 B. 起居室 C. 书房 D. 不在其他空间进餐

关于主卧室：

24．您及您的配偶希望在主卧室做如下哪些事情？_____ （可多选）

A. 看电视 B. 看书 C. 上网 D. 梳妆 E. 与家人聊天 F. 烫衣、叠衣等 G. 放婴儿床 H. 放躺椅

I. 跳操或做瑜伽

25．您现在主卧里的衣柜总长是 ____

A. 1.5m 左右 B. 2m 左右 C. 2.5m 左右 D. 3m 左右 E. 大于 3m

26．对衣柜的储藏量您觉得：_____

A. 还够用 B. 需增 30% 才能够用 C. 需增 60% D. 需增 100%

27．在总面积一定的前提下，您觉得主卧是否有必要附设 2～3m^2 的可进入式衣帽间？_____

A. 非常必要 B. 有必要 C. 无所谓 D. 没必要

关于卫生间：

28．对 110～130m^2 左右的三室户，考虑到总面积的限制，您觉得设置几个卫生间合适？_____

A. 一个 B. 两个 C. 一个半（半个卫生间，指仅含坐便器和洗手池，面积为 2～3m^2）

29．当主卧卫生间和公用卫生间只能有一个明卫的时候，您希望是：_____

A. 明主卫 B. 明公用卫生间

30．您是否经常享受您的浴缸？_____

A. 每周至少 1～2 次 B. 每月 1～2 次 C. 季节性，冬天常用 D. 每年 4～5 次（仅在节假日时使用） E. 几乎从不用

关于其他房间：

31．如图所示，三居室的套型中，除去主卧以外，您愿意如何分配剩下两间房间的功能？第二间房间（较大的一间）____，第三间房间（较小的一间）：____

A. 书房 B. 儿童房 C. 老人房 D. 客房 E. 贮藏 F. 其他_____

32．关于书房在套型中的位置，您觉得哪一种更合适？_____

A. 用起居室将书房和卧室分开，书房直接向起居室开门

B. 与卧室区放在一起，单独开门

C. 与卧室区放在一起，单独开门，并另有门与主卧室相连

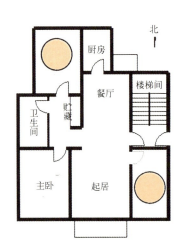

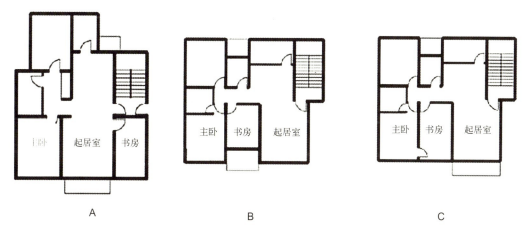

33. 您觉得夫妇是否都需要一个完全属于个人使用的空间（例如各自独立的工作区域，或休闲娱乐区域）？

   A. 很必要 B. 无所谓 C. 没必要

关于厨房：

34. 您家自己开伙做饭的频率是：_____

   A. 基本每天都在家做饭 B. 只是周末在家做饭 C. 极少在家做饭 D. 偶尔招待亲戚、朋友时才做饭

35. 在以下几种厨房和阳台布局中（面积都为11m²左右），您更喜欢哪一种？

   A. 有较大厨房面积，可放置早餐台，用早餐方便

   B. 厨房和阳台面积比例适中，有较大操作台面

   C. 有较大面积阳台，可改作佣人房或储藏间

   D. 厨房带有储藏间，但服务阳台面积较小。

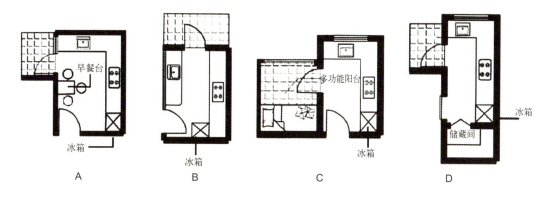

36. 您家厨房的操作台总长是____m？您觉得：_____

　　A. 还够用　B. 稍微嫌短　C. 需增加1m才够用　D. 需增加2m左右

37. 如下几种厨房与餐厅的关系，您喜欢哪_____一种？

　　A. 全封闭

　　B. 有玻璃隔断，但视线通透

　　C. 爆炒间独立并且封闭，部分西厨式备餐与餐厅结合

　　D. 全开放

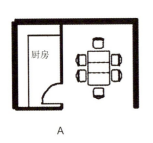 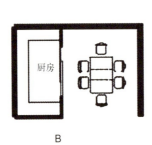 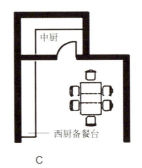 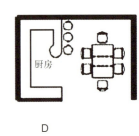

A　　　　　　　　　　B　　　　　　　　　　C　　　　　　　　　　D

关于家务劳动空间：

38. 下面3种布置洗衣机的方式，您觉得哪一种最适用？_____

　　A. 放在公共卫生间前（优点：操作空间比较大，干湿分区清晰；缺点：占用卫生间空间，去阳台晾挂衣服路线长）

　　B. 放在厨房服务阳台（优点：与厨房近，方便家务劳动。缺点：易受厨房油烟污染，晾衣服路线可能较远，分拣、搓领子等工作可能需去卫生间）

　　C. 在主阳台特设的隐蔽位置放置，并设上下水（优点：动线集中，晾晒方便）

39. 您一般在什么空间烫衣服？_____

　　A. 餐厅　B. 起居室　C. 主卧室　D. 书房　E. 次卧室　F. 基本不在家烫衣服

关于设备

40. 您更喜欢什么样的采暖方式？_____

　　A. 地采暖　B. 暖气片　C. 分户中央空调　D. 其他

41. 您觉得是否有必要在洗涤空间设污水池？_____

　　A. 很必要　B. 无所谓　C. 没必要

中青年客户群居住需求研究综述*

在购买商品住宅的客户群中,比重最大的是中青年客户群,即年龄在25~50岁之间的人群。这个年龄段的人群中,大部分都已拥有较为稳固的家庭组成和较为稳定的收入,他们有独立居住的需要,也有购买住房的能力,自然而然就成为了住宅市场的购买主力军。因此对于这部分客户群需求的研究显得格外重要。本文即是作者所在的住宅研究机构受万科公司的委托,在大量入户和问卷调研的基础上,对于中青年客户群的居住需求进行较为详细的总结,希望对于住宅的开发和设计者能有所启迪。

在此,笔者以购买住宅的家庭作为研究的基本单位,并结合各个年龄段的不同特点,进一步将中青年客户群划分为3个组成部分:丁克型家庭、成熟型家庭和扩展型家庭。

一、丁克型家庭

丁克型家庭的主要成员为年龄在25~35岁之间的年轻夫妇,没有孩子,双方多为公司或企业的白领阶层,有较为稳定的收入。他们生活态度乐观、积极,追求时尚,注重生活品质,喜欢标新立异,好结交朋友及参加群体活动。

在选购住房时,他们对于拥有优雅环境、鲜亮外观及新颖套型的楼盘常有强烈的购买冲动。他们对于小区内的幼儿园、小学等教育设施,有一定期望,但要求不高;对购物、医院等设施完备与否,也并不十分在意;但对小区的自然环境较重视,喜欢浪漫的园林风景;此外,他们的维权意识很强,对物业的要求较高。他们对套型的需求集中体现为:

喜欢独立式的门厅(随年龄增加亦开始接受开敞式),喜欢从院子进入门厅的方式,重视对入口的装饰,有在门口放置镜子和体育用品的需求。对起居室面宽的要求不高,多喜欢在起居内设置音响,摆放冰箱及饮水机,电视能看即可,不追求豪华型、背投式。

越年轻的住户越喜欢在家中接待朋友,后随朋友圈子的逐渐固定其频率也趋于稳定。年轻夫妇尤其是新婚夫妇在主卧的滞留时间很长,经常在卧室里看电视、上网,并且需要面宽较大的主卧(可以摆放足够长度的衣柜以储藏衣物)。对双卫生间的要求很强烈,在套内面积一定的前提下,宁愿压缩起居室和次卧的空间,来换取卫生间面积。

喜欢分户式中央空调。除周末以外很少在家中做饭,对厨房的大小并不挑剔,喜欢开敞式的厨房或以透明玻璃分隔的封闭式厨房。对餐具柜需求很小,但对饮水机、电冰箱等很重视。对吃饭的环境较为放松,可以在厨房、餐厅、起居等各个空间吃饭,但吃饭时喜欢看电视。

对于主卧以外的卧室,一般将较大的作为老人

---

*注:该研究由万科企业股份有限公司提供科研支持。

房或客房，较小的作为书房；年轻住户喜欢在书房滞留较长的时间，并希望书房尽量靠近主卧，且能满足双方同时工作、上网的需求；同时，亦强调夫妇双方有各自独立、平等的空间，以便工作及其他生活需求。对储藏间的需求并不十分强烈。

二、成熟型家庭

成熟型家庭的主要成员为年龄在30～40岁的中青年夫妇，有1个小孩，夫妇双方均有稳定的工作和收入。初次抚养小孩的喜悦引发了他们对家庭生活的空前热情，将家庭生活的全部重心都放在小孩身上。在孩子小的时候，一般会请小阿姨来专门照顾小孩，或邀夫妇某一方的父母前来同住，顺便帮忙照顾小孩。

由于与孩子在一起的活动成为家庭生活的主要内容，在套型选择方面，他们比较注重主要空间的开敞性和通透性，而对房间私密性的要求下降。起居室往往成为这类家庭活动的主要场所，家庭成员在家中的绝大部分时间都在这里度过。因此他们喜欢面宽较大的起居室，一来为家庭活动提供宽敞的场所，二来与其现有社会地位相称。他们会在起居室内布置冰箱和饮水机（以便随时为小孩提供饮水和食物），也喜欢摆设钢琴以显示品位，或为培养孩子的艺术修养。这个阶段客人来访的频率相对降低，也因为小孩的关系，很少留宿客人。

为照顾小孩，在家中做饭的机会多了起来，会请小时工帮忙做家务，出于清洁考虑，他们喜欢封闭式或有玻璃隔断的厨房。节假日多留在家中与家人团聚，做饭菜较多，因此对厨房操作台面的长度有要求，对餐具柜等收纳性家具的需求变得强烈。为培养小孩健康的饮食习惯，全家都在餐厅吃饭，因此希望餐厅宽敞明亮，有利于家庭成员交流感情营造气氛，并且不希望在就餐时因看电视等活动而分散注意力。

主卧不需要太大的衣柜，但对衣装间有强烈需求。一般将较大的次卧布置为小孩房，较小的作为书房、老人房或客房。喜欢书房与主卧的距离稍远，以便工作时不干扰家人。夫妇双方有对各自独立空间的需求，但需求的强烈程度因家庭情况不同而各异。

因为家庭生活所需功能空间的增加，对双卫生间的要求反而降低，一个半卫生间的形式颇受欢迎。随着家庭生活时间的增长及孩子的成长，家中的物品逐渐增多，因此对储藏间有强烈需求。

三、扩展型家庭

扩展型家庭是指两代以上的家庭成员在一起居住的结构较为复杂的家庭形式。

三代人居住在一起的家庭中，多以中年夫妇为家庭的主干，他们收入稳定，思想成熟，既有年老的父母，又有尚未成年的子女，生活负担较重。当住户的子女尚年幼时，可能会请其中一方的父母过来同住，照顾孩子，或请保姆一起协助做家务和照看孩子。在这样的家庭中，住户更注重享受家人相聚的天伦之乐，整个家庭的活动大部分会围绕孩子，孩子成为家庭的中心。

由于有老人在家照顾，住户的家庭生活节奏相对稳定而规律。因为有老人或保姆做饭的缘故，家庭成员都经常在家中吃饭，但场所并不限于餐厅。虽然多数有孩子的家庭不希望在吃饭时看电视，但是三代之家的家庭中还是有很多在起居室进餐。有些家庭中的老人为了方便起见，当家中的其他成员不在家共同用餐的时候，喜欢在厨房简单用餐。

在暂无小孩的夫妇和某一方父母同住的家庭中，住户比较希望将老人的卧室与主卧区分开设

中青年客户群居住需求研究综述

置,并希望各自有独立就近的卫生间;当老人年龄较大时,两代人更希望卧室分设,使生活既能相互照顾,又互不打扰。

年龄在50岁左右的中年夫妇,带1个未婚子女及某一方的老人共同生活,生活和事业均步入稳定阶段,心态向家庭方向回归。这个阶段,子女个性日渐成熟、独立,与家庭的关系若即若离,自身和老人由于长期居住而成为家庭生活的重心。因为家庭结构较为复杂,这类家庭选择的套型一般带有数量较多的卧室,在总面积有限时,对起居室的面宽要求最为放松。公共卫生间因为主要给老人使用而变得重要,需要足够的面积和自然通风采光条件。

对于储藏间的需求非常强烈,并且需要有为老人单独设置的储藏空间。此外,还要考虑在孩子幼小或当老人生病时,保姆需暂时住在家中,因而需要有单独的居住房间。

总的来说,各类型家庭对于住宅的实际使用需求千差万别,在此我们仅是将这几类家庭的一些需求共同点加以简单提炼和概括。而在实际工作中,进行住宅的开发和设计时还要结合具体情况进行分析,详细调查目标客户群的使用需求,这样才能设计出真正好用的住宅。

附:限于篇幅,有关调研的详细情况无法一一描述,在此特选取调研资料中的部分章节以示意(见图1)。

	问卷统计
概况	问卷的1~7题是客户基本情况的调查,我们在问卷统计中进行了客户情况的基本分析和交叉分析,交叉统计包括套型的交叉统计,客户年龄的交叉统计,以及客户家庭结构的交叉统计。
问题	1. 您家的套型是:_____(请填写套型代号),_____层(请填写楼层)
统计图表	统计结果 A. 套型: 32%　B. 套型: 11% C. 套型: 29%　D. 套型: 5% E. 套型: 4% F. 套型: 9% G. 套型: 2% H. 套型: 4% 不明: 4% G.2% H.4% 不明4% A.32% F.9% E.4% D.5% C.29%　B.11%
套型统计分析	1. 本次问卷调查的套型有A、B、C、D、E、F、G、H共8种套型,其中A、B、C户型占的比重较大(如图所示),D、E、F、G、H套型比重较小,没有标明套型的问卷占4%。 2. 上述各类套型,包括"平层"和"跃层"两种形式,在本次问卷调查中平层的户型共有108户,跃层有52户,由于有部分问卷没有标明套型,所以无法判断其套型形式。

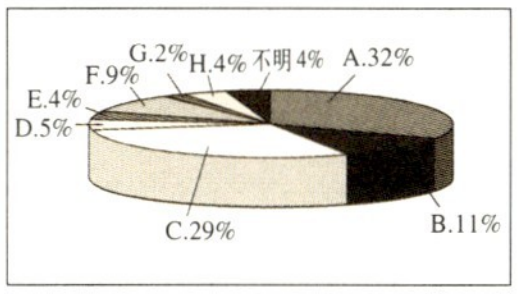

(a)

套型统计分析	3. 在"平层"套型中,二室户有3户,套型为小高层G套型;三室户有103户,其套型有A、C1、C2、C3、D3等户型;四室户有3户,套型为D1户型;在"跃层"套型中,二室户有10户,其套型为B2;三室户有8户,其套型有B1和B4户型;四室户有26户,套型有C4、F、H1和H4套型;五室户有8户,套型有D4和E套型。 4. 根据各类套型的数量和特点,分为"平层三室","小跃层"(包括跃层二室和跃层三室),"大跃层"(包括跃层四室和跃层五室),共三类套型。(由于G套型和D1套型均只有3户,户数不符合统计需求,舍弃不予分析。) 5. 统计显示,"平层三室户"是本次问卷调查的主要套型形式,共103户,占问卷总数的60.4%。所以在本次问卷总统计分析中得出的结论主要是"平层三室户"的客户的基本情况以及他们对于套型的意见和期望。 6. 客户由于年龄、职业、家庭结构、经济状况、购房原因、购房次数以及家庭价值观等的差异,在选择购买套型时将有所区别。同时由于客户购买居住的户型不同,在回答问卷的第8~35题客户各空间需求时将会有不同的看法和期望。有关统计我们在交叉统计中作了分析探讨。 7. 需要指出,本次问卷调查G套型只有3户,调查数量太少,对G套型的有关情况无法统计。

(b)

图1　调研统计分析节选

住宅各空间需求研究[*]

我们在进行住宅设计时的依据，往往是惯常所使用的一些数据，比如什么样的楼高几室几厅的户型，进深几何、开间几何、客厅多大、卧室多大、厨卫多大等等。然而由于缺乏对科学的研究方法的了解，许多设计师对于这些依据却是只知其然，而不知其所以然，不能敏感地联系到当今人们生活需求的改变，及时做出调整和变通，设计出的户型也就常常不尽如意，又找不到确切的原因。

其实，住宅设计像其他应用学科一样，也需要运用科学的研究方法。首先明确我们进行设计的出发点和目标是什么，之后如何准确翔实地收集所需的基础资料，通过合理的统计分析得出论点，并据此进行切实的设计，同时对日后的发展趋势做出有根据的预见。

住宅设计的依据应当来自人们的实际生活。本文的数据主要来源于作者与万科等大型房地产公司合作进行的，对以北京为代表的北方城市中几个典型居住社区进行的一定规模的调研。调研的主要内容是住户对于住宅各个空间的使用现状及使用需求。大部分的调研工作均以入户调研为主，辅以问卷调研。作者在对调研结果进行基本数据统计的基础上，得出住户对于住宅各个空间使用需求的详细描述，在此提炼出其中具有代表性的部分整理成文，希望以此作为进行住宅各空间设计的基本出发点，真正实现精细化设计。考虑到调研工作需要投入大量的人力物力，许多设计师也往往没有合适的条件进行大规模的入户调研，我们愿将自己所做的工作结果与大家分享，使之发挥更大的效用。

当然，人们的生活模式和生活需求不会一成不变，住宅设计也没有一劳永逸的做法和定式。本文所进行的研究并不是为了提出几个程式化的条例供阅历较少的年轻设计师们"按图索骥"，简单套用。而是倡导采用科学的研究方法，找寻住宅设计真正的基准点，从生活出发，设计出既切合人们当下的生活模式，又具有持续发展可能的人性化住宅。

为方便读者深入阅读，本文特将住宅的各空间按使用功能划分为五个部分，分别加以详述：

一、单元入口、楼梯间和入户空间

二、门厅、起居室和餐厅

三、主卧室、次卧室和书房

四、厨房和卫生间

五、过道、储藏间、阳台和露台

---

[*]注：该研究由万科企业股份有限公司提供科研支持。

一、单元入口、楼梯间和入户空间

1. 单元入口

人们在开门、叫门的过程中，需要空间有光，能够避风雨、御寒、防晒，并可以方便地打开和收起雨伞。拎着东西回来的住户希望在东西不用着地的情况下，可以腾出双手找钥匙开启门扇。骑车的人们需要将车子放在安全、避雨、防晒、离家近并方便存取的空间。有时需要暂存婴儿车、儿童自行车和轮椅，有时也需要把宠物临时拴住。

访客、儿童、老人需要单元入口的形式和标识有较强的可识别性，特别是单元门牌号应设置在明显的位置。访客会在此处呼叫主人，应有短暂等候的空间；访客离去时，送客需要一个适合寒暄的空间。一家人出行在此集合也需要一定的集散空间。住户有时会在此处歇脚、聊天、照看玩耍的孩子，要有适宜儿童玩耍的空间和老人休憩的坐凳。

救护车要能够接近门口，并且病人上下车能在雨罩的遮蔽之下进行。搬家具等重物时需要汽车能够接近单元入口，并在此处卸货停放、调整搬运动作。有便于张贴社区或者个人通知的地方，位置醒目利于人们回家前阅读。在适当的位置设邮箱和奶箱，住户回家前可以顺便取走当天的报纸和牛奶。有可以方便集中堆放垃圾的设施，并减少垃圾对周围环境的污染。邮递员等递送人员不能随意直接进入，以确保居住安全。便于物业人员查表和记录。过往及在入口处逗留的居民不能干扰一层住户，保证其私密性。不能有死角或暗角，使人产生不安全感。

此外，单元入口需要有良好的采光照明，同时注意节约用电。需要保温、防风措施。门要便于开启，而且应该能了解门内外的情况，如对面有无来人，以免冲突发生危险。地面应当防滑，不起灰，容易清洗。墙面要经脏，不易积灰，便于清扫。考虑进行无障碍设计，方便残疾人及活动不便者进出，尽量设置连续扶手，易于抓扶、支撑。

2. 楼梯间和入户空间

楼梯间需要空间明亮，有自然采光，有良好的通风对流。窗要确保安全，便于开启、擦拭，并使人有良好的视野。踏步高低、宽窄合适，并要进行防滑处理；梯段宽度和平台设计应保证方便搬运较大的家具；栏杆设置应防止攀爬和避免坠落。在楼梯间内不应设有突出物和易碎物品。

在入户门口有特定空间暂存大量携带物品，使住户可以腾出手，找钥匙开启门扇。访客需要门牌号有较强的可识别性。邻居、访客与主人能在此简单交谈、告别，方便物业人员查水表、电表、煤气表。确保住户私密性（如视线、声音等），不受相邻住户或上下楼梯人群的影响。能够有一定的空间，储藏较脏的或不方便拿进室内的物品，如雨伞、鞋、体育用品、儿童大型或是沾带泥土的玩具等。要有较好的视觉效果，如设计对景、合理布置管井门和消火栓以保持墙面的整齐美观。不能有死角或暗角，消除安全隐患。

楼梯间内要有良好的照明，能够在不影响其他住户的前提下，方便地开闭楼梯间灯具，同时便于维修。扶手的形式要易于抓、靠，材料方便擦拭，并且不易蹭脏、勾挂衣服。门铃要有适宜的高度和明显的位置。建筑材料的选择要能够减轻噪声对住户的影响（如上楼梯的脚步声和说话声）。内装修（墙面、地面）要有利于扫除和防止碰撞。

二、门厅、起居室、餐厅

1. 门厅

开门后要有适合的空间设置台面,用来放置提包、帽子、钥匙等随身物品。要有空间放置雨伞、雨衣等湿物品,以及买菜进门和带垃圾出门的暂存空间。出门时可以临时拴宠物,以防开门时宠物自己跑出。带宠物回来时,可为宠物清洁,以免弄脏室内地面。可以储存婴儿车、运动用品等物品。

需要设置坐凳换鞋,其位置应方便从鞋柜中拿取鞋,并保证洁污分区。有储存衣帽的专门空间,并有一定的伸展空间换大衣。鞋柜大小应该考虑主人用鞋和客人用鞋、高靴和矮鞋、当季鞋和过季鞋的数量和分类储藏的需求。需要在此进行皮鞋养护工作,并保证鞋油、鞋刷等小物品的储存。需要穿衣镜,方便主人出门时检查仪表,并能保证有适当的视距。有时需要多人同时在门厅换鞋,整理服装等。

希望设置门厅,并能够保证私密性,防止一览无余。要保证客厅、餐厅等居室空间不能直接看见鞋子摆放的混乱状态。希望空间起到展示主人个性的作用,能够给亲朋留下很好的第一印象。需要主客寒暄、递送礼物的空间,以及写字空间,为快件接收、抄表等签字时使用(见图1)。

需要美观安全的入户门。搬家时需要门的开启大于平时,以利于大件家具进出,考虑设置子母门。夏日需要纱门利于通风,避免蚊蝇侵扰。要有良好的照明,并且灯位的选择应避免面对穿衣镜时背光,或是有强光射到镜子后反射入人眼。夜间应有专门照明,保证人能看清路面。老人还需要扶手以助站立。

2. 起居室

家庭成员可以在这里聚集,进行家庭活动(如聊天、看电视、听音乐、打牌、下棋等),也要便于招待来访的亲朋,需要开阔通畅的视野和围合向心的空间。要有足够长的连续墙面放置家具(住宅规范规定不得少于3000mm),需要良好的电视视距,保证家庭成员在这里看电视时,每个人都有很好的视角,遥控器可以随手拿放(见图2)。

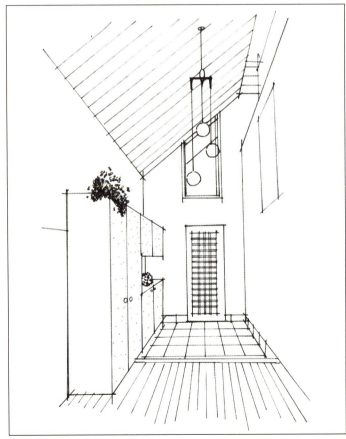

图1 门厅

住宅各空间需求研究

图2 起居室

要方便长时间地接打电话，可以进行上网、弹钢琴之类的娱乐活动，还要考虑家庭影院、音响设备的放置空间。需要搁置书籍、茶具等物品的空间，以便能够读书看报，品茗喝茶。希望有放置保鲜柜的空间用以存放零食、水果、饮料，并希望饮水机布置近便，有专门的地方保存餐巾纸、牙签等零碎物品，并有地方搁置废纸篓。

在这里可以休闲健身，如跟随电视节目跳健身操、打太极拳，应考虑有空间放置健身器材。大人能够和孩子玩纸牌、拼图、棋类等游戏，同时考虑孩子自己在家里玩捉迷藏、过家家的可能。主妇可以在做家务劳动（如叠衣服、熨衣服）的同时，看电视、听音乐。

希望有能够让主人展示个性、表现情趣的家具和墙面。能够种植花草，美化家居，尤其是摆放较大的盆栽（如发财树、橡皮树等）；同时还要考虑设置水族箱调节生活情趣。希望有客来访时，能够迅速把表面东西收拾干净，如有充足的储藏空间可方便收纳等。希望空间可以适应家具摆放的变更，如沙发能够有多种组合，并考虑朋友或亲戚可能会借宿于此。

希望起居空间与餐厅接触面大，有利于扩大空间感受，并便于了解厨房和餐厅的情况。不希望在起居室直接看到卫生间的内部。需要和阳台联系方便，保持空间的延续性；同时希望窗外的光线以及人的视野不被晾晒的衣服遮挡，又可保证不被其他楼栋的住户和路人看进来。不希望去其他空间时穿行起居空间，因频繁走动打搅别的家庭成员看电视等活动。

要保证阳台上的冷、热空气不能轻易侵入室内。可开小窗扇或者加设换气设备进行微风调节和换气，同时防止灰尘进入。散热器设置不应妨碍家具摆放，避免造成家具布置遮挡散热器，使工作效率降低，散热器的位置应避开主要视线。窗两旁考虑有足够的空间，保证窗帘收起时不会遮住散热器或窗。立式和挂式空调的位置应结合室外机位置考虑，尽量布置在墙角，并且出风口不直接对准活动区域，管线能够隐藏。

灯光设置应当兼顾全体照明、展示用灯光以及阅读时局部照明。保证良好而适宜的天然采光。分开关控制不同的灯，并且做到可调光节能；同时可以方便地更换灯泡。大型吊灯更需要保证安全，避免坠落。

应该能够在任何地方方便地接上电源插座，尤其要方便吸尘器、充电器等的使用，不露出明线。希望能够随时看见钟表，提示时间。展示墙面、对景墙等应便于钉挂装饰物。不希望设有过多的门而破坏墙面完整性，同时讲究电源开关的设置，避免在墙面打"补丁"。地面应当防滑，容易清洗。

3. 餐厅

希望餐厅明亮通透，有直接通风采光。位置能够接近厨房，可以看见厨房中的情况；并且和起居室有较好的空间交流以起到扩大空间的作用。要满足全家聚会、待客进餐需要，考虑来客加设座椅的空间，坐定后不必起身可让身后的人通过（见图3）。

能在此处切洗水果，加工简单的食品，如：烤面包、冲咖啡，展示厨艺等。还有可能进行全家的做饭活动，如包饺子、团汤圆等。能够设置吧台，方便主人一面煮咖啡、泡茶、准备点心，一面招待客人。希望有空间搁置饮水机以及可以储藏酒水饮料的小冰箱等，并且方便拿取。

考虑放置餐具柜满足展示主人个性和情趣的需要，并形成对景。设有专门空间储藏类似牙签、餐巾纸、口香糖、餐垫、手绢、药品等与进餐有关的物品，并能方便移放餐桌上的物品。有住户会在餐厅会友、打牌、上网、接电话。方便利用桌面空间做家务。可以进行绿化，美化就餐环境。

地面应当耐脏，便于擦洗。有足够的电源插口、网络接口、电话接口。有条件应设排气设备排除就餐产生的热气、烟气（如吃火锅、烧烤等）。餐厅的灯具有展示功能，并且希望将其设在餐桌上方。人们对中式圆桌和西式长方桌各有所好，也有住户青睐可折叠的餐桌，适于来客人多时使用。

三、主卧室、次卧室及书房

1. 主卧室

主卧室要有天然采光、良好的对流通风。对私密性的要求较高，不应受其他房间活动的影响，同时避免室内外视线干扰。开间最好能满足可以摆下一张 2000mm × 2300mm 的双人床，450～600mm 的电视柜，并留有 600mm 以上的通行宽度。要有较好的视野景观，可以摆放花卉、饰物，美化居室环境。

要考虑床与窗的关系，避免床头正对窗，有直接光线射入眼睛。可以躺在床上读书看报、看电视、打电话、上网、打游戏，书及饮料和零食等能够放在随手可及的地方。应该设有睡前搭挂衣物和放置床罩等床上用品的家具。要有足够大的衣柜，或是更衣室，同时应有足够储藏被褥等大

图3　餐厅

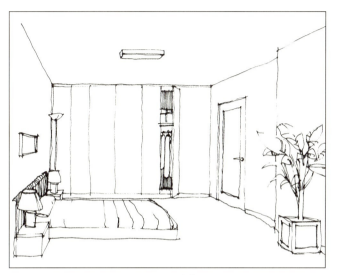

图4 主卧室

图5 次卧室

件衣服的空间,以及存放需要换洗衣物的专门场所(图4)。

可以摆放满足不同需求的相应家具,如梳妆台、手工台、缝纫机等。在与父母同住的时候,有住户希望有一个小起居空间。若家中有新生儿,应考虑主卧可以临时改变家具布置,靠主人床放下一个婴儿床而不影响其他家具的正常使用(如阻挡衣柜门的开启,使通道变得过于狭窄而不能通行)。

需要有良好的照明(阅读照明、化妆照明、睡眠照明),并且设置双控灯。床头墙面住户一般会悬挂装饰画或照片,应保证钉挂安全。应设置足够的电源插口、网络接口、电话接口,满足其功能需求,如方便插各种充电设备(手机、相机等)及用电设备(吸尘器、加湿器、电暖气等)。应作一定的隔声处理。

2. 次卧室

不同家庭会根据自身情况对次卧室的功能作不同的安排。作为父母住房及客卧,空间大小要考虑可放入双人床、床头柜、衣柜、电视柜等家具。考虑作子女卧室时可以放下书桌和书柜,以供孩子在里面学习,并考虑家长在旁边辅导、谈话的空间。作儿童室时除了布置必备家具外,应有一定的空间供儿童玩耍。作为孩子的卧室应可以满足家中两个孩子同住的需求,同时考虑有接待其朋友留宿的要求(图5)。

使用者在使用这间房间时,希望就近进入卫生间,尤其是老年人。希望可以方便地上网、打电话、看电视。需要足够的储存被褥、衣物及老人营养品、药品,孩子体育用品、玩具等的空间。有可能的情况下希望外接阳台,满足活动和一定的储藏需求,还希望有一定空余空间,可以根据业主的不同需求,放置其他家具(如:钢琴、电子琴、椅子、画板等)。

应设置足够的电源插口、网络接口、电话接口,并方便书桌改变位置使用。设多层次照明——有泛光照明也有局部照明,同时希望设置双控灯——躺在床上可以打开和关闭卧室所有的灯。考虑有放置电暖气、加湿器等空间,并且其布置不应影响其他家具的摆放。

3. 书房

书房需要满足住户在其中办公、学习、会客、上网、打电话的要求。部分住户认为书房应方便地与主卧相连,除使用近便外,也可方便改造以增加主卧的功能,如:改为婴儿房、衣帽间、兴趣室等。书房用于待客时应方便地与起居室相连接,但这种情况时要与主卧室分开,以免影响主卧的私密性。

书桌摆放与窗的关系应使光线从前、左方照来,以免手前阴影影响书写;同时避免书桌放在窗的开启扇前,妨碍窗的开启。

需要有良好的视野景观,可以摆放绿色植物、悬挂装饰画美化书房。要有放置大量书柜、展示柜、书桌、座椅的安定空间,有足够的格架储存书籍、文件、资料等,有存放重要文件的需要。应保证存放的安全(图6)。

要考虑到两个人共同使用书房的可能,希望有促膝而谈的场所。家中客人较多时,可方便地改成客卧。对于有的家庭,这间房有成为儿童用房、老年人用房的可能。

照明应该是多层次的,有阅读灯、展示灯、射灯、顶灯。应设置足够的电源插口(台灯、各种电器设备、电器充电)、网络接口、电话接口,满足其功能需求。

希望安装通风装置排除由于大量抽烟而产生的烟气。希望隔声好,能保持安静的工作学习环境。

四、厨房、公共卫生间及主卧卫生间

1. 厨房

厨房内要有明亮、通透的空间进行洗、切、炒等做饭活动。按洗、切、炒组织合理的操作流线,保证操作具有充足的空间和台面,并能将菜饭方便地送进餐厅(图7)。

应该能让在厨房中的主人忙碌的同时,还能看

图6 书房

到餐厅和客厅，这样有可能同家人进行交流，照看小孩和老人，也能及时地照顾客人。可以在做饭的同时接听电话、看电视、听音乐，并从厨房的窗户可以方便地看到在庭院中玩耍的孩子。在早上或者人少的时候，可以简单地在厨房进餐。有条件的情况下可以做一个带有水池的岛式工作台，家庭成员可以围合在一起准备晚餐，如中国人在过年过节时全家聚在一起包饺子。

能在做饭时方便地从冰箱拿取食品，冰箱旁有一定的操作台面，并有一定富裕空间为换大冰箱做准备。摘菜（如豆角，青椒，韭菜等）需要的时间较长，应有一定的空间和台面，方便在板凳上，边摘菜边和家人说话。希望有一个足够大的洗涤池，可以方便地拿到洗涤剂、刷碗布、刷子、刮削器等东西，能方便地将洗菜，刷锅，洗碗等厨房炊事洁污分离，有条不紊地进行操作。洗涤池边应有摆放蔬菜、鱼等需要洗涤的食品的地方，还需要有控干餐具的地方。水池近旁应有垃圾筒的位置，可以方便处理带有汁水的、油腻的剩饭菜及生腥的垃圾。

台面可以同时摆下两个案板，并应能够摆下切好的食物，方便与洗和炒相连接。一般需要两个或两个以上灶眼，可同时进行炒菜、熬汤等工作，有条件应与烤箱相连，同时进行烤制食品的工作。烹饪时可以方便地拿到准备好的食品和油盐酱醋等调料，并能在炒菜过程中加水、看时间。

有足够适合各种物品的储藏空间，如餐具、炊具、调料、米面、干货、水果、蔬菜、饮料等；同时拿取方便。操作台旁要有足够的电源插座，方便微波炉、电饭煲、烤箱、洗碗机、消毒柜、饮水机等电器设备的使用。

厨房应有很好的天然采光，自然通风和采暖。

图7　厨房

需要有良好的照明（泛光照明，局部照明）。需要工效较高的排风扇。希望设有换气设备。暖气的设置不宜占据主要的墙面，不应影响台面延续。台面、墙面应便于清洁，地面应进行防滑处理。希望刷卡、查表方便；管线的布置应顺畅、安全；烟道设计位置合理，面积节约，与炉灶就近；煤气管线、下水管道设计考虑装修橱柜的方便和橱柜的连续性，少占空间。

2. 公共卫生间

公共卫生间内需要满足洗脸、洗手、洗脚、梳妆、洗澡、如厕、整理个人卫生、洗衣、家务、储藏等功能需求。人们需要在手盆前进行洗脸、刷牙、

图8 卫生间

剔须、整理头发（吹头发、喷发胶）、化妆等活动，能够方便儿童自己独立洗脸、刷牙、洗澡。在进行整理个人卫生的时候不希望被别人看见，并与淋浴、便溺活动互不干扰，可分别单独使用。在便溺过程中，有住户希望可以看书、看报纸、杂志或可以打电话、听音乐等（图8）。

淋浴时，人们可以方便拿到洗发液、沐浴露、洗面奶、香皂、剃须刀、梳子、擦澡巾和浴帽等物品；洗浴结束后，可以伸手便拿到浴巾以及就近能取到干净衣物。淋浴间的大小应考虑到洗澡时伸手、转身所需的空间，不碰到周围墙壁或五金架、浴帘，最好能容纳一个大人和一个孩子同时洗澡，或可以放下一个儿童使用的澡盆和小凳，以供大人给儿童洗澡。儿童会在澡盆里玩水，应设置专门存放儿童玩具的地方。淋浴间应进行无障碍设计，方便老年人或行动不便的人独自洗澡。如设置扶手、坐台等，使老年人可以坐着洗澡。设置浴缸时要考虑进出浴缸安全，在合理的位置设置扶手，防止滑倒。有舒适的更衣空间，天冷时还应考虑洗澡完毕穿衣时卫生间可以保持适合身体的温度。

需要足够的储藏空间：a）用以储藏成捆卫生纸、卫生巾、洗衣粉、柔顺剂、肥皂、消毒液、去污粉、洁厕剂、牙膏、须后水、领洁剂等卫生用品，并方便拿放；b）有能放置拖把、刷子、抹布、污水桶、撮子等清洁工具的空间；c）可以存放衣服、毛巾、浴巾等干净物品；d）能存放一些药品；e）能分开放置脸盆、脚盆。

摆放洗衣机的空间旁边需要有一定的台面利于分拣、搓衣、放置物品。希望有放置干净衣物、毛巾的储藏空间，脏衣服的回收、分放空间。有洗涤、挂置小件内衣的空间和五金件，可以放置体重计等物品。需要摆放小植物、悬挂装饰画美化卫生间。希望有一定的空余空间，可更换或增设新设备，或设置宠物便溺、洗澡的场所。

手盆前需要有足够的台面、搁板、挂钩和电源插座来满足日常洗漱（洗脸、刷牙、剔须、吹发、化妆等）的要求。希望有方便洗头发的洗手盆及水龙头、花洒。希望有可以照半身或全身的梳妆镜。卫生纸伸手可及，手纸器应放在坐便器侧前方，方便拿取、更换。淋浴、盆浴都应考虑能及时通风，并应有局部光源照明。安装浴霸时尽量形成局部吊顶而非整体吊顶，以免压低空间。浴缸外设置排水并能方便摆放吸水垫、防滑垫，防止把水带到其他房间里去。摆放洗衣机的空间应配备相应上下水管道和电源插座。有可以方便地清洗地拖、抹布及一些污物的洗涤池。垃圾桶放置在坐便器或洗脸池附近。

希望卫生间有自然的通风和采光。管井、风道应尽可能布置在承重墙上，以解放非承重墙，便于空间改造。管道检修口的位置宜隐蔽，不宜设在容易溅到水的地方。希望便于改动设备的位置或更换、新增设备。地面可以冲洗，便于清洁；墙面易于擦拭，不易结垢。

3. 主卧卫生间

除满足上述公共卫生间的要求外，还应具备自身特点：位置与主卧室关系直接、紧密，与主卧室无功能上的干扰，应保证夜间上厕所近便和安全。希望主卫生间有直接的采光和通风。主卫应与衣帽间近便，但应避免主卫生间的潮气进入衣帽间和主卧室。考虑住户沐浴时可以听音乐、广播、看电视，甚至与家人进行交流。希望有储存个人隐私物品的空间（见图9）。

应预先考虑电热水器的用电功率，储水式热水器所占空间，注意安排其位置。

五、过道、储藏空间、阳台及露台

1. 过道

过道要能够便捷地连接各个功能空间，尽可能将主要交通组织在其中，交通面积要节约，避免延伸过长。应考虑充分利用过道空间，提高其利用率，可在一侧设置壁柜。设计时应兼顾装修效果，如垭口完整，对景墙面完整、对称等。

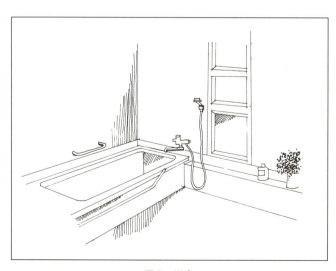

图9　浴室

图10　储藏间兼家务室

过道的宽度及过道中门的位置的确定应考虑到方便大件家具的搬运。情况允许时，考虑在过道的墙壁上预留窗洞，使得过道可以通过某些私密性不强的房间间接采光，消除幽深感。过道中门较为集中，设计时要从通风、私密性等角度考虑门之间的位置关系。

设置电源插座，方便吸尘器等设备使用。在走廊中设置双控灯。如有可能，可设置长明灯，引导夜间活动。有条件时应设置扶手，方便老年人、行动不便的人使用。

2. 储藏空间

需要充足的储藏空间，以储藏各类物品。一个家庭中希望有集中的储藏室，也要有分散在不同居室的储藏空间和专门的储藏空间，便于根据所储藏物品的不同性质、不同使用情况等特性，分类储藏、方便查找与取用。储藏空间的常见形式有进入式储藏间、壁柜、吊柜，设计时留出一定的集中储藏空间，同时尽量找出可以用作储藏的零散空间加以利用。

储藏物品由于使用情况的不同大致可以分为三类：日常用品（清扫工具如吸尘器，维修工具如改锥、钳子等，外出行头如旅行箱、行李架，爱好用品如渔具、露营设备、折叠床、梯子等等），季节性物品（床上用品有换季被褥、凉席等，电器有电扇、电暖气等），暂存物品（淘汰的家用电器、外包装纸箱、装修剩余材料等），应根据其使用的情况有对应的储藏空间。

根据储藏物品的不同形态，储藏空间也随之不同：大件箱状物品（如旅行箱、装箱电器等）需要搁板或搁架，板状物品（如折叠床、梯子、拆折后的纸箱等）则需要缝隙空间，而零散物品（如礼品、改锥、锤子、钉子等）需要橱柜或是抽屉储藏。

储藏物品时应避免物品相互遮挡、叠压，设计时应结合物品尺寸和人体动作尺度，考虑储藏空间及其内部分隔的进深和竖向划分，尽量做到每件储藏品都有其固定专有的空间。应结合人体尺度设计储藏空间的内部分隔，充分利用人伸臂可以直接够到的范围空间，方便取用。储藏物品时要注意保持其自身的品质，防止其相互浸染、发霉、生锈、虫蛀、钩划等。

要采取措施保证储藏空间有良好的通风，如设置百叶、加设排风扇等。储藏空间应设照明，可加强局部照明。应避免储藏空间有灰尘侵入，污染储藏物品。

希望预留管线、地漏，便于储藏空间改作卫生间、洗衣间等用水空间。维护墙采用轻质隔墙，方便日后改造，如并入其他居室以扩大其面积等（见图10）。

3. 南向阳台

希望阳台空间兼顾通透性和私密性，既保证冬季阳光充分照入，又防止夏天暴晒，能够迅速通风散热。可以晾晒衣服和被子，但不希望遮挡阳光和破坏室内景观。应充分考虑储藏的需要（如换季鞋、雨伞、衣架等），可以打造橱柜分类储存。

希望有足够的空间供三四个人一起坐下，还可以摆上桌案、躺椅、体育用品等等。人们可以在这里喝茶、聊天、看报、健身，老年人会在这里乘凉、晒太阳、养植花草，希望有空间摆放绿色植物、花草以供欣赏，尤其要考虑可悬挂吊兰、绿萝等蔓类植物。

通往阳台的门的开启不应妨碍家具布置。窗的划分应方便住户擦拭玻璃，并有足够的开启扇保证通风，此外注意选择窗框材料，避免窗框太粗，遮光严重。能够方便开闭灯具，考虑设置插座和网线插口。灯具的位置应防止与晾衣架、高窗等发生冲突。栏杆牢固安全，能消除恐高感。

如有可能，希望有方便的上下水便于浇花、清扫阳台或接洗衣机。地面需要防潮、防水，同时考虑与起居室保持视觉上的连续性。能够安装升降式晾衣设备，晾晒比较重的被褥，考虑方便就近拿取衣架。

空调外机设置应方便维修、安装，保证进出风通畅，并避免向着阳台内部散热。

4. 露台

露台要满足住户招待朋友聚会的要求，有足够的空间供友人一起坐下，还可以摆上桌案、躺椅和健身器材。有住户会在这里种植爬藤类植物绿化环境，遮阳乘凉，希望设置足够覆土深度的种植槽。

应考虑储藏需要，有足够的空间储藏桌椅，太阳伞，烧烤餐具等。

要有良好的视野，两户间围护墙要兼顾安全性、通透性，又要防止侵犯邻家的私密性。

有方便的上下水及照明设施。地面需要有良好的排水、防水处理。考虑足够的电源插座和网线插口，能够方便开闭灯具。考虑设置栏杆，消除恐高感，且栏杆材料应不易锈蚀，易清洁，不会蹭脏衣服。

针对住宅各空间需求的设计建议*

　　本文是在上文对于住宅内各空间需求研究的基础上，结合作者多年的住宅设计经验，针对目前我国住房市场上较为主流的110~120m² 左右的三居室套型的住宅，提出的相应开发与设计建议。为方便阅读，本文仍将住宅的各空间按使用功能进行了划分，分别加以详述。文章共分为四个部分，各部分的要点如下。

● **门厅、起居室和餐厅**

　　◆ 门厅设计兼顾洁污分区、视线遮挡、家具设置、美化装饰，等等。
　　◆ 起居室的面宽宽容度较大，可根据总面积要求酌情加减。
　　◆ 餐厅与厨房、起居室应尽量保持较大的"接触面"。

● **主卧室、次卧室和书房**

　　◆ 主卧室的面宽宜适当增加。
　　◆ 次卧室的功能性质多变，应多角度考虑确定面积和位置。
　　◆ 书房灵活设计应予以注重，尽量使其成为客户装修时的个性体现空间。

● **厨房和卫生间**

　　◆ 厨房布置成"L"形的长方形为佳；避免面积盲目扩大，可将部分功能移至餐厅。
　　◆ 卫生间设计可探索一些新模式。

● **服务阳台和露台**

　　◆ 服务阳台可向家务间靠拢，有条件时应扩大面积增加其适应性（如改变成储藏、保姆间等）。
　　◆ 服务阳台的储藏功能应被更加重视，如可按洁污分区、温度分区等进行储藏。
　　◆ 家务空间（洗衣、熨烫、晾晒空间）应注重优化劳动动线设计。

---

*注：该研究由万科企业股份有限公司提供科研支持。

针对住宅各空间需求的设计建议

一、门厅、起居室和餐厅

（一）门厅

门厅是从户外进入室内的必经之处，是联系内外的缓冲空间，兼具交通和停留的功能。同时门厅作为客人来访所进入的第一个空间，会给人留下深刻的第一印象。在佛教中，门厅被称作"入道之门"，可以说是住宅的咽喉地带（见图1）。

1. 门厅的家具布置原则

门厅家具的布置应本着"宜少不宜多，宜整体不宜分体"的原则，尽量使门厅空间显得完整。坐凳与鞋柜的关系应方便取放鞋，且不应与门的开启发生冲突。尽量在设计中留出设置衣柜的空间，方便住户将鞋柜与衣柜合二为一；也可将坐凳与鞋柜结合成为一体，避免独立的坐凳占据空间，妨碍通行和穿衣等行为。在套型设计中要留意门旁墙垛的宽度，以便有稳定的空间角落放置鞋柜；单独鞋柜宽度不宜小于300mm，若鞋柜、衣柜合用时则不应小于550mm。

2. 门厅的设备设置要点

对讲机尽量设置在门旁的墙上，方便使用。电表箱和门铃喇叭的位置应预先考虑，不要与可能设置的家具相冲突。预留电灯埋线甩头时要考虑到门厅需要整体照明和局部照明，并适当兼顾家具的摆放与设置，如鞋柜、穿衣镜等。跃层套型则应在楼上再设置一套门禁系统，保证主人在楼上也能听到铃声，并与外来者通话。

3. 门厅的储藏空间设置

我们通过入户调研及自身的日常生活经验，得出门厅的主要储藏物分为两类。

A 鞋类：包括常穿的鞋、拖鞋和换季鞋；
B 其他：包括常穿的外衣、包、健身器材、儿童车和玩具、轮椅、杂物等。

因此，建议门厅的储藏应遵循"储藏分类，洁污分区"原则。尤其应将鞋与其他物品分开，要考虑不应使鞋的异味窜到衣服上，更不能将鞋上的泥土沾到其他物品上。套型设计中，门厅空间可以适当加大，以增加储藏面积——对于超过150m²的套型，可以考虑连接一间储物间。

（二）起居室

起居室的主要功能是满足家庭成员公共活动的需要，如一家人团聚在一起娱乐消遣（聊天、看电视、听音乐、打牌、下棋等），或是招待来访亲朋。其设计直接关系到住户的生活质量。

1. 起居室面宽的宽容度较大

根据笔者对起居室面宽分别为3900mm、4200mm、4500mm的三种套型的调研结果来看，各套型的住户均未强烈反映面宽不够，都认为该面宽尚可接受，视距基本合适。可见，如今的业主已经不再一味追求大而豪华的起居空间，淡化了其炫耀、招待的作用，而是注重个性化设计，更加务实。

我们认为，起居室面宽的宽容度较大，基本可以在3600~4500mm之间调节。在今后的套型设计中，若遇到用地条件或套型总面积受到某些因素限制时，可以适当压缩起居室的面宽以降低总面积。

2. 起居室对小冰箱、饮水机的需求

通过调研问卷的统计，住户普遍反映在起居空间需要方便地取用饮用水、零食、饮料等物。但

门厅应留有设置鞋柜的空间

电表箱位置设置不当，会影响家具摆放，或造成不美观

结合衣柜设计设置电表箱，方便、隐蔽

设置地垫使洁污分区

图1 门厅布置的注意事项

图2　结合餐具柜布置饮水机和小冰箱

散热器布置

图3　散热器的位置设置

图4　空调室内柜机的位置设置

由于小冰箱、饮水机类的设备外型稍欠美观，直接摆入起居空间时往往与成套的家具格格不入，影响房间布置的整体效果。因此建议在套型设计中加强起居室与餐厅之间的联系，结合餐具柜、装饰柜的设计，把小冰箱、饮水机等设备纳入餐厅或是餐起之间的空间（见图2）。如此一来，既可以方便两个空间共同使用，又不影响起居室的室内布置。

3. 起居室中散热器的位置设置

散热器设置的位置直接影响到起居室中其他家具的布置、空间的利用乃至整个居室的气氛，因此在确定其位置时要综合考虑散热器与家具的布置关系以及视觉效果（见图3）。其布置应满足以下几个原则：

　　A. 尽量布置在墙角，或是附属于窗间墙垛；
　　B. 考虑家具布置，避免占据家具摆放的主要墙面；
　　C. 注意散热器不要被窗帘遮挡，进而影响其功效；
　　D. 同时注意避开直接视线，尽量加以隐藏，减少对视觉美观的影响。

4. 起居室中空调室内机的位置设置

调研结果反映，住户一般会在起居空间选用功率较大的柜式空调来满足大房间的制冷需求。一般来说，空调室外机应设于外墙的窗间或窗下，室内机则自然设置在内外墙的交角处。但某些套型中由于室外机预留位置不当，导致空调室内机布置在墙面中段，虽然并不影响家具布置，但由于空调室内机的形体、尺度、颜色等元素很难与其他家具相匹配，因此显得突兀、不自然，有破坏空间整体氛围之嫌，应尽量避免。此外，选定室内机位置时还要兼顾风吹的方向和作用范围，以不直接吹向人体为宜（见图4）。

（三）餐厅

餐厅是家居生活中的进餐场所，也可以同时满足待客、备餐等功能需求。

1. 权衡餐厅与起居空间的关系

通过观察和研究我们发现，当餐厅与起居室之间的空间连通时，视线通透，穿越距离长，有增大空间的效果。因此建议在套型设计中全面考虑各房间的相互位置关系，尽量加强餐厅与客厅的空间连通，当总面积有限时可以考虑将餐厅与起居室合并。

2. 餐桌旁需要设置餐具柜

通过入户调研可以发现，多数住户家中都布置了餐具柜，或叫餐边柜，而那些由于考虑不周或是空间局促而没有设置餐具柜的家庭，也都十分明显地表现出对于餐具柜的需求。问卷调研的结果也显示，多数住户希望可以在餐厅内设置餐具柜。归纳起来，餐具柜的主要作用有：放置牙签、餐巾纸之类的零碎物品，接纳收拾餐桌时暂时移放的物品，储藏茶具、酒具等物品。随着生活水平的提高，在很多家庭中餐具柜成了餐厅的对景，又进一步增加了展示和营造宜人的就餐气氛的功能。

因此在设计餐厅时，应考虑在餐桌旁边能留有一定完整的墙面，以便设置一个既有装饰性又有实用性的餐具柜（见图5a）。

3. 在餐厅就餐可以方便看电视

问卷统计结果表明，住户对就餐时看电视是有一定需求的，并且在特定的年龄、特定的家庭结

针对住宅各空间需求的设计建议

构中其需求量有所增加，如没有孩子的青年夫妇家庭。因此在设计餐厅时，除了考虑可以在餐厅设置电视柜或是为日后的设置留有线路和位置外，还应在确定餐厅与起居室位置关系时就考虑到电视柜与餐桌摆放的方位（见图5b）。尽量做到在餐厅吃饭时也可以方便地看到起居空间内的电视，避免住户为了看电视只能端着饭碗挤在茶几上吃饭的情况发生。

4. 注意餐厅的设备布置

有不少住户反映，在装修时对餐厅内的设备作了改动，主要包括：

1）加设电源。随着饮水机、小冰箱的普遍使用，餐厅备餐功能的日趋完善（微波炉、烤箱的应用），餐厅的电源插座不足已成为普遍问题。

2）改变电灯埋线甩头的位置。由于未能详细考虑空间的利用情况和家具的布置，套型设计中往往只是简单将餐厅的灯口留在顶棚中央。而实际生活中，多数住户希望将灯设在餐桌上空，凸显菜肴的色泽，营造温馨气氛，故而，不得不改变原有灯口的位置（见图5c）。

3）增添通风设备。随着生活水平的提高，时常会有家人或朋友聚在一起吃火锅、烧烤等。然而有些套型的餐厅没有直接通风，吃火锅、烧烤时产生的热量和烟气不能很快地散掉，造成室内空气污浊，甚至影响到其他房间。

因此，建议在餐厅设计时，要综合考虑以上电器的使用情况，在合适的位置增加电源插座的设置。提倡在预留灯口位置时，要结合空间的使用，避开交通空间和家具柜所处的位置，尽量设在放置餐桌的区域。在条件允许的情况下，考虑在餐厅设置排气扇，及时有效地将餐厅内的烟气抽走。

(a) 餐厅设置餐具柜　　(b) 餐桌与电视柜的位置关系

(c) 餐厅灯位选择

图5　餐厅布置注意事项

二、主卧室、次卧室和书房

（一）主卧室

主卧室是满足业主睡眠需求的私密性较强的空间，其功能不仅限于睡眠，同时还包括贮藏、更衣、工作等。作为个人活动空间，主卧室的私密性要求较高，不应受其他房间活动的影响。

1. 主卧室的开间尺寸应适当扩大

调研中大多数住户都反映主卧室开间偏小：房间内摆入一张双人床后，床与对面墙之间留下的距离不够再摆放一个电视柜;有的住户只好在房间一角斜摆电视柜,来满足在主卧室看电视的需求。经我们仔细分析测量发现,以往主卧室的常用轴线尺寸为3300mm以下,已不能满足现代生活的需求,有待进一步扩大,主要原因有两个:

1)家具尺寸的增加。目前家具市场上的中高档双人床长度多数已达到2100～2200mm,较以前的常用尺寸2000mm多出近200mm。实际布置家具时要留出踢脚线的宽度10～20mm,电视柜与墙面间也需留出走电线的50～100mm的空当,再加上电视柜的宽度450～600mm、通行宽度600～800mm和墙厚150～200mm,得出:主卧面宽的轴线尺寸至少为3400～3900mm,才能满足使用需求(见图6)。

2)储藏空间需要加大。问卷统计结果反映,相当一部分住户需要增加衣柜长度。而衣柜长度主要取决于房间的开间,以及主卧室门口电源开关的位置,因此加大主卧室的开间便可以缓解储衣量不足的问题。同时,开间增大也利于散热器的布置。若开间增加到3900mm,设1800～2100mm的窗(窗的面积不宜过大,否则房间的保温、隔热性能降低,浪费能源)之后,尚余1600～1900mm的墙面用来布置散热器、窗帘。

与起居室相比,主卧室由于家具布置的限制,过度压缩面宽,可能会影响到使用功能,设计时应予以注意。

2. 主卧室需要满足其他功能需求

通过入户调研我们发现,主卧室设计时除了应满足住户睡眠需求和储藏被褥、衣物的需求外,还应考虑其他方面的需求:

1)放置床上用品。除床头柜外,在床边加设椅子等家具可以方便住户临睡前搭挂衣物或放置床罩等床上用品。出于使用近便的考虑,应保证床两侧均有设置的地方。

2)存放脏衣物。调研中发现,多数家庭都没有换洗衣物的固定存放空间,经常随意乱放,主卧室应提供一个此类的角落空间。

3)留有满足主人不同需求的空间余地。主卧中最好留有富裕空间可以摆放能满足住户特殊需求和兴趣爱好的家具、设备,如设置书桌、钢琴、小型缝纫机或手工台等,为主人提供读书、撰写文章、上网、打游戏,或是弹琴、裁剪、刺绣等的个人领域。

4)熨烫衣服。据调研,相当一部分主妇习惯在主卧室熨烫衣服,因此要有足够的空间供支开熨衣

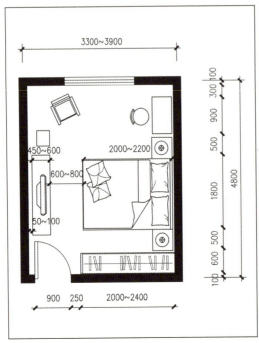

图6 主卧室尺寸

针对住宅各空间需求的设计建议

板进行熨衣工作,还要有收纳熨衣板、电熨斗的空间和近便的电源插座(见图7a)。

5) 考虑增设婴儿床。当家中有新生儿时,可以暂时变换房间家具的布置,将婴儿床靠近主人床布置,方便母亲照顾孩子(见图7b)。

6) 设置镜子。镜子已成为主卧空间不可缺少的用品,常见的形式有,结合衣柜设置、设置挂镜和单独设置立镜。由于镜子位置的确定受到风水、光线、照镜子的距离等因素的影响,因此在空间设计时要适当考虑镜子布置的位置。

上述需求在一定程度上影响了主卧室的进深尺寸,因此在确定主卧室的进深尺寸时要综合考虑,尽量为上述需求留有余地。

3. 主卧室床头柜功能及周边配套需求增多

随着新的生活方式的出现,住户赋予了床头柜更多的功用:搁置用电设备(如台灯、CD唱机等)、充电设备(如手机、剃须刀、应急灯等);摆放电话机、闹钟、书籍、眼镜、水杯、药品、空调和电视的遥控器、相框、影碟、装饰品,等等。同时,部分住户还会在床头柜旁边留出空位,摆放地秤、大相框、装饰品、音箱等物品和设备。

因此,摆放床头柜位置的墙面要配备足够的电源插座、电话线接口、网线接口,并能满足床头柜多种摆放位置的需求。同时,还应考虑到台面有加大的趋势,可以在其表面放下上述物品而不互相遮挡,不影响拿取。此外,在确定房间进深时要考虑在床头柜两侧再适当留出一些空间,以搁置地秤、加湿器或临时物品(见图7c)。

4. 主卧室需要双控灯开关

在调研中有不少用户提到对于双控灯的需求,希望躺在床上以后还能够方便关闭、开启顶灯(这一点对老年用户更加有意义),有些用户在后期装修时

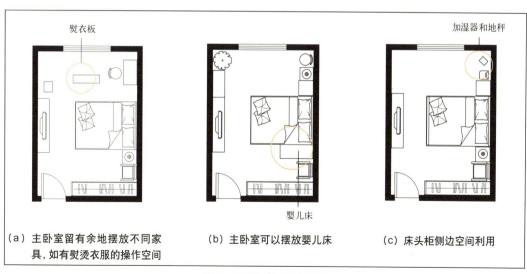

(a) 主卧室留有余地摆放不同家具,如有熨烫衣服的操作空间　　(b) 主卧室可以摆放婴儿床　　(c) 床头柜侧边空间利用

图7　主卧室布置注意事项

图8 次卧室与主卧室的位置关系

(a) 卧室门对开，便于父母关注子女的活动

(b) 卧室间由卫生间分隔，减小互相影响

施以不同的用途，因此不同家庭对于次卧的朝向、家具布置、空间大小、以及房间的位置等方面的需求也有所不同。在确定次卧的大小、位置时，不能仅从单一功能出发，而要兼顾其可能功用综合权衡（见图8）。

2. 子女房间的功能需求

孩子是家庭的核心，由于父母对子女的宠爱，多数家长会选用较大的一间次卧室当作孩子的卧室。由于不同年龄的孩子对空间的使用需求不同，在此我们分为儿童室与青少年室两类。

1）儿童室：所必备的家具为单人床、床头柜、书桌、座椅、书柜、电脑、衣柜等。还要考虑房间的适应性设计，满足两个孩子或有孩子朋友串门同住的需求，可以设置上下铺或是两张床，也可以方便分隔成两个房间。可以在书桌旁边摆放一把椅子，方便父母看着孩子做作业。要有较大的完整地面空间供孩子嬉戏、玩耍，在近地面处可以放置进深较大的架子、橱柜或可以收纳盛放儿童的玩具箱。多数父母希望儿童室靠近主卧室，方便照顾子女（见图9a）。

2）青少年室：所必备的家具为单人床、床头柜、书桌、座椅、书柜、衣柜等，基本等同于单个老人房所需的家具。但青年子女并不愿意自己的卧室靠近主卧室，特别是门对门的形式，希望减少约束。

作为子女房间的次卧面宽有较大的伸缩性，但不得小于2700mm。在设计时应考虑到上述家具布置，并兼顾到家具的多种布置形式（见图9b）。

3. 老人房的功能需求

据调研，与子女长期同住的一般是一位老人，

自行拉线添加，因此在设计时应事先考虑到住户这方面的要求，在布置床的墙面预留电线甩头，方便用户进行后期改造，避免凿墙布线之苦，但要注意位置的选定，尽可能适应不同床的大小和布置方式。

（二）次卧室

次卧室是住宅中的第二间卧室，由于家庭结构，家庭成员的职业、社会地位、生活习惯的不同，该房间应能够满足儿童房、老人房、储藏间、客房、家务室、保姆间或兴趣室等不同空间的需求。

1. 次卧室的多功能用途

次卧室在不同的家庭中扮演着不同的角色，被

而两位老人与子女住在一起的情况多为临时暂住。考虑到老年人的生理、心理需求，设计老人房时要尽量满足以下几点。

A. 老人房最好朝南；

B. 房间内可布置得下两张单人床，兼顾两位老年人同时居住时分床睡的情况；

C. 要包括床头柜、写字台、电视机、座椅、躺椅、储藏柜、衣柜等家具；

D. 房间应靠近卫生间，并且避免老人房同子女的主卧室对门设计，以免作息习惯不同而相互影响；

E. 有充足的储藏空间，满足其存储需求；

F. 最好房间外带阳台，满足其晒太阳和种植花草的需求。

考虑到上述家具布置并且兼顾到家具的多种布置形式，单个老人居住的房间面宽不得小于2800mm，两个老人居住的房间面宽不宜小于3600mm（见图10）。

4. 其他功能需求

当家中没有其他常住人口时，住户往往会根据自身需要将次卧室当作储藏间、客房、家务室、保姆间、兴趣室，或是集以上功能为一体的多功能室，等等，此时住户对空间的要求相对宽松。

总的来说，次卧室的功能是多变的，希望能设计成接近方形，便于灵活布置家具；当用地受到限制时，其面宽也可适当压缩，但要注意设计门窗的位置，以免影响家具摆放。

（三）书房

书房是供住户专心办公、学习、会客的空间，应具备谈话、上网、打电话、打印文件等功能。随着

（a）儿童室布置形式

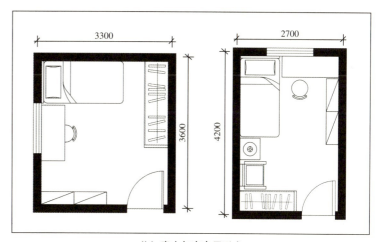

（b）青少年室布置形式

图9 子女房的布置形式

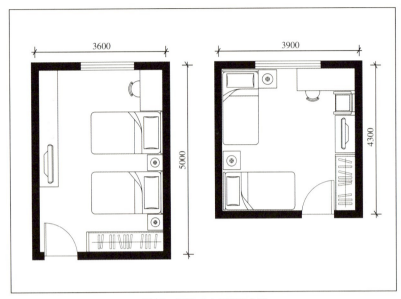

图10 两个老人的卧室布置

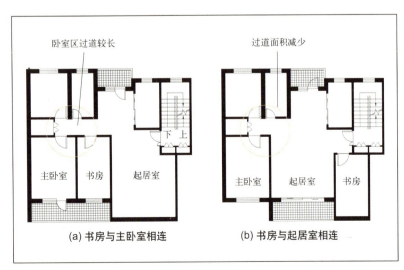

(a) 书房与主卧室相连　　(b) 书房与起居室相连

图11 书房的位置选择

生活方式的改变,书房在人们的生活中占有越来越重要的位置。

1. 书房位置的两种选择

在大多数套型中,书房的位置设置一般有以下两种情况,并各有利弊。

1) 与主卧室相连:入户调研中我们发现,大多数住户偏向于此种布置方式,不仅作为书房时使用近便,还可以方便地将其改成儿童室、兴趣室、衣帽间等,有的住户甚至将主卧室与书房打通以扩大主卧空间。但如此设计有令卧室区过道空间加长的弊端(见图11a)。

2) 与起居室相连:有部分住户倾向于将书房设在起居空间一侧,这样既方便书房对外待客,又可减少夜间工作时对主卧室的影响,也可当作客房使用,更是缩短了卧室区的过道长度(见图11b)。

2. 书房成为体现个性主张的空间

如今的套型设计因各室功能明确,真正留给住户按个性需要支配的空间并不多,又由于户内分隔墙的限制,住户只能在限定好的房间中填家具,装饰装修也只限于对墙面的处理。但书房因具备较大的可变性,在满足结构布置的情况下应尽量将分隔空间的横墙设为轻质隔墙或预留洞口,便于住户根据自身需求(如家庭人口变化等原因)将书房与主卧室或起居室任意合并、连通或分隔,给主人日后装修提供可变性,为其改造成卧室富有个性空间留有余地(图12)。

3. 书房对家具、设备需求

书房中常摆放的家具主要有以下两类:

针对住宅各空间需求的设计建议

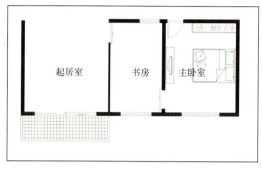 

(a) 书房在主卧室与起居室之间与两边均有开口连接，方便住户自行设计改造

(b) 书房与起居室并列布置时，考虑结构关系及外轮廓线整齐，可有以上处理方法

图12　书房灵活性设计

A 基本家具。书桌、座椅、书柜，还有可供主人或客人暂住的单人床（或沙发床）。

B 工作设备。电脑、传真机、打印机等。

此外，在入户调研中我们还发现当男女主人的工作性质、文化层次接近时，希望书房可以容纳两张书桌，满足夫妻双方共同使用书房的需求。因此在确定书房空间大小时要充分考虑家具的需求、设备的摆放。设备的电源插口、网络接口尽量照顾多个方向，方便住户的使用。

4. 书房空间大小的处理

考虑了以上所需的家具和各种布置形式，并兼顾空间感受和经济性之后，我们认为，书房的面宽最好不要小于2600mm，面积在8～11m² 左右较为合适。有的情况下，书房与起居室并联。由于起居室进深普遍较大，往往使得书房空间狭长，为保持合适的空间长宽比，可在书房外侧设计阳台或在内侧设置卫生间、储藏间等。

三、厨房、卫生间

（一）厨房

厨房是为人们提供日常饮食服务的空间，其基本功能包括烹调、备餐及餐后整理、清洁洗涤和储藏。

1. 加大厨房与餐厅的交接面

问卷统计结果表明有超过半数的家庭偏爱厨餐空间紧接，我们分析主要有以下三方面原因：①可以满足厨房开敞、与封闭的双重要求（见图13）；②可以在视觉上扩大空间；③可以使厨房台面呈"U"形布置，不仅台面连续，储藏空间也相对较大。鉴于以上情况，建议在确定厨房与餐厅的关系时，要尽量加大厨房与餐厅的交接面，加强厨餐之间的空间联系，也使住户装修的自由度更大，为日后改造创造条件。

2. 补充设置厨房操作台面

在入户调研时很多住户都认为厨房面积不够用。然而，经过仔细观察，我们发现：多数住宅的厨房内储藏碗筷、干货等物品的橱柜空间基本够用，日常使用的炊具也有合适的地方存放，而操作台面不足却是普遍问题。我们分析形成这一问题的主要原因包括：厨房面积的限定，设备布置的影响，以及住户对电器设备用量估计不足，橱柜设计欠合理。

我们认为，随着人们生活的富裕及饮食习惯的多样化，对厨房台面需求越来越强烈，但一味扩大厨房面积以求台面的够用是不现实的，而是应巧妙设置和利用台面（见图14），其设计手法有以下几种：①结合餐厅在合适的位置布置备餐台，分担厨房的部分工作，如在餐厅包饺子、拌凉菜，或是用微波炉、电饭煲等不会产生油烟的设备进行半成品加工，补充厨房操作的台面；②考虑在厨房中结合橱柜或利用角落空间设置可收放的早餐台，

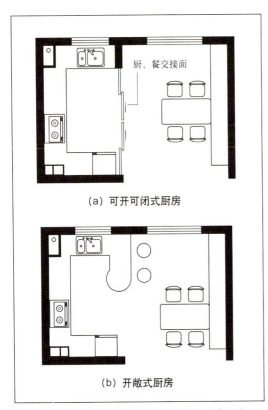

图13 加大厨房与餐厅的交接面以增大空间感

图14 厨房三件设备的布置示例

加大操作台面同时方便住户在此简易就餐；③在"L"形布局的厨房面宽允许的情况下，在长边的操作台对面加设一条宽450mm台面，用来放置微波炉、电饭煲等电器设备，充当辅助操作台面，同时要在两侧墙面设足够的电源插座以供使用（见图15）。

3. 确定厨房的形状、开口位置时考虑洗涤池、灶具、冰箱的摆放

厨房空间的形状、开口位置直接关系到厨房的利用率，影响到洗涤池、灶具、冰箱的摆放合理性，以下分述这三件设备的布置要点。

1）水池：不应太靠角落布置，需要有一定的身体活动空间和放置物品的台面（台面最好两边布置，以方便使用）；近旁应留有放置物品、洗碗机、消毒柜、干燥机等的位置。

2）灶具：应避免摆放在窗前，否则排油烟机的设置会遮挡窗，而且风有可能会将火吹灭发生危险；避免紧靠出入口和通道布置，以免火焰被风吹灭或行动过程中碰翻炊具；与水池之间要留有一定的距离（至少300mm），以放置炊具碗碟，并避免水溅入油锅引起危险；附近不要设置冰箱及木质家具。

3）冰箱：尽量靠近洗涤池，且在冰箱与洗涤池之间有操作台连接；如若操作流线不得已中断，冰箱旁应设有一定的台面和更换大冰箱的富裕空间；避开门的开启范围；避免窗前空间，否则有挡光、受暴晒、易落尘土等弊病。

总之，在确定厨房的形状，开门窗位置（包括与服务阳台、餐厅的位置关系）时，要充分从住户实际使用角度考虑，尽量满足烹饪操作流线，进入厨房后，从冰箱至水池至灶台连续布置，并且之间留有足够的操作台面。

4. 考虑厨房中看电视的需求

调研中有不少住户表示，希望可以边做饭边看电视，但从目前的情况来看，电视走进各户厨房的条件还不具备。因此我们建议将厨房与起居室或餐厅摆放电视的空间在视线上连通，并考虑电视摆放的位置，使得主妇在厨房做饭时可以看到电视屏幕，消除孤独感；同时在厨房墙面的合适位置应预留加设电视的位置、电源插座、视频接口，满足日后添加电视的需求（见图16）。

（二）公共卫生间

公共卫生间是住宅中供住户便溺、洗浴、盥洗、

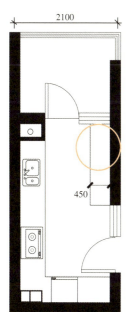

图15 加设450mm的台面，充当辅助操作台面

图16 在厨房做饭时希望看见电视（调研实例）

化妆的空间,有时还有洗衣、清洁卫生等功能;一般由如厕空间、浴室空间、洗脸化妆空间和家务空间组成。

1. 提供条件以满足公共卫生间内常用物品分类储藏的要求

调研中我们发现,公共卫生间内缺乏空间储藏的常用物品主要分为以下几类:

A. 清洁工具:拖布、刷子等;

B. 容器:盆、桶等;

C. 针织品:浴巾、浴衣、换洗衣物等;

D. 纸制品:厕纸、卫生巾等;

E. 化妆品。

能否将这些日常用品有效分类储藏,直接关系到卫生间的舒适性及整体的美观。所以在布置主要洁具时应考虑其使用中相应的储藏需求,尽量在其附近提供足够的分类储藏空间。如:坐便器旁应提供厕纸类用品、清洁用品的储藏空间,洗脸盆附近应提供毛巾、洗漱用具、化妆品、洗涤用品的储藏空间。淋浴附近应提供浴液、洗发液、浴巾、换洗衣物等物品的搁置储藏空间。此外,应尽量将储物空间置于不明显的位置(如门后)、角落,以免零散物品通过门直接暴露于门厅、起居室等公共空间,影响视觉效果(见图17)。

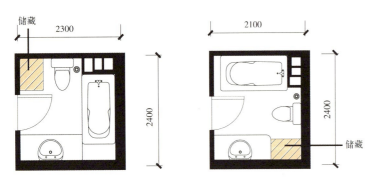

储藏位置设在坐便器旁,远离湿区又方便拿取

图17 卫生间储藏设置

2. 明确公共卫生间的干湿分区

为防止将公共卫生间地面的水带到其他房间,大多数住户都在卫生间门外铺设地垫,或采用进入换拖鞋的方式,十分不便。我们认为解决这个问题的关键,在于明确公共卫生间内的干湿分区。公共卫生间内最湿的部分是淋浴空间,只要能有效隔离淋浴空间,就可以使卫生间的其他部分形成干燥区域。

经研究总结,住宅内的卫生间多为瘦长形和方正形两种平面形式,其中瘦长形卫生间的干湿分区更易明确。因此在设计中应尽量采用瘦长形卫生间以明确区分干湿区域;并注意运用玻璃隔断进行分隔,以保持视线通透,空间开放(见图18)。

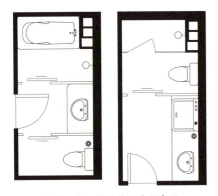

图18 干、湿分离卫生间布置

针对住宅各空间需求的设计建议

3. 公共卫生间应提供空间及储藏条件以满足更衣需求

很多住户反映，公共卫生间内缺少更衣空间，而且洗澡时更换下的衣物无处放置，准备更换上的干净衣物也往往被水蒸气弄得潮湿。我们认为应从空间及储藏两方面提供条件以解决公共卫生间内的更衣问题：采用淋浴盒子间或玻璃隔间限定淋浴区域，以便在淋浴区外留有一定的更衣空间；在淋浴区附近提供足够的有效墙面以晾挂浴巾、搁置衣物架等，并尽可能解决通风，保持其干燥。

4. 应综合考虑公共卫生间的管井、风道和地漏布置

在卫生间内布置管井、风道、地漏时应综合考虑到各项设备如排风扇、电热水器、浴霸等为其布置提供方便。如：管井应离坐便器近而风道应在淋浴上方，安装浴霸和储水式热水器时能尽量形成局部吊顶，避免整体吊顶导致层高过低，热湿空气聚积在人体头部附近而带来的憋闷感；管井、风道应尽可能布置在承重墙侧，以解放非承重墙，为空间的灵活改造提供机会（见图19）；在封闭式淋浴区以外应加设地漏以满足更多使用要求，如作为洗衣机的排水口、清洗拖布的污水排放口、宠物洗澡的排水口、冲洗卫生间地面的排水口等，其位置应充分考虑使用要求，慎重定位。

5. 公共卫生间应尽量开明窗

卫生间开明窗有两个主要作用，即通风和采光。通风有利于保持卫生间内的清洁；采光则保持了视觉上的明亮感，带来了安全（避免因光线暗淡造成的磕碰、摔倒等事故）、清洁（暴露污渍便于及时发现和清除）和健康（阳光中的紫外线有杀菌作用）。

在人口较多的家庭（如三代人以上），公共卫生间主要为老人、孩子和客人使用，其使用频率明显高于主卧卫生间，特别是老人需要明亮通风好的卫生间，因此，应重视在公卫中开明窗。没有条件开明窗时可采用排风扇解决通风问题，同时向室内走廊开窗或采用透光不透视的玻璃隔墙等办法，保持室内的明亮感。

6. 卫生间内台面的重要性

调研中我们发现，部分卫生间带精装修的楼盘中会采用独立式洗手盆，因其缺少有效的置物台面，在实际中并不实用。住户自己选购的洗手盆中带有台面的占绝大多数——其台面主要应用于摆放

管井在中部过于限定空间，不利于以后住户改造

图19 管井位置的选择

洗漱用具和日常化妆品，而台面下的空间部分封为橱柜，开敞处主要用于摆放盆、桶等容器。从入户调研的照片中我们可以看到，即便是有台面，很多住户亦是感到很不够用，台面上放置了许多化妆品和小物品，显得零乱和容易弄脏（见图20）。因此除了有一定的台面以外还应有一定的储藏，我们建议，卫生间台面长（含水池）最好不要低于900mm，希望是1200～1500mm，长度大于1600mm以上时，才可设两个手盆。

7. 更新概念——卫生间设计的灵活性

我国的住宅发展到今天，卫生间的基本格局已经被限定为有限的几种形式，如典型的浴缸+手盆+坐便器的三件套的形式，一个主卫+一个公卫的模式。但随着生活水平的提高，人们对卫生间的健康、多功能、灵活性的进一步需求，这样的卫生间在实际使用中已不能完全满足住户的需求。设计者应该从根本上跳出现有形式的框框，探询一些新的"卫生间模式"。经研究我们提出以下三种卫生间模式：

1. "一个半卫生间"模式：一个大卫生间带一个只有坐便器或洗手盆的小卫生间。

2. "主卫公开"模式：两个主要卧室共用一个大卫生间，卫生间的门开向走廊而非主卧室。

3. "灵活可变卫生间"模式：将两个相邻的"豆腐块"式小卫生间合并为一个大卫生间，其内部可根据住户的不同需求，利用活动隔墙等方式进行分隔变化，为今后可能出现的新型卫生设备留有更新余地（见图21）。

（三）主卧卫生间和衣装间

主卧卫生间是在主卧室区单独加设的卫生间，方便主人在主卧室内就近盥洗、便溺、洗浴；衣装间是专门储藏服装类物品的空间。在近几年的住宅设计中，150m² 以上的住宅主卧带主卫、主衣的格局已很普遍，这是对舒适度、方便性要求的提高对主卧区主人生活重视的反映。

1. 主卧卫生间争取四件套布置

目前住宅设计中，一般在主卧卫生间中设浴缸，在公用卫生间中设淋浴，但实际调查中发现，

图20　住户对水盆旁置物的台面需求
（调研实例）

（a）卫生间相邻布置，为空间重组改造提供可能性

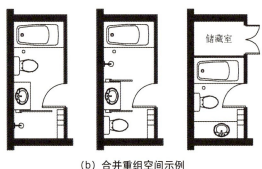

（b）合并重组空间示例

图21　灵活可变卫生间模式

一般住户使用浴缸的次数很少，分析其原因，主要有以下四个方面：一是浴缸在使用后清洁起来比较费事；二是洗盆浴需要很多水较为费水；三是洗浴中续热水麻烦；四是泡澡较淋浴费时，许多上班族平日没有足够的时间"享用"。因此，主卧卫生间中能设四件套是较为理想的，住户平日可在淋浴间中轻松的洗淋浴，而不必跨进跨出浴缸，这样也可减少滑倒的危险（见图22）。

2. 应在主卧卫生间内布置适量插座

调研中我们发现，多数住户非常注重主卧卫生间的舒适性。随着新电器设备的不断研发，将会有许多先进的小电器和卫生设备出现在卫生间中，如：电牙刷、美容设备、保健电器、智能卫生洁具等。因此在主卧卫生间内应布置足够数量的插座，一般不少于四处，以供各种电器、卫生设备的使用；同时要考虑设备更新与加设，在坐便器附近应预留电源插座，以备日后住户加设高档次的智能卫生洁具之需。

3. 主卧卫生间应有直接或间接采光

问卷统计结果表明，经过权衡公共卫生间与主卧卫生间的轻重后，大多数住户更注重后者的采光。因此在设计中应尽量保证主卧卫生间能够开窗自然采光；当确实有困难时，应考虑将主卧与卫生间的墙设为隔墙，便于住户根据个人需求开窗借光，或改为玻璃隔断，以加强主卧室与主卧卫生间的联系（见图23）。此外通过占据主卧面宽的一部分，设计成明卫，也是一种方式（见图24）。

4. 衣装间应节省交通面积并避免潮湿空气侵入

主卧附设衣装间有很多的好处，但衣装间的大小及位置设计的是否到位对使用有很大的影响，特别是与卫生间的相对位置关系。通过分析我们得出在板式住宅中，主卧卫生间与衣装间的位置关系主要有以下三种情况。

1）对面式布置（见图25a）：这种布置方式往往会给旁边的次卧室带来狭长的过道，空间较为浪

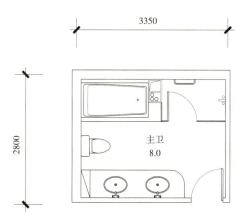

图22　四件套布置形式

图23　主卧与主卫以玻璃进行分隔

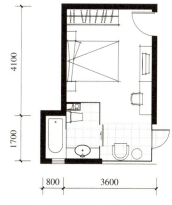

图24　主卫占据主卧部分面宽成为明卫

图25 主卧卫生间与衣装间的位置关系

费。我们建议在靠衣装间一侧的过道中加设一条储藏柜,充分利用空间,或将衣装间的直角倒角,使视线得以扩展(但同时要考虑斜角处的空间利用和家具摆放)。

2)贯通式布置(见图25b):采用这种布置方式时,人要穿过衣装间进入卫生间,主卧室中可放家具的墙面被打断,潮湿空气容易进入衣装间,侵湿衣物,并且不易排出。卫生间距主卧室距离也较远。优点是可布置两侧衣柜,储藏量较大。

3)穿套式布置(见图25c):这种方式较贯通式优点多一些,当主卧室的面宽较大时,采用这种布置方式较为合理。

比较实用的衣装间一般为 $2.5m^2 \sim 4.5m^2$ 左右。

总之,在考虑主卧室、主卧卫生间和衣装间的关系时,要着重推敲空间的利用率,尽量减少交通面积,同时还要避免卫生间的潮气侵入卧室或衣装间。

四、服务阳台、露台和院子

(一)服务阳台

服务阳台是家居生活中进行杂务活动的场所,应满足住户洗衣、晾衣、储藏等功能需求。

1. 注意权衡服务阳台与厨房的位置关系

我们通过对一些板式住宅实例的分析,总结出服务阳台与厨房的位置关系主要有以下两种：

　　A. 服务阳台位于厨房外侧（见图26a）；

　　B. 服务阳台位于厨房侧边，与卫生间或餐厅结合（见图26b）。

　　服务阳台与厨房的位置关系会影响到厨房的采光、通风、橱柜的布置、台面的长度，甚至直接关系到厨房和服务阳台的利用率。因此，在确定服务阳台与厨房的位置关系时要综合考虑以下因素：交通动线的长短，服务阳台的大小和形状，服务阳台门的开启对厨房台面布置的影响，设备（如：洗晾池、洗衣机、中央空调室外机）的摆放。

2. 有必要遮挡服务阳台与厨房之间的视线

　　调研中我们发现，由于空间使用性质和住户的生活习惯等原因，多数家庭的服务阳台都比较混乱。因此要注意厨房与服务阳台间的分隔设计，如果为了给厨房采光而设计成大面积玻璃推拉门或落地玻璃门连窗，会造成阳台的混乱景象一览无余，与住户精心打造的整体式厨房的布置极为不协调。我们建议将可透视阳台下部的透明玻璃改为透光不透视的磨砂玻璃，这样既不影响采光、美观等效果，又避免服务阳台的混乱影响室内的景观。

3. 服务阳台应设置分类储藏空间

　　经统计发现，住户在服务阳台储存的物品大致有以下几类：

　　A. 食品类：米面、饮料、葱姜蒜、干货类、不用放入冰箱储藏的蔬菜等；

　　B. 清洁用品类：笤帚、拖布、簸箕、抹布、吸尘器、水桶、盆等；

　　C. 洗涤用品类：洗衣粉、衣领净、柔顺剂、衣架、搓衣板、衣筐等；

　　D. 设备类：煤气表、洗衣机、壁挂炉、中央空调主机、洗涤池等；

　　E. 装修余料类：梯子、木线、油漆桶、工具箱等；

　　F. 其他：纸袋、塑料袋、凳子等。

　　不难看出，服务阳台储藏的物品种类纷乱繁杂，形状各异，所需的储藏空间形式也不尽相同。因此我们建议尽量将阳台的侧面，设计成墙面，使住户有机会依附墙面打制隔板、吊柜，用来分类储藏，预留一定的竖空间，使业主能钉挂笤帚、拖布等条形物品。合理规划阳台空间，进行洁污分区，使储藏污物品的空间与晾晒衣物等清洁度要求较高的空间有效分隔，防止相互浸染。

4. 可将服务阳台划分成不同温度区域

　　由于服务阳台多位于北侧，空间相对较为阴凉，在设计上对其稍加改动便可以方便住户储藏食品。特别是北方地区的冬季，可以借用室外温度营造天然冰箱。我们建议将服务阳台划分为如下3个区域（见图27）：

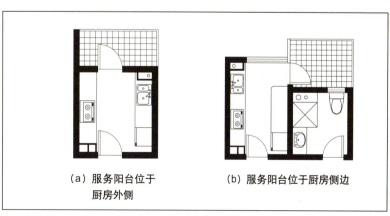

（a）服务阳台位于　　　（b）服务阳台位于厨房侧边
　　厨房外侧

图26　服务阳台与厨房的关系

图27　服务阳台温度区域划分

图28　洗衣机的放置空间

A. 常温区：即服务阳台的主要空间，住户在服务阳台的主要操作活动在这个区域进行，该区域与厨房连通，温度基本等同于室内。

B. 冷藏区：将服务阳台下部拦板适当外推，形成相对独立、稳定的龛状空间，不影响住户在服务阳台的其他操作。该空间暴露在室外的墙面多，也没有阳光射入，温度较操作空间低，适宜储藏需在阴凉空间保存的食品。

C. 冷冻区：冬季服务阳台外窗台处的温度几乎等同于室外温度，可在此局部挑板，设存放物品的挂篮，用来储藏需要冷藏的食品。过年置办大量年货而冰箱存储不下时，这个功能显得尤为重要。

5. 综合考虑洗衣机的放置空间，减少劳动量

调研总结发现，在住宅中洗衣机一般会设置在以下3种空间（见图28）：公共卫生间，服务阳台，主阳台。这3种位置各有优缺点，都涉及劳动动线长短问题。从脏衣服的放置到衣服的分拣、搓洗到晾晒，最后到收回、叠放，其中的工作量不容忽视，如果动线过长，无形中会增加劳动量和时间。因此，希望设备就近设置，如洗衣机、洗淋池、洗剂、衣架、储藏柜、晾衣杆等都在一个空间中或近邻，使洗晾储一体化。当然，由于每个家庭的实际情况不同，其侧重点亦有不同。在考虑劳动动线长短、劳动量大小的问题时，有条件雇佣小时工或保姆的家庭并不十分关注；而主妇自己做家务的家庭则认为需予以重视。因此，考虑洗衣机放置位置时要兼顾缩短劳动动线，尽量减少主妇劳动负担，这一点在普通住宅设计中显得更为重要。

6. 有条件应适当扩大服务阳台的空间，增加多功能性和适应性

厨房与服务阳台构成的服务空间是支撑家居生活的"后台"，是住宅中惟一可以调节使用性质的空间。过去我国住宅设计中对服务阳台的设计重视不足，对其使用性质也并未详加探讨，设计人员仅是在厨房附近划出一块空间当作服务阳台，对于空间大小是否满足需求、是否需要某些细部设计等并未考虑，导致服务阳台在住户心目中就是堆放杂物、破烂儿的空间，多数家庭的服务阳台使用混乱，

针对住宅各空间需求的设计建议

然而，许多发达国家的住宅都非常注重服务性空间的设计。如日本、韩国的住宅中均设有可以满足多种功能的家务间（见图29），既提高了生活品质，又方便了主妇的日常工作，减轻了家务劳动负担，其设计经验是值得我们借鉴学习的（日本的服务阳台被称为家务间，内设有书桌，供主妇记账、记日记、缝纫、看菜谱等，并种植大量花草来美化这一劳作空间；韩国的服务阳台常附设在北侧，多是与住宅总开间等宽的通长设计，主要用于烹饪、泡菜、熨烫衣服等）。

结合我国居民的生活习惯，我们建议在住宅设计中适当扩大服务阳台的面积，在可封闭的情况下，使之有一条边长超过2000mm，可以放下一张床，能够阶段性充当保姆间，同时提供洗衣、熨烫、缝纫、储藏等功能，用来调节、弥补我国目前家居服务系统功能的不足（见图30）。

（二）露台、阳台、院子

露台、阳台和院子都是住宅居室的空间外延，是室内外过渡的空间。

1. 应控制阳台、露台的数量和大小

有些面积较大的套型及顶层住宅中阳台和露台的数量设置偏多，这样造成的结果是大阳台不够大、小露台不好用。此外一些开敞的阳台，在北方地区实用价值较小，有些服务阳台设计的过小，除去开门的位置后，所剩无几，使住户无法利用。我们认为：阳台设置2~3个即可，包括1个有阳光的生活阳台和1个接近厨房的服务阳台，生活阳台的进深，可在1200mm~1600mm之间，服务阳台的进深最好在1.2m以上，可并排放下一个洗衣机和一个水池，希望在2~3m^2左右。设多个露台则应尽

（a）韩国家务空间

（b）日本厨房旁家务间

图29　韩国与日本的家务空间

图30　国内某住宅家务空间区域

量集中连通设置，保证露台的使用效率，并注意不要穿行主要卧室进出露台。

2. 露台、阳台、院子都应设上下水

住宅中的露台、阳台、院子均有用水需求，设计时应给予注意：

A. 露台：便于住户清扫，也为聚会时烧烤提供方便。

B. 院子：便于住户养花、养鱼等用水需求。

C. 阳台：特别是封闭式阳台，可摆放洗衣机，也方便住户浇花、擦洗地面等用途。

我们建议在住宅设计时尽量为露台、院子、阳台提供上下水。同时，阳台的内侧表面应做好防水处理，露在室外的建筑构件，特别是平的台面，应注意防水处理，避免用简单的粉刷涂料，因很快会污染、剥落，要便于清洗、擦拭、保洁。此外，还要注意下水口的堵塞和水管的冻裂问题。

3. 北方的阳台应为封闭式

在北方的调研中很多住户都反应开敞式阳台在使用中带来诸多问题：

A. 开敞式阳台易积灰，而且容易将灰尘带入与之相邻的房间内；

B. 人们习惯在阳台上养花，但开敞式阳台在寒冷季节无法为花草保温，住户不得不将其搬入室内，占据了本来有限的室内空间；

C. 北方冬季西北风盛行，南向以外的开敞式阳台极易从门、窗缝隙灌风，使室内十分寒冷，住户不得不增加采暖设备，造成能源浪费；

因此，考虑到实际生活使用需求和天气情况，北方住宅的阳台应尽量设计成封闭空间，以充分利用空间，如兼作书房、花房、梳妆间、洗衣间、储物空间等。

4. 在阳台、露台和院子内布置适量插座及储物柜

封闭的阳台往往成为年轻住户的个性空间，应提供电源甚至网络插口，方便其使用电脑。在带有露台或院子的套型中，多数住户都能充分利用这些空间条件进行待客活动或作为休闲场所，因此其舒适性要求提高。在设计中最好能为这类空间提供1~2个电源插座，便于住户使用临时性电器（如照明、音响设备、烧烤设备等）；并提供相当容积的储物柜，以收纳烧烤架、养花工具等不便于在室内储藏的物品。

住宅精细化设计 设计篇

DESIGN PART

板式住宅套型设计要点

一、板式住宅的常见类型的对比分析

近几年,板式住宅颇受欢迎,成为住宅市场上的主流产品。相对于塔式住宅建筑,板式住宅具有通风和采光良好、居住舒适性强等优势。尤其是"短板",由于在住区规划时易形成通透的空间视觉效果,使得住区通风顺畅;边单元多利于楼栋形体及套型的变化;交通路线便捷无需绕行等优点,更成为住宅市场上的首选。

板式住宅涵盖的范围较广,与各面长高比均小于1的塔式住宅建筑相比,体型较为扁长的住宅建筑通常称为板式建筑。目前,国内的板式住宅以每单元两户和每单元三户为主,也有每单元四户的板塔式及外廊式住宅。不同类型的板式建筑有着各自不同的特点及适用性,我们将通过一些指标要素来对几种典型的板式住宅进行对比分析,评价它们的优劣性。

(一)板式住宅的评价要素(见表1)

板式住宅的评价要素 表1

- 公共交通部分面积大小及有效利用性
- 进深、面宽的大小及合理性
- 通风采光的均好性及有效性
- 对视问题的有、无及严重程度
- 整体的节地性以及容积率的高低

板 式 住 宅 套 型 设 计 要 点

（二）板式住宅常见类型性能比较（见表2）

板式住宅常见类型比较　　　　　　表2

类型	图示	特点
每单元两户平面	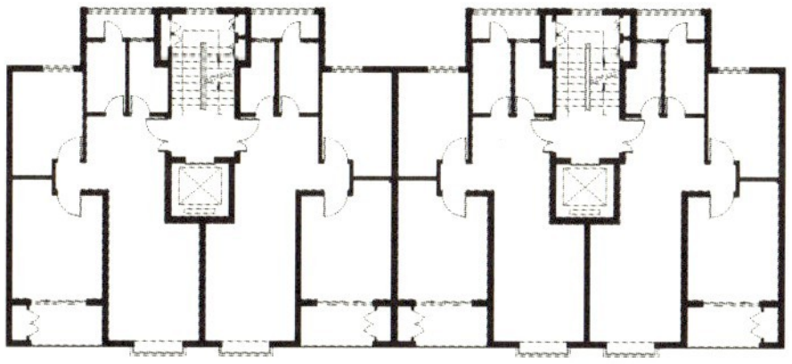	• 小套型住宅公摊面积相对较大，楼、电梯利用率较低 • 单元总面宽大，进深小 • 良好的双向通风 • 良好的双向采光，南向阳光充足 • 邻里之间干扰小，不会形成对视，私密性好 • 单层户数少，每个单元面积受到一定局限，容积率低
每单元三户平面	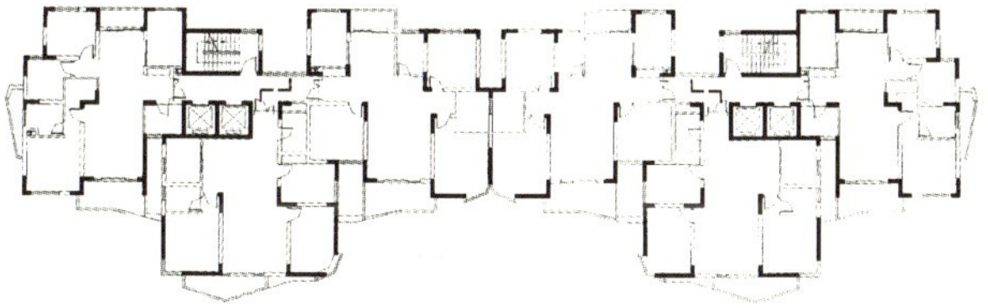	• 小套型住宅公摊面积相对较大，楼、电梯利用率较低 • 单元总面宽较小，进深大 • 纯南向套型必须通过楼梯间间接通风 • 纯南向套型靠近交通核的部分房间采光较差 • 可能形成对视，设计时须加以处理 • 容积率较高
每单元四户平面	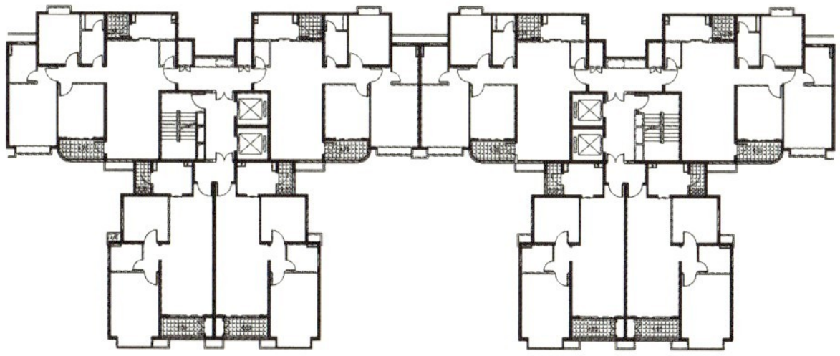	• 楼、电梯带户数多，利用率高 • 单元总面宽小，进深大 • 后部套型南向采光较差 • 容易形成对视，设计上较难处理 • 容积率高，较为节地 • 各户通风较好，前面两户可形成对角通风，优于每单元三户的套型
外廊式平面	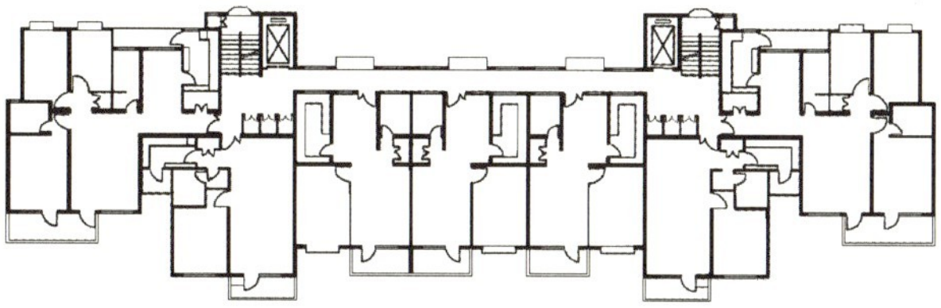	• 共用楼、电梯的户数多，节约了楼、电梯成本 • 避难、逃生有优势（日本等地震多发国多采用此种住宅形式） • 单元总面宽较小，进深大 • 中部套型必须经由外廊间接通风 • 中部套型为单一朝向且私密性较差，安排小套型较为适合 • 容积率较高

77

二、板式住宅主流套型在设计中的应用

在板式住宅中，套型面积为 80～120m² 的两室户及三室户为主流套型，常作为标准单元标准层的套型选择，在住区规划设计中所占比例最大，对住区内各种套型的配比起着决定性作用，其各项数据指标在住宅小区规划之初也提供了重要的设计依据，因而对住区规划设计影响很大。其常见拼合形式见表3。

板式住宅单元的常见拼合形式　　　　　　　表3

（一）板式住宅单元的常见拼合形式

（二）板式住宅标准层与一层平面南北入口的关系

在住宅区规划中，因道路系统设计的需要，或因两栋楼要围合成公共庭院的需求，在一层会形成南入口和北入口两种形式。由于一层需要入口大厅及无障碍设计等，与标准层不同。因此，最初设计标准层时一定要事先考虑到结构、管井对位，为一层入口门厅留有余地等问题（见图1）。

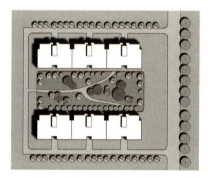

（a）住宅单元出现南北向入口混合布置形式

（b）南向入口门厅上空布置小开间房间可对齐结构，有效降低底层的交通公摊面积

（c）底层入口空间打开南向房间作入口大厅

图1 板式住宅南向入口时门厅与上部空间的对位关系

三、板式住宅非主打套型在设计中的应用

（一）非主打套型在住栋中的常用位置

如前所述，在普通的板式住宅中，二室户和三室户为主打套型。一室户的小套型和四室户的大套型由于需求量的原因，很少应用于住宅套型总量中占较大比例的标准单元标准层中。通常非主打套型在住宅套型总量中占15%～30%，一般应用于住栋顶层、底层、端头单元、单朝向套型等特殊位置，针对这些较难处理的边角部位，合理利用这类套型自身的优势，做到扬长避短，最大限度地提升住宅的品质（见图2）。

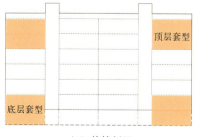

（a）住栋剖面

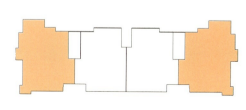

（b）住栋平面图

图2 非主打套型在住栋中的位置（阴影部分表示非主打套型）

（二）大套型的应用

1. 跃层大套型

当顶层因日照关系需北退台时，可利用顶层减少房间做跃层。既可达到节地的目的，又可使住栋形体有更多的变化（见图3）。

跃层大套型用在底层时，通常是为了利用地下层空间，有利于套型多样化。但底层跃层往往有采光较差、噪声干扰、地下潮湿、私密性差等缺点，应视具体情况加以处理解决。

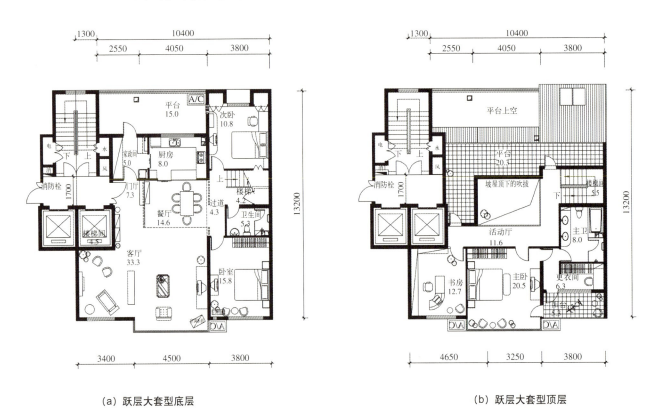

(a) 跃层大套型底层　　　　　　　　(b) 跃层大套型顶层

图3　顶部跃层大套型示例

板式住宅套型设计要点

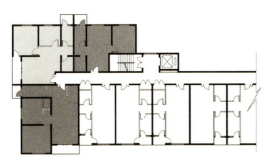

图4　端头布置大套型示例

图5　端头分设小套型示例

2. 端头大套型

端头大套型是端单元利用的一种形式，它充分考虑到尽端单元采光充足、通风良好以及景观视野条件优越的特点。因此在保证用地面积、日照间距等规范的情况下，可以通过采用设置端头大套型、增加房间个数等形式来充分发挥尽端单元的优势。这样做可以形成标准相对较高的如三室户或四室户的套型空间，以满足"多世同堂"的住户需求，同时做到套型多样化（见图4）。

（三）小套型的应用

1. 端头分设小套型

端头分设小套型是端单元利用的另一种形式，它同样充分发挥了尽端单元外墙多、采光面积大等有利条件。不同的是，它利用增加户数、设置小套型的形式，使每户均可获得较好的通风和朝向，并提高电梯的使用率、减少公摊面积。这种套型对于希望采用"老少居"模式的住户是一个理想的选择（见图5）。

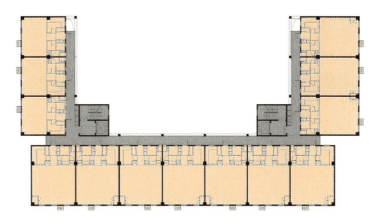

图6　用外廊连接小套型示例*

2. 用外廊连接小套型

外廊式住宅的中部套型多设计成小套型，以增加住栋的户数（见图6）。

---

* 选自时国珍主编.中国创新90中小套型住宅设计竞赛获奖方案图集。

3. 底层减至小套型

因单元入口会占用一个房间,余下的部分往往形成小套型。小套型总价低,可解决底层不好卖的问题。

4. 单朝向设置小套型

一梯三户住宅中的中间户是单朝向,条件稍差,将其做一室户的小套型,可使两侧的大套型有较大的面宽和较好的通风采光条件,从而达到性能价格比均好的要求(见图7)。

四、板式住宅优秀套型的评价

板式住宅套型的优劣可以从十几个方面来进行评价参考,我们通过一个实例将相关因素列举如下(见图8)。

一个优秀的住宅套型在兼顾节能省地原则的前提下应尽量满足舒适的要求,但由于所处地域的不同、时代的不同,人们对于舒适需求的标准也会有很大的不同。作为建筑设计师,应当深入了解影响住宅套型优劣的所有相关因素以及当时、当地人们的需求,对各方面因素平衡整合,周密思考,以期创作出真正以人为本,符合时代、地域要求的最适宜居住的住宅套型。

图7 单朝向设置小套型示例

板式住宅套型设计要点

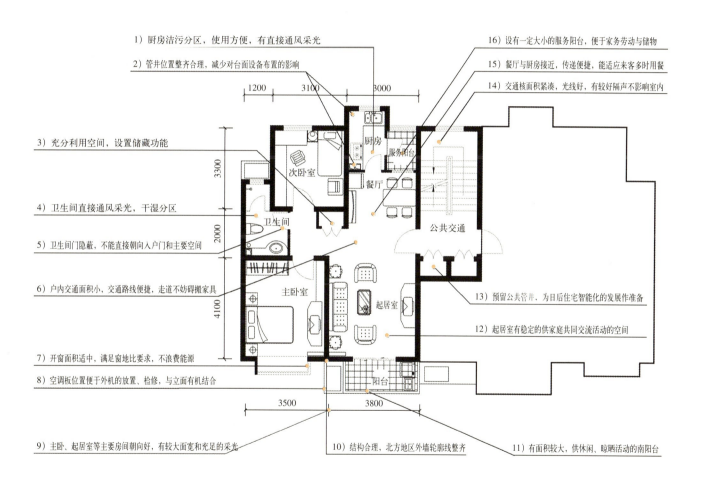

图8 板式住宅套型设计要素

板式中高层住宅公共交通空间设计研究

一、研究板式中高层交通空间的意义

根据建设部2001年颁布的《商品房销售管理办法》中第18条规定,商品房建筑面积为套内或单元内建筑面积(以下简称套内面积)与应分摊的公用建筑面积之和,所以对于开发商而言,如何减少公用交通面积是一个重要的问题。建筑师应设计出既节约面积又布局合理的公用交通空间。

此外,由于近年来我国城市住宅设计与开发过程中,板式中高层住宅因其通风朝向均好、高度、密度适中、结构造价经济、室外空间较大等诸多优点而异军突起,在房地产市场上受到消费者的青睐,成为住宅的主流形式。中高层住宅的交通空间由楼梯、电梯、管井、入户门等要素组成,可产生多种组合形式,对单元套型设计有很大的影响,是住宅设计的关键部位。由于此部分设计需涉及多个专业,相对比较复杂,目前设计上存在良莠不齐的现象,有不少面积浪费、空间布置不合理的楼电梯间被建造出来,为专业人士和居住者所诟病。

因此研究住宅主流形式的板式中高层的交通空间,使其更加合理、经济、适用,具有较强的现实意义,可以为提高我国住宅设计水平发挥重要的作用。

二、板式中高层住宅交通空间设计的要素

(一) 基本尺寸

中高层的交通空间由楼梯间、电梯间、设备管井、走道、入户门、入口门厅、采光窗、垃圾间等组成。根据功能及住宅法规的要求,对一些基本构件的尺寸存在一些共性和最小限定(见图1)。

1. 楼梯间

住宅规范规定7层及7层以上单元式住宅楼梯梯段最小净宽应为1100mm,踏步宽度不小于260mm,高度不大于175mm。在实际应用中,大量住宅层高取2800mm、2900mm或3000mm,楼梯间开间根据结构墙厚、搬运家具、消防疏散等要求多数取在2500~2700mm之间,楼梯部分进深取4800mm以上(上述均为轴线尺寸),为了有可比性,在下面的分析中我们都取规范中最小值作比较研究。表1表示了不同层高下取最小值时楼梯间必要的踏步数,由此可求出楼梯间的必要进深。

2. 电梯间

中高层电梯根据层数和人数的关系载重一般取800~1000kg,参照国产常用的电梯指标,以上海三菱电梯为例,载重为1000kg、速度为1.5m/s时,井道净尺寸为2200mm × 2120mm,结构轴线尺寸为

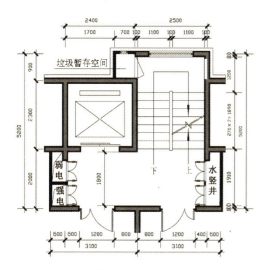

图1 交通空间标准层基本尺寸示意图

住宅层高与踏步数的关系（单位：mm）　　表1

层高	梯段宽	楼梯平台净宽	踏步宽	踏步高	步数
2800	1100(最小)	1200	260	175	16步
2900	1100(最小)	1200	260	170.6	17步
3000	1100(最小)	1200	260	166.7	18步

2400mm×2300mm。一般电梯井尺寸都在这一范围左右。另外电梯的候梯厅深度是电梯空间设计的关键，《住宅设计规范》规定"候梯厅深度不小于多台电梯中最大轿厢的深度，且不小于1.50m"。这是考虑到残疾人轮椅回旋的最小半径、等候电梯及开门入户等行为互不干扰的最小尺寸，参见图1。一般候梯厅深度不少于1800～2000 mm为佳。

3. 公共管道井

中高层楼梯间的管道井包括水、暖、强弱电井等。一般水、暖二井可以合并，强、弱电井中间要有分隔（见图1）。这些管道井的设置位置和尺寸大小，在方案阶段往往被建筑专业设计人员所忽视，结果到施工图阶段又造成返工，使套型设计不尽完美。所以我们有必要仔细研究这些管道井的设置，掌握其中的规律，提高综合设计能力。

中高层（以9层18户为例）楼梯间中设备管道井的设置为：(1) 采暖竖井中需设置上水、回水两根立管及锁闭阀、过滤器、热计量表等设备，一般采暖竖井所需净空尺寸为900mm×300mm（面宽×进深）。(2) 住宅排水采用就近排放的原则，排水立管直接布置在厨房、卫生间用水设备附近，一般不在楼梯间中集中设置。为方便查表或水表远程查抄，水立管及水表一般设于楼梯间公共管道井内，水竖井中需设置两根给水立管（一根市政压力管供应低层用户，一根小区加压管满足中、高层用户用水需求）。同层设两户水表及配套的阀门等设备，一般竖井所需净空尺寸为1000mm×300mm。(3) 中高层住宅每层公共部分应设一个双出口消火栓，箱体尺寸为700mm×800mm×240mm（宽×高×厚），必须满足消火栓底部距地面960mm的高度要求。(4) 中高层住宅弱电竖井中需设置通向电梯机房的监控电缆、电视、电话、网络、对讲、三表远传采集器等各类住宅智能化设备及其电缆。一般住宅的弱电竖井可按800mm×400mm考虑，智能化水平较高的住宅该尺寸可达1500mm×400mm左右。(5) 中高层住宅单元强电系统一般在首层单独设置单元总配电箱，尺寸为800mm×1600mm×400mm（宽×高×厚），另外在各层设置的强电竖井内安装同层两户的电表箱及相应线缆、开关等设备。其中直接读数电表箱尺寸为400mm×500mm×120mm（宽×高×厚），数据远传的电表箱尺寸为400mm×500mm×180mm（宽

×高×厚），一般强电竖井需要净空尺寸为800mm×350mm。

设备管井的常用尺寸见表2。

公共设备管井的尺寸：（以十一层22户为例，单位均为mm，面宽×进深）　　表2

内容	暖	给水	电气	
			弱电	强电
设备	上水管、下水管、锁闭阀、过滤器、热计量表	两根给水立管、同层两户水表及配套的阀门	电梯机房的监控电缆、电视、电话、网络、对讲、三表远传采集器等	同层两户的电表箱及相应线缆、开关等
尺寸	900×300	1000×300	800×400 1500×400 （智能化较高的住宅）	800×350

（二）空间构成

1. 基本空间组成

板式中高层的交通空间除了楼梯梯段和电梯外，其他部分可以分为5个分布空间：楼梯中部休息平台空间、楼梯平台空间、候电梯空间、入户门口空间和设备检修空间（见图2）。这5个空间中有几个空间可以重叠布置，中高层交通空间设计的好坏取决于这5个空间的合理、经济的设置。

2. 空间变化分析

中高层交通空间设计有多种形式，在这里我们从对面式这一基本形式出发，总结其可以产生的几种变化，分析其优缺点，以方便设计人员比较与选用。这里列举常用的楼梯与电梯对面的形式（见表3）。

3. 空间组合形式

板式中高层交通空间的形式，按楼梯所在的位置分为北梯式和南梯式两种。北梯式可节约南面的面宽，是最为常见的形式。在此以北梯式为例，我们将近两年板式中高层住宅中的交通空间分类，按楼梯和电梯之间的相对位置分为对面式、左右式、上下式、垂直式、错位式5种常见的形式。

（三）设计要点

中高层交通空间面积设计一般要求经济节约，除了满足基本的交通功能外，还应满足设备管线的有效排列、安全维修、底层入口空间结构对齐、方便进入、防止电梯运行噪声等基本要求。建筑设计人员需要在有限的空间、有限的墙面上布置管井、入户门、采光窗、垃圾暂存间等等，使其位置相对集中，占用空间合理紧凑。

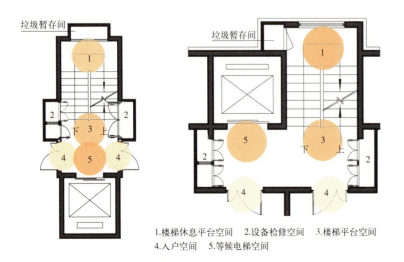

1.楼梯休息平台空间　2.设备检修空间　3.楼梯平台空间
4.入户空间　5.等候电梯空间

图2　交通空间中的5种空间要素的分布位置示意图

对面式楼梯间的几种变化形式及优缺点比较　　　　　　表3

图例						
优点	公共管井设在楼梯休息平台处，节约楼梯间面积，使墙面整齐、美观，检修时对住户出入影响不大	公共管井设在楼梯和楼梯平台，节约楼梯间面积	公共管井设在候梯厅处，较省面积，候梯空间舒适	入户空间扩大，形成一个小门斗，可形成较为独立的入户空间，减少两户对视	电梯可以向两个方向开门，直接到达每户，每户都有独立的入户空间，私密性好，适用于高档住宅	电梯设在北面，减少电梯噪声对住户的干扰，高档住宅可设计成观光电梯
缺点	检修平台与楼层不在同一标高处，不利于设备布管和检修	检修时对住户有影响，楼梯间墙面不整齐、不美观	检修时对住户有影响，楼梯间墙面不整齐、不美观	楼梯间面积增大，入户处采光较暗	楼梯间占的面宽和面积增大	楼梯间不能直接采光通风，而且乘坐电梯需下半层，不能确保无障碍

1. 管井位置影响

布置管井时应考虑其位置对楼梯间和室内空间的影响，此外应考虑管井的面积、长度、检修口和操作空间的大小，水平管入户是否顺畅等问题。管井的布置大致分3种模式：①设在楼梯休息平台处；②设在入户平台的横墙上；③设在入户平台的纵墙上。其中后2种布置形式十分常见，此外还有一些其他的布置形式，具体优缺点参见表3。

2. 入户门的设计

入户门的设计应考虑户门之间的对视和私密性，以及入户门的大小、门口处的光线等，并应从安全角度考虑，避免门口黑暗或出现可隐蔽的死角。入户门相对设置时应注意距离不要过近，与楼电梯间对设时，应在设计上留出室内门厅空间，特别是与电梯门的对视尤须避免（见图3）。

(a) 入户门相对位置不宜过近，以免对视

(b) 设入口门厅避免与楼电梯间对视

图3　入户门视线分析图

3. 垃圾暂存间位置

由于早晨上班高峰时期拎着垃圾上下电梯会引起交叉污染，目前一些住宅出现了专人到各层清扫收集垃圾的物业管理方式，所以在住宅设计中最好在楼梯间中设置垃圾暂存间，避免乱放造成污染。垃圾暂存间的布置需要尽量远离住户门口，并要设在通风较好的地方，可设排风扇和通风孔，最好设上下水可以清扫。垃圾暂存间可以利用电梯和楼梯的边角空间（见图4a），也可以利用楼梯的休息平台向外突出的部分设置，这样虽然住户需要下半层倒垃圾，但是垃圾收集和住户人流没有干扰，减少了污染（见图4b），还可在楼梯间窗户下面向外探出一部分空间，形成一个暂时的储存间，这样可节省交通空间的面积（见图4c）。

4. 采光、通风的设计

板式住宅中楼梯间开窗采光一般较易实现，除美观外需要注意的是：窗的面积，可开启扇的大小、高度、安全性、擦拭清扫的方便性以及窗的开设位置，避免电梯门口、户门处黑暗和出现光线死角。

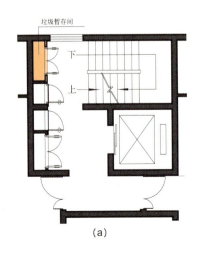

(a)

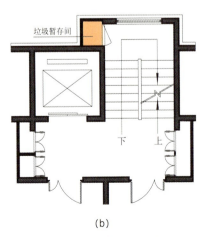

(b)

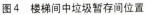

1-1剖面

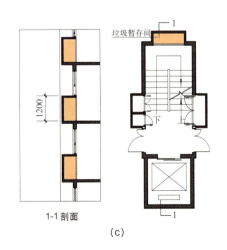

(c)

图4　楼梯间中垃圾暂存间位置

楼梯间底层空间与标准层空间的对位关系　　　　表4

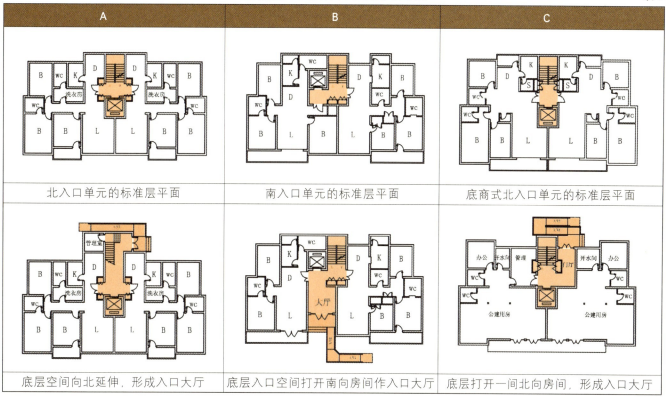

5. 底层交通空间的设计

设计板式中高层交通空间时，首先要满足标准层的要求，同时兼顾底层空间的特殊需要。一般住宅的单元出入口应设一定大小的门厅，放置信报箱或布置停留和管理空间，如室内外有高差，还应考虑轮椅坡道和旋转空间等无障碍设计。因此常需要在底层扩大面积形成入口空间，底层扩大空间有以下几种方式：①一层变一跑楼梯，向外延伸扩大空间；②把邻近套型的一部分改为入口，注意应尽量减少套型功能的损失；③如须南侧入口，可把一层南侧一小间（如书房）打通，在标准层设计时，应考虑好一层门厅所需的空间，注意结构、管线对应及一层套型的变动等问题（见表4）。

三、中高层交通空间设计的比较研究

在这里把板式中高层的交通空间的主要形态列出表格，并将一些可比较的相关要素列入其中。在分析其空间构成的基础上，归纳总结出不同形态交通空间的特点和优缺点，以方便找出在不同的条件下，最合理的交通空间设计（见表5）。

为了研究方便并使不同形态的交通空间具有可比性。这里我们统一取低限值即层高2800mm、开间2600mm、进深5100mm，电梯间取轴线尺寸2300mm×2400mm作基本尺寸。

五种常用楼梯间的主要指标及优缺点　　　　　　　表5

	典型图例	各项指标及优缺点比较		
对面式	（图）	交通空间占外部面宽和建筑面积 ●2500~2700mm ●22~24m²	采光和通风 ●楼、电梯直接采光，比较明亮 ●平均采光较好 ●通风较好	空间形态分析 ●楼梯设在北面，电梯与楼梯相对，楼梯平台、电梯等候和设备检修共用一个空间，交通空间集中，争取了进深，节约了面宽 ●公用空间集中，面积小，易造成使用上的干扰 ●电梯噪声对邻近的南向房间有一定的影响 ●有利于套型北侧设置明餐和明卫
		入户门位置 ●入户门位置相对固定，只能设在纵墙上 ●入户后可利用套型内的交通走道，有空间过渡 ●不易形成门斗 ●容易出现正对套型卧室区卫生间的门，在设计套型时应加以注意	管井位置 ●靠两侧纵墙设计 ●检修空间和交通空间有一定的冲突 ●突出的检修井对室内布局有一定的影响 ●美观较差	
		实例 （图）		综合评价 ●板式住宅中最为常用的形式，适用于经济型住宅 ●公用面积、面宽小 ●功能布局紧凑，行为有一定的干扰 ●采光、通风好

续表

典型图例	各项指标及优缺点比较		
	交通空间占外部面宽和建筑面积	采光和通风	空间形态分析
左右式	• 4900～5400mm • 26～28m²	• 楼梯直接采光，比较明亮 • 候电梯空间间接采光，效果较差，应将楼电梯间隔墙局部改动	• 电梯和楼梯有各自的平台和等候空间，功能分区清晰 • 入户门远离电梯和楼梯间，干扰少 • 适用于南侧大面宽或三开间以上套型
	入户门位置	管井位置	
	• 入户门设置灵活，可靠纵墙和横墙设置，与管井位置互换 • 入户门向南开门，倚墙布置鞋柜等，易形成门斗，与靠纵墙布置门相比利于减少两厅中部空间，缩短进深	• 管井位置布置灵活，可靠纵墙，也可靠横墙布置 • 检修口长度和检修空间较大	
	实例		综合评价
	(平面图)		• 适用于舒适型住宅 • 面积较大，面宽大 • 功能布局清晰 • 采光、通风较好

续表

典型图例	各项指标及优缺点比较		
上下式	交通空间占外部面宽和建筑面积	采光和通风	空间形态分析
	• 5100～5700mm • 30～33m²	• 楼梯直接采光 • 候电梯空间虽为间接采光，但采光效果尚好 • 户门处较暗	• 楼梯间、候梯空间、入户空间相对独立，功能分区明确，使用互不干扰 • 适用于南部3个开间以上的套型 • 也可用于一梯三户的套型平面
	入户门位置	管井位置	
	• 入户门设置灵活，位置较多，可靠纵墙设置，管井靠横墙设置，也可靠横墙设置，管井靠纵墙 • 改变入户门位置，便于设计多样套型	• 设置灵活，可在楼梯平台、候梯空间对面位置设置，也可利用入户空间的一面墙设置 • 检修口长度和检修空间较大	
	实例		综合评价
			• 适用于舒适型住宅 • 面积大、面宽大 • 功能布局清晰 • 采光、通风较好

续表

	典型图例	各项指标及优缺点比较		
垂直式		交通空间占外部面宽和建筑面积	采光和通风	空间形态分析
		• 4500～4900mm • 37～39m²	• 楼梯、电梯空间直接采光 • 平均采光较好 • 一侧入户门较暗	• 楼梯间、候梯空间、入户空间相对独立，功能分区明确，各股人流使用相互不干扰 • 楼、梯间可关闭，利于消防 • 楼、电梯上下布置，充分利用进深，节约了面宽 • 候梯厅直接采光，虽增加了一定面宽，但提高居住的舒适度（可设置一个共用的阳台）
		入户门位置	管井位置	
		• 入户门设置有一定灵活性，可与管井互换位置 • 靠电梯侧入户门过深	• 设置灵活，可利用楼梯平台、候梯空间对面位置设置，也可利用入户空间的一面墙设置 • 检修口长度和检修空间较大	
		实例		综合评价
				• 适用于高档住宅 • 面积较大、面宽较节约 • 功能布局清晰，干扰小 • 采光、通风较好，舒适度较高

续表

典型图例	各项指标及优缺点比较		
错位式	交通空间占外部面宽和建筑面积	采光和通风	空间形态分析
	• 2500～2700mm • 22～24m²	• 楼电梯、入户空间直接采光 • 平均采光较好	• 楼电梯间、入户空间合入一个空间 • 电梯间设于中部，节约了面宽 • 电梯噪声对电梯所在一侧套型的影响稍大
	入户门位置	管井位置	
	• 入户门位置相对固定 • 入户后，易于形成门厅 • 户门过近有干扰 • 靠一侧纵墙设计	• 靠一侧纵墙设计 • 管井检修长度小	
	实例		综合评价
			• 适用于经济型住宅 • 面积、面宽最小 • 功能使用有一定交叉 • 电梯位置对套型有干扰 • 采光、通风好

注：面积计算均按照轴线尺寸，包含公共管井的面积。

  交通空间在住宅中占有重要的地位。成功的住宅交通空间设计，应在尽可能少增加住宅公用面积的前提下充分满足交通功能的需要。本文针对板式中高层住宅的交通空间的设计问题，从分析其基本尺寸和空间构成等设计要素入手，总结归纳出了若干设计要点，并对板式中高层住宅交通空间的5种常见形态进行了较为深入地比较研究。希望本文能够成为设计人员在从事板式中高层住宅交通空间设计时的有益参考。

18层以上塔式高层住宅公共交通空间设计研究

一、引 言

（一）问题的提出

1. 塔式高层住宅的市场价值

目前我国大城市中，青年人已逐渐成为买房大军中一股不可忽视的力量。但他们支付能力有限，因此价格相对较低的中档小套型住宅成为他们的首选。

在这种情况下，塔式高层住宅自然而然地进入了开发商的视野。该住宅形式高度集约，容易形成大量的小套型住宅。而同时它又具有楼栋面宽小和进深大的优势，在规划设计中能够获得较大的容积率。因此，最近在城市高密度住宅区规划设计中，小套型的塔式高层住宅成为一种受欢迎的形式。

2. 以往塔式高层住宅设计中出现的问题

在以往的住宅研究中，并未对塔式高层住宅的内在规律进行系统深入地研究，致使在已建成的塔式住宅中出现很多问题：如套型通风、采光不足；相邻住户形成对视；单元内公用建筑面积过大等，造成业主和物业管理者的矛盾。

3. 本文的研究目的

基于以上问题，本文试图探寻一些塔式或板－塔式高层住宅设计中的内在规律，以达到便捷、优化设计的目的。

（二）本文的研究对象及研究范围

1. 研究对象

在设计实践和研究中发现，塔式高层住宅中，公共交通空间的设计是影响整个住宅设计品质的重要因素。单元中各户均围绕公共交通空间展开，它的设计是整个住宅设计的起点，直接影响着各套型设计的走向。

2. 研究范围

我国相关建筑规范对不同层数的高层住宅有不同的要求，这一差别集中体现在对公共交通空间的限制上。18层以上的塔式住宅，相关建筑规范对它的要求最为严格，通常这类住宅中每单元的户数也较多，因而在设计中较难处理。

综上所述，本文将研究18层以上的小套型塔式住宅中公共交通空间的设计及其与套型设计的关系。

二、建筑规范及公共交通空间各构成元素研究

塔式高层住宅的公共交通空间主要由下列元素构成：疏散楼梯、电梯、候梯厅、公共走道、设备管井、垃圾收集设施。针对这些空间元素，相关建筑规范分别有着详细的规定，在此将其归纳整理，以便设计参考。与本文所研究类型住宅相关的主要建筑规范为《高层民用建筑设计防火规范》

GB50045—95（以下简称《高规》）和《住宅设计规范》GB50096—1999（以下简称《住规》）。

（一）我国规范对不同高度住宅要求的异同

前面已提到，随着高层住宅层数的增加，我国建筑规范对其垂直交通——楼梯和电梯的要求有着明显的变化，这也成为影响套型选择的一个重要因素。现对这部分规范整理如下：

1. 疏散楼梯

● "12层至18层的单元式住宅应设封闭楼梯间"（见《高规》6.2.3.2）。

● "18层及18层以下，每层不超过8户、建筑面积不超过650m²，且设有一座防烟楼梯间和消防电梯的塔式住宅"，每防火分区可设一个安全出口（见《高规》6.1.1.1）。

● "19层及19层以上的单元式住宅应设防烟楼梯间"（见《高规》6.2.3.3）。

2. 消防电梯

● "塔式住宅、12层及12层以上的单元式住宅和通廊式住宅，应设消防电梯"（见《高规》6.3.1）。

● "12层及以上的高层住宅，每栋楼设置电梯不应少于两台，其中宜配置一台可容纳担架的电梯"（见《住规》4.1.7）。

由此可以看出，随着住宅高度的不断增加，在规范上的要求也逐步加强。我们将一般情况下的这种变化关系归纳见图1（不含特例）。

由于本文的研究范围为18层以上的塔式住宅（图1中灰色部分），规范中对这部分住宅的基本要求是设两部防烟楼梯间，至少两部电梯（其中一部为消防电梯）。

（二）我国规范对公共交通空间各构成元素的基本要求

以下，将对规范中关于各构成元素的基本尺寸、设计要求作整理分析。

1. 疏散楼梯

《住规》规定：

● "普通住宅层高宜为2.80m"（见《住规》3.6.1）。

● "楼梯梯段净宽不应小于1.10m；楼梯踏步宽度不应小于0.26m，踏步高度不应大于0.175m；楼梯平台净宽不应小于楼梯梯段净宽，并不得小于1.20m"（见《住规》4.1.2～4.1.4）。

《高规》规定：

● "塔式高层建筑，两座疏散楼梯宜独立设置，当确有困难时，可设置剪刀楼梯，并应符合下列规定：

剪刀楼梯间应为防烟楼梯间；剪刀楼梯的梯段之间，应设置耐火极限不低于1.00h的不燃烧体墙分隔；剪刀楼梯应分别设置前室。塔式住宅确有困难时可设置一个前室，但两座楼梯应分别设加压送风系统"（见《高规》6.1.2）。

在实际设计中，为节省公共建筑面积，通常将高层住宅的两部疏散楼梯设计为剪刀楼梯。

综合以上各项要求，在此以2.80m层高住宅为例，说明高层住宅剪刀楼梯间的基本尺寸要求（见图2）。

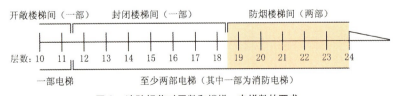

图1 消防规范对层数和楼梯、电梯数的要求

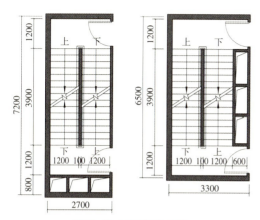

图2 剪刀叉楼梯间示例

2. 电梯井

《高规》规定："消防电梯间应设前室，其面积：居住建筑不应小于4.50m²，当与防烟楼梯间合用前室时，其面积：居住建筑不应小于6.00m²。"

"消防电梯井、机房与相邻其它电梯井、机房之间，应采用耐火极限不低于2.00h的隔墙隔开"（见《高规》6.3.3）。

在工程设计中，各厂家提供的电梯井道尺寸不尽相同。一般塔式高级住宅中要求使用载重量1t以上的电梯，该类电梯井道尺寸多在2400mm×2400mm左右；可容纳担架的电梯井道尺寸多在2400mm×3000mm左右。本文中以这两种尺寸为例。

3. 候梯厅

《住规》规定："候梯厅深度不应小于多台电梯中最大轿厢的深度，且不得小于1.50m"（见《住规》4.1.9）。

实际设计中因考虑到候梯厅通常兼作公共走道，在这里会发生交通流线的交叉，再加之搬运家具货物的要求，所以通常将候梯厅深度设计为2.00m左右。

4. 公用走道

《住规》规定："走廊通道的净宽不应小于1.20m"（见《住规》4.2.2）。

另外，《高规》还规定："高层居住建筑的户门不应直接开向前室，当确有困难时，部分开向前室的户门均应为乙级防火门"（见《高规》6.1.3）。所以在实际设计中，应避免所有户门均直接开向消防前室。

5. 设备管道

《住规》规定："公共功能的管道，包括采暖供回水总立管、给水总立管、雨水立管、消防立管和电气立管等，不宜布置在住宅套内。公共功能管道的阀门和需经常操作的部件，应设在公用部位"（见《住规》6.6.4）。

《高规》规定："楼梯间及防烟楼梯间前室的内墙上，除开设通向公共走道的疏散门和本规范第6.1.3条规定的户门外，不应开设其它门、窗、洞口"（见《高规》6.2.5）。在实际设计中，有时只得将管道的检修洞口开在消防前室内，这种情况下应在此洞口设丙级防火门。

采暖、给排水：通常将水暖管道设于同一井道内，井道最小进深600mm，面宽需1500mm左右。有时也将其设计成为进入式的管道间。

电气：强电、弱电一般各需要面宽1500mm、进深500mm的管井，以便于检修。但实际工程中有时远大于这个尺寸，为将来增加设备留有余地。

6. 垃圾收集设施

《住规》规定："住宅不宜设置垃圾管道……中高层及高层住宅不设置垃圾管道时，每层应设置封闭的垃圾收集空间"（见《住规》4.3.1）。

在实际设计中，为避免垃圾收集空间污染公用走道环境，应尽量使其靠外墙设置。我们建议利用靠外墙的公用走道或楼梯间设置凸窗，在其窗台下方收集垃圾（见图3）。既可保证其自然通风，又能节省公共空间面积。

其中A套型通风、采光条件均较好，可以作为较舒适的三室甚至四室户。B套型通风条件较为不利，不宜将进深设计的过大；同时在"板－塔"中为避免对A套型造成过多遮挡，也不宜将面宽设计的过大。因此B套型常作为小套型的两室户。

2. 影响该类住宅设计品质的主要因素

该类住宅的集约性导致了一些套型设计上的先天不足，而这些问题又都是围绕公共交通空间产生的，可以通过公共交通空间的优化设计得以改善。我们将其归纳为以下几点：

1）争取自然通风

在该类住宅中，A套型南北通透，其条件不亚

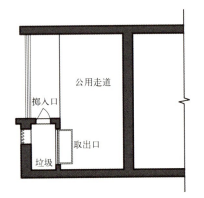

图3 垃圾暂存空间设计示例

三、典型套型公共交通空间设计分析

目前，综合各方面因素的限制，小套型的塔式高层住宅多以每单元四户至六户的形式出现。本文以最具有典型意义的每单元四户和每单元六户塔式住宅为例，说明公共交通空间的设计与套型设计的关系。

（一）单元四户塔式高层住宅

1. 套型基本特点

每单元四户是塔式高层住宅中常用的空间组织形式（见图4）。其集约度适中，各户均好性较高；同时用地比较节约，亦可两或三个单元拼接成为"板－塔"（见图5）。

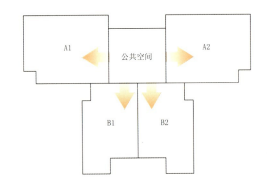

图4 每单元四户基本组合形式

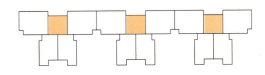

图5 "板－塔"拼接形式

于板式住宅;但B套型北侧被公共交通空间遮挡,自然通风较为不利。

如果公共交通空间能够南北贯通,与B套型共同形成南北通风,可以在一定程度上改良B套型的室内环境(见图6)。

2)暗空间的合理处置

A、B两种套型中,靠近公共交通空间部分自然采光均较弱(见图7)。尤其在北方地区,因节能要求又不宜随意在这里开缝而增加建筑外表面积。

但这里通常是户门所在,功能构成比较复杂,因而容易形成黑房间。通过公共交通空间的设计,合理安排各户的入户位置,调整其套型设计,可以在这些采光不利处布置储藏间等次要功能空间(见图8)。

3)便捷入户

公共交通空间功能复杂,很难随心所欲地安排各户的入户位置。协调好公共交通空间的形式与套型设计的关系,使各户都能以最便捷的方式入户,可以节省公用建筑面积;而争取从套型中部入户,亦可避免套内面积的浪费。

3. 公共交通空间的基本形式

在该类塔式住宅的公共交通空间中,通常设两部电梯,两部疏散楼梯(通常为剪刀楼梯),它们的组合模式决定了公共交通空间的形式。以下是几种常用的楼、电梯组合模式(见图9)。

A类将候梯厅与公共走道合并,是最为节省面积的做法,在实际项目中亦最为常用。B类将候梯厅单独设置,形成瘦长形走道,较费面积;但此种做法可以在不破坏核心筒结构完整的前提下做出一部可容纳担架的电梯。C类的户门开口位置最为自由,利于多样化的套型设计;但楼梯间与公共走道的面积均较为浪费。

其中A类与B类交通核均可竖向或横向设置,形成完全不同的公共交通空间,造成各户不同的入户位置,从而影响其套型设计的走向。

下面以最具典型意义的A类为例,说明由公共交通空间决定的入户位置与各户套型设计的关系。

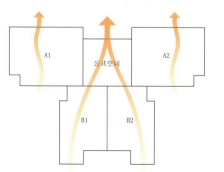

图6 利用公共空间南北通风示意

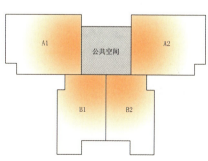

图7 套型室内自然光亮示意

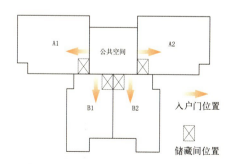

图8 利用入户侧采光不利的位置设置储藏空间

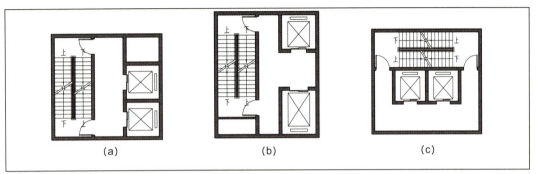

图9　18层以上塔式住宅楼、电梯3种基本组合形式

4. 公共交通空间与套型设计的关系

A类公共交通空间可基本归纳为两列垂直交通空间夹一条公共走道。将这一功能关系竖向或横向排列，则会得到各套型不同的入户位置，从而影响其套型设计（见表1）。

A类公共交通空间竖向与横向放置对比分析　　　表1

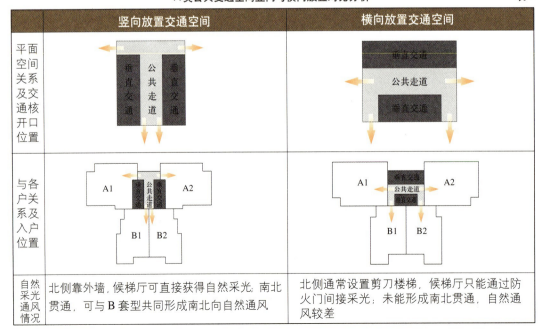

	竖向放置交通空间	横向放置交通空间
平面空间关系及交通核开口位置		
与各户关系及入户位置		
自然采光通风情况	北侧靠外墙，候梯厅可直接获得自然采光；南北贯通，可与B套型共同形成南北向自然通风	北侧通常设置剪刀楼梯，候梯厅只能通过防火门间接采光；未能形成南北贯通，自然通风较差

续表

	竖向放置交通空间	横向放置交通空间
A套型功能分布示意		
套型设计评价	从餐厅、起居活动区的一端入户，形成南北向的长厅，空间使用较为灵活。但易造成起居室与餐厅空间划分不明确，餐厅较暗以及餐厨流线的交叉	从餐厅、起居活动区的中部入户，起居室与餐厨空间划分明确；亦可利用入户处采光较差的位置设置储藏空间。北部面宽有效地得到利用。这是A套型较为理想的入户方式
B套型功能分布示意		
套型设计评价	从交通核中间入户，可通过缩减门厅、餐厅部分的面宽，节省面积，但缺少设置储藏空间的位置。入口纵深大，视野较好。餐厨空间与起居空间划分明确	从交通核两侧入户，门厅面宽较大，但可以在入户位置设置储藏间。餐厅至起居空间呈直线形，空间完整开放；但餐厅部分面宽较为浪费

5. 设计实例比较分析

　　以上的研究仅是对典型情况的对比分析，而在实际设计中，则会出现很多不同的情况。下面我们将结合一些设计实例，对前面提到的几种公共交通空间进行具体的对比分析（见表2）。

（二）每单元六户塔式高层住宅

1. 套型基本特点

　　每单元六户塔式住宅是一种更加集约化的形式（见图10），单元面积更大，而各户公摊面积无明显增加。为控制建筑面宽，A套型通常只能争取到少量南向采光，多作为小套型的两室户；B套型通风较差，

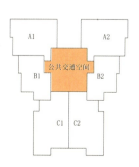

图10　每单元六户基本组合形式

通常作为一室户；C套型作为朝向最好的套型，一般作为面积适中的两室户。

这类住宅的公共交通空间设计规律与每单元四户比较类似，所不同的是根据户数增多的需要，有时需采用三部电梯。下面以设计实例说明这类住宅的一些特点。

每单元四户塔式住宅常用公共交通空间形式的设计比较　　　　　　表2

交通空间基本形式	设计评价	设计实例
A类竖向 交通核占面宽7800mm 进深 6600mm 公用建筑面积 64m²	**公共交通空间** ● 候梯厅通过北侧走道可获得间接采光通风 ● 为满足消防规范，B套型入户前加设防火门，导致入户空间稍显局促 **套型设计** ● A套型从北端入户，入户处形成明储藏间，亦可作为保姆间 ● A套型餐厅与起居室合并为一长厅，空间使用灵活，但面积较为浪费 ● B套型缩减了门厅－餐厅部分面宽，节省面积；但缺乏储藏空间	A套型套内建筑面积约 104m² B套型套内建筑面积约 78m²
A类横向 交通核占面宽7800mm 进深 7200mm 公用建筑面积 64m²	**公共交通空间** ● 候梯厅北侧被楼梯间阻挡，采光通风稍弱 ● A套型户门直接开向消防前室，须做成乙级防火门 ● B套型入户前加设防火门，入户空间稍显局促 **套型设计** ● A套型从中部入户，餐－厨空间与起居室分区明确，节省面积 ● B套型门厅－餐厅部分的面宽较大，可设置较大面积储藏空间，但餐厅面积较为浪费	A套型套内建筑面积约 101m² B套型套内建筑面积约 84m²

续表

交通空间基本形式	设计评价	设计实例
B类竖向 交通核占面宽6600mm 进深8400mm 公用建筑面积65m²	**公共交通空间** • 北侧靠外墙，候梯厅自然采光和通风良好；甚至可设一部观景电梯 • 候梯厅独立设置；公共走道稍显瘦长 • 设有一部可容纳担架的电梯 • 交通核占面宽较窄 **套型设计** • A套型从起居室南侧入户，入户流线干扰起居室稳定性；为厅内设走道而扩大了起居室面宽，较为浪费面积	A套型套内建筑面积约109m² B套型套内建筑面积约80m²
B类横向 交通核占面宽7800mm 进深6600mm 公用建筑面积62m²	**公共交通空间** • 候梯厅采光通风较弱 • 两部电梯对面设置，但邻近B套型户门，候梯空间较为拥挤 • 设一部可容纳担架的电梯 • 几部分功能空间高度集约，是最节省面积的公共空间做法 **套型设计** • A、B套型均从交通核中部入户，是较为节省面积的做法	A套型套内建筑面积约100m² B套型套内建筑面积约79m²
C类 交通核占面宽7800mm 进深7200mm 公用建筑面积70m²	**公共交通空间** • 受两部电梯位置影响，剪刀楼梯间被迫做到7800mm长，浪费面积 • "U"形公共走道较为浪费面积 • 入户位置选择较为自由，但整条公共走道均为消防前室，为满足消防规范，只得在B套型入户前加设公共走道，浪费面积 **套型设计** • B套型门厅至餐厅部分面积较为浪费	A套型套内建筑面积约为101m² B套型套内建筑面积约为84m²

2. 设计实例比较分析（见表3）

每单元六户塔式住宅常用公共交通空间设计比较　　　　表3

交通空间基本形式	设计评价	设计实例
交通核占面宽7800mm 进深 9000mm 公用建筑面积 83m²	**公共交通空间** ● 北侧靠外墙，可直接获得自然采光通风，但纵向走道略长 **套型设计** ● A2套型为东、北朝向，南向采光较少 ● B套型中"暗卫"较难避免	
交通核占面宽7800mm 进深 9000mm 公用建筑面积 81m²	**公共交通空间** ● 北侧为疏散楼梯间，候梯厅自然采光通风较弱 **套型设计** ● B套型套内自然通风较弱 ● C套型入户空间较长，浪费面积	

四、结 论

在本文中，我们以小套型的塔式高层住宅为例，探寻了一些公共交通空间的设计要点以及它与套型设计的关系。

尽管研究并不十分全面，但文中提到的一些设计规律对大部分塔式高层住宅的设计是有益的，值得相关设计人员注意。在此总结如下：

1. 公共空间集约化

我国建筑规范对塔式高层住宅中楼梯、电梯、设备管井等元素的要求均较高，易造成其公用建筑面积过大，这是塔式高层住宅比较大的弱点。通过合理设计，尽量避免公共空间的浪费，可减少业主买房时在公摊面积上的花费。

2. 入户位置合理化

塔式高层住宅中，各户围绕交通核布置，很难使每户都能做到南北双向自然通风。同时因考虑节能问题又不宜将建筑外轮廓做的过于曲折，特别是在每单元六户以上时，也较难完全做到户户有明卫生间。可以说这是塔式高层住宅较之板式住宅在套型设计上的先天不足。

而公共交通空间的设计恰恰是套型设计的核心。正确处理公共交通空间与各户的关系，合理安排各户的入户位置，可以有效利用套内面积，避免"黑房间"的产生。

3. 公共空间环境优化

公共交通空间的设计除应符合各项规范，满足为各户服务的要求外，其本身也是楼内居民每天经过和短暂停留的场所。设计中尽量争取候梯厅的自然采光、通风，布置好等候空间及入户空间，合理设置垃圾收集设施等做法，亦可提高整个住宅的设计品质。

套型空间的组合设计研究

  在集合住宅中，套型空间的组合是指将户内不同功能的空间，通过一定的方式有机地组合在一起，从而满足不同住户使用的需要，并留有发展余地。不难理解，一套住宅是供一个家庭使用的，套内功能空间的数量、组合方式往往与家庭的人口构成、生活习惯、社会经济条件以及地域、气候条件等密切相关。居住者的不同生活需求，要求有不同的套型组合方式来满足，同时这种需求又随着时间的推移而不断改变，如家庭人口数量、年龄的变化等，因此套型也应具备一定的发展余地以适应居住需求的变化。

  进行住宅套型空间的组合设计一般是从楼梯、电梯间的交通组织至入户开始，通过对主要空间的位置布局，对进深、面宽的综合调整来完成的。其设计不仅要做到上述的分室合理、功能分区明确，还应照顾到各房间之间的"制约"关系，综合考虑内部空间布局、面宽及面积安排，此外还要兼顾诸如日照、朝向、通风、采光等环境条件及结构、采暖、空调、管井布置等技术条件，从而为居住者营造一个安全、舒适、美观并能够适应居住需求变化的住宅。

  在此，从4个方面讨论套型空间的组合设计。

  一、套型空间的尺度控制

  二、套型空间的平面组合设计

  三、套型空间的立体组合设计

  四、套型空间的可变性设计

一、套型空间的尺度控制

(一) 面积

一般来说，住宅设计建立在当地居住水平的基础上，其面积标准与国家经济条件和人民生活水平相关联，同时也与住宅使用功能和空间组合、家庭人口数量、结构以及居住行为等因素密不可分。因此，确定套型空间面积要以住户的住房需求为根据，做到房间的面积和尺度适当，不要单纯扩大房间面积，而要适当增加不同功能房间的数量，使住宅套型与现代生活方式相适应。值得注意的是：必须以套型使用面积和建筑面积为指标参数，注重使用面积系数的控制，使结构面积与交通面积经济合理。

通过对全国近年来大量楼盘套型的调研和统计，提出了一套适宜目前中等居住水平的房间面积参考指标，表1为不同套型的面积范围值，表2和表3分别为套内使用面积在40~90m²和90~150 m²的各功能房间的使用面积范围值。需要注意的是：我国南北方存在地区差异，北方一些地区的住宅套型面积偏大，而南方地区套型则相对紧凑；此外对一些主要空间的面积大小，因受地域、气候、生活习惯和心理因素的影响，各地和不同人群也存在不同要求。

图1是以三室为例的套型房间面积分配实例。

不同套型的面积范围值 表1

套型名称	一室一厅	两室一厅	两室两厅	三室两厅	四室两厅
建筑面积（m²）	40~65	70~90	80~100	90~120	120~160

套内使用面积为40~90 m²的各功能房间的使用面积范围值 表2

房间名称	起居室	厨房	餐厅	公共卫生间	主卧室	主卧卫生间	次卧室	书房	服务阳台	生活阳台
房间使用面积(m²)	16~24	4.5~8	6~9	2~2.5	12~16	3.5~5.5	8.5~11	10~13	2~3.5	4.5~6.5

套内使用面积为90~150 m²的各功能房间的使用面积范围值 表3

房间名称	门厅	起居室	厨房	餐厅	公共卫生间	主卧室	主卧卫生间	次卧室	书房	服务阳台	生活阳台
房间使用面积(m²)	2~4	20~35	6~9	9~15	4~7	15~25	5~8	10~13	10~13	3~5	5~8

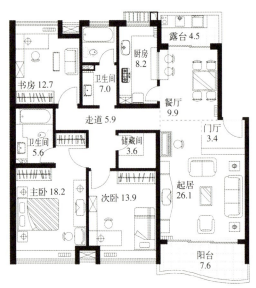
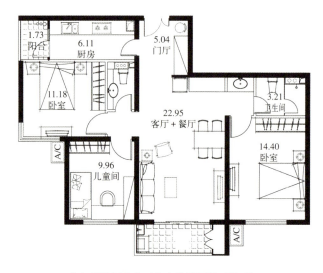

(a) 舒适三室户（套内使用面积：126m²）　　　　(b) 经济三室户（套内使用面积：79m²）

图1　套型房间面积分配实例（单位：m²）

（注：上述套型面积标准及各功能房间使用面积标准反映了21世纪初叶的城镇居民居住要求，较现行住宅设计规范标准值有所放宽。）

（二）进深、面宽

住宅楼栋进深、面宽是住宅设计需要控制的重要指标。面宽是指主要采光面的宽度。进深是指与面宽在平面上相垂直的面的宽度（见图2）。

首先，住宅各房间的面宽尺寸决定占用外墙多少，这既影响到该房间的大小也影响到其采光通风效果。而其中南向面宽最为重要。主要房间（如主卧、起居等）都需要占用南朝向，次要房间（如厨房、卫生间等）可用北朝向或东西向

面宽，一般楼梯间设在北部，不希望占用南面宽。即便单元入口在南侧的，也可做成"南进北梯"型。其次，单元面宽决定初步规划。住宅各房间的面宽之和为户面宽，户面宽相加为单元面宽。单元面宽在做规划时是十分重要的数字指标。在套型细节尚未决定时，主要靠单元面宽控制规划（见图3）。

进深与面宽在经济节地和舒适性上是一对矛盾，并受到多方面因素的影响。以下分别加以介绍。

1. 进深

1) 受进深影响的因素

（1）建筑密度

居住面积一定的情况下，加大进深使得面宽相应减少，建筑密度和户数也相应增加，提高了土地利用率。增大进深对于节地和提高经济效益的确有好处，但进深超过一定的限度会使得套型舒适度和使用性变差，在设计时需要找好平衡点。

（2）能源消耗

在冬季需要采暖的地区，加大进深可以减少外墙面的面积，体型系数（一栋建筑的外表面积与其所包的体积之比）相应减小，由外围护结构传出去的热量也就愈少，可以起到保温、节能的作用。

图2 套型面宽、进深位置示例

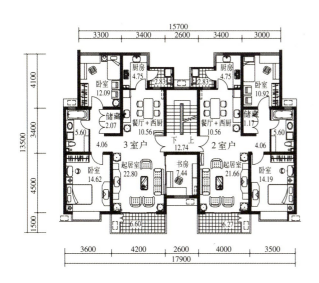

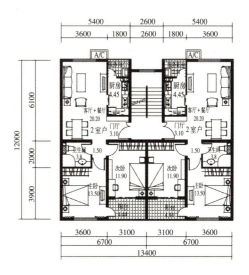

图3 套型面宽、进深尺寸示例

(3) 采光通风

加大进深同时会带来相应的问题。

大进深的住宅套型在进深方向一般包括3~4个使用空间层次，中部空间的采光通风条件较差，室内居住舒适度降低。

权衡上述因素，楼栋总进深并不是越深越好，应适度掌握，一般以11~13m为宜（不含阳台）。

2) 改善大进深住宅良好居住环境的设计手法

前面已经提到大进深住宅套型的室内居住环境相对较差，为了弥补这一缺点，常采用的设计手法有以下两种：外墙开凹槽和设置内天井。

(1) 外墙开凹槽

外墙开凹槽是在套型面宽紧张的情况下，通过加大进深套型的外墙面长度而增加开窗机会，将需要采光通风的空间布置其中，以争取光线和气流，从而实现良好居住环境的设计手法。但是也要注意到这种方法使外墙系数增大，对于节能不利，并且凹进的形式使采光的质量不好，因此不太适用于北方，而主要见于南方用深缝来解决卫生间的通风问题。

设计时要尽量避免住栋外形凹凸过多或是过于复杂。同时要保证房间的采光口有一定的宽度——处于中部的起居室采光口宽度应不小于1.5m，双人卧室的采光口宜不小于1.2m，单人卧室、厨房及餐厅的采光口宽度不宜小于0.9m；并且凹进的槽深不要太深，一般不要超过槽宽的两倍[1]（见图4）。

(2) 设置内天井

内天井的设置可以在不占用套型面宽的情况下，解决中部暗房间（如卫生间、餐厅）的采光通风问题，有效利用中部空间；并且有利于增加楼栋进深，节约土地资源。但进行内天井设计时，要预先考虑到以下问题，以免由于照顾不周而使天井形同虚设或带来负面影响：

A. 当内天井面积过小时，光线昏暗，通风不良，防火不利，达不到预期效果；

B. 面向内天井开窗容易造成视线、气味、噪声的交叉干扰，卫生性差，影响私密性；

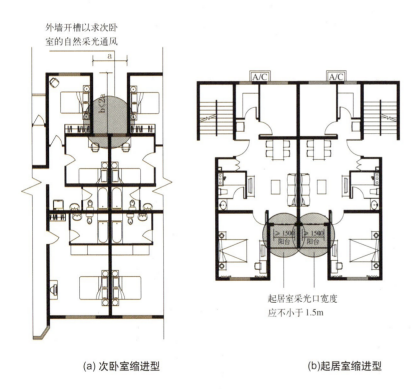

(a) 次卧室缩进型　　(b) 起居室缩进型

图4　外墙开凹槽的大进深套型设计实例

---

[1] 彭致禧.住宅小区建设指南（第二版）.上海：同济大学出版社，2002: 159.

C. 注意解决内天井底部的排水问题；

D. 适合高层，但天井深度不宜过高。

图 5 为中部设置天井的大进深套型设计实例。

2. 面宽

1）受面宽影响的因素

（1）舒适程度

生活和设计经验告诉我们，套型面宽直接影响到居住的舒适度——相同面积的情况下，每套住宅的面宽越大，就意味着房间的开口面积可以越大，采光通风条件自然就更加优越，居住舒适度也就相应提高；但也要注意到一些问题，如开间过大，家具摆放距离远，容易使居室缺乏温馨感，甚至影响使用。

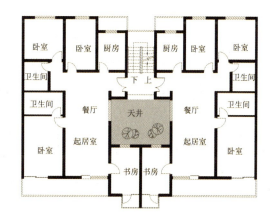

图 5　中部设置天井的大进深住宅实例

（2）土地资源

住宅面宽的大小，对住宅小区的规划布局、节能节地方面有着重要影响。缩小面宽，加大进深可以有效地增加户数和容积率，提高土地利用率。因此，在土地资源匮乏、建筑用地日益紧张的今天，住宅套型设计应注意在保证舒适度的同时对面宽有所控制。

2）住宅各房间的面宽分配

综合考虑到人体功效学、各房间家具的尺寸与摆放方式、居住者的空间感受以及经济性等因素，整理出了一套集合住宅各功能房间面宽的常用尺寸，供大家参考（见表 4）。

套内各功能房间面宽常用值　　　　　　　　　　　　　　表 4

房间名称	门厅	起居室	厨房	餐厅	公共卫生间	主卧室	主卧卫生间	次卧室	书房
房间面宽（m）	1.2~2.4	3.6~4.5	1.8~3.0	2.6~3.6	1.6~2.4	3.3~4.2	1.8~2.4	2.7~3.6	2.6~3.6

需要注意的是，在板式住宅中，各房间的面宽直接影响到户面宽和单元面宽，进而关系到整体的土地利用和规划布局。在规划设计的起始就必须对单元面宽及户面宽加以重视和确定。一般情况下，住宅的套型类型与其南向面宽有如下关系（见表 5）。

不同套型户面宽、单元面宽常用值（以一梯两户为例）　　　　　　　　　　表5

南向面宽＼套型类型	两室户（南侧主卧+起居室）		三室户（南侧主卧+起居室+书房）	
户面宽（m）	7~8.5		9.5~11	
组合类型	两室户+两室户	两室户+三室户	三室户+三室户	三室户+四室户
单元面宽（m）	14~16	16.5~20	19~23	

（三）层高

　　层高的确定与住宅建造的造价以及能源消耗关系密切。层高降低可节约墙体材料用量、减少结构荷载。据资料分析，在一般混合结构的住宅中，层高每降低100mm，造价可随之降低1%~3%[1]。同时，层高降低还意味着空间容积的减小，需采暖、制冷范围小，降低了空调负荷，对建筑节能具有重要意义。此外，降低层高意味着降低了建筑的总高度，有利于缩小建筑间距，节约用地。

　　由此可见，适当降低层高对于量大、面广的住宅建设是很有经济意义的。我国的《住宅设计规范》GB50096—1999规定，普通住宅层高不宜超过2800mm。但考虑到后期加设地面铺装和顶棚吊顶，以及某些地区对通风、日照等条件的特别重视，目前在实际住宅开发建造中常将层高定为2900~3000mm。

---

[1] 朱昌廉. 住宅建筑设计原理. 北京：中国建筑工业出版社，2005.

二、套型空间的平面组合设计

（一）套型内各空间的平面组合关系

1. 门厅在住宅平面中的位置

不同入户形式（包括从楼梯间入户，从庭院入户，从内、外廊入户等，见图6），在一定程度上决定了门厅在住宅平面中的位置：当选用梯间式入户时，门厅一般位于套型中部；采用庭院式或外廊式时，门厅则往往位于套型端部（外墙侧）（见表6）。

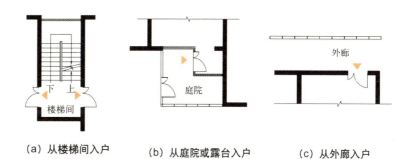

(a) 从楼梯间入户　　(b) 从庭院或露台入户　　(c) 从外廊入户

图6　几种常见的入户形式

门厅在住宅平面中的两种位置及特点　　　　　表6

类型	中部入户	端部入户（外墙侧）
图例	门厅不占面宽，间接采光	造成空间穿行；门厅占面宽，有自然采光
特点	入户形式为梯间式；门厅不占面宽，没有直接采光；到达各空间的动线较短	入户形式为庭院式或外廊式；门厅占面宽，有自然采光；可能造成户内空间的穿行，动线较长

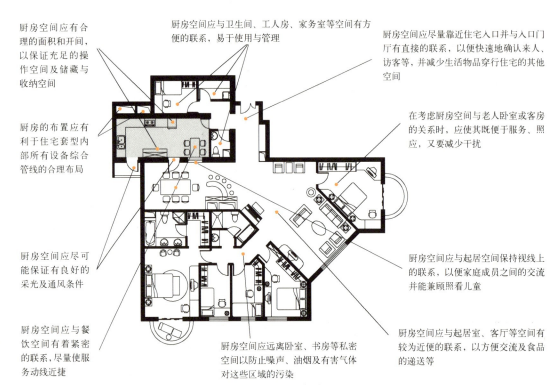

图7 在住宅中布置厨房应考虑的因素

2. 厨房在住宅平面中的位置关系

厨房是住宅中重要的组成部分，因其空间内设有各种管线、设备和电器，被称为"住宅的心脏"，它的布局对整个住宅的使用性能有着举足轻重的影响。图7归纳了厨房在住宅布局中应该考虑的因素。但在实际设计中，以上各种制约因素有时会与其他房间的布置发生矛盾，因此需要在通盘考虑所有房间布局关系的基础上权衡取舍。

3. 厨房与餐厅的位置关系

在确定厨房与餐厅的位置关系时，二者可占的住宅面宽的多少往往起决定性的作用。在小套型和小面宽的住宅中，首先必须按国家规范保证厨房占有外墙面，能对外开窗。在有条件的情况下，可争取餐厅直接通风采光，并且尽量增大厨房与餐厅的"接触面"（即两空间共同的界面），加强厨、餐的空间交流，也使居住者在此处装修的自由度更大，为日后改造（如设置开放式厨房等）创造条件。根据厨房与餐厅的位置关系，我们将其分为两大类：串联式——厨房与餐厅穿套布置，餐厅不占或少占面宽；并联式——厨房与餐厅并列布置，餐厅占住宅面宽（见表7）。

厨房与餐厅的两者位置关系及特点　　　　表7

类型	串联式布置		并联式布置	
图示	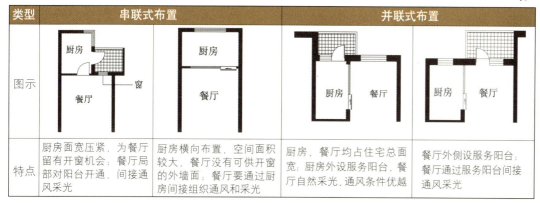			
特点	厨房面宽压紧，为餐厅留有开窗机会；餐厅局部对阳台开通，间接通风采光	厨房横向布置，空间面积较大，餐厅没有可供开窗的外墙面；餐厅要通过厨房间接组织通风和采光	厨房、餐厅均占住宅总面宽；厨房外设服务阳台，餐厅自然采光、通风条件优越	餐厅外侧设服务阳台；餐厅通过服务阳台间接通风采光

4. 厨房门与服务阳台门的位置关系

厨房门与阳台门的设置位置对厨房空间的布局有较大影响，门的位置不当，往往会减少有效操作面的长度，中断操作流线，使厨房的利用率大大降低。厨房门与阳台门两者之间的位置关系可以分为3种类型：穿越型、相邻型、对角型（见表8）。

厨房门与服务阳台门两者位置关系及特点　　　　表8

类型	穿越型布置	相邻型布置	对角型布置
图示			
特点	厨房门与服务阳台门位于相对的两侧墙面，且位置基本相对。橱柜有双列式、单列式及"U"形排法。其中以门开在中间的双列式排法因台面较多更优越些	厨房门与服务阳台门位于相邻的两侧墙面，距离较近，能最大限度地增加台面，节约交通面积，空间利用率高。多见于塔式住宅	厨房门与服务阳台门位于厨房空间的对角线位置，厨房门一般通向餐厅，方便联系

5. 餐厅与起居室的位置关系

在通盘考虑各房间布置时，应尽量加强餐厅与起居室的空间连通，这样可加强其通风采光性能，并增加开敞感。在某些情况下（如小面积的住宅中）还可以将餐厅与起居室布置在一个空间内以节省交通面积。我们在此将餐厅与起居室的位置关系归纳为以下3种：即半分离式、结合式、分离式（见表9）。

厨房与起居室3种位置关系及特点　　　　　　　　表9

类型	半分离式布置	结合式布置	分离式布置
图示			
特点	餐厅与起居室之间以入口为通路连接，空间通透，视线穿越距离长，有增大空间感的效果	餐厅与起居室之间集中在同一个大空间内，空间相互借用，面积紧凑	餐厅与起居室相对独立，空间不可借用，占用面积较多；但独立餐厅的进餐气氛好，并可成为单独待客空间或改造成独立功能的房间

6. 卫生间在住宅平面中的位置关系

卫生间是住宅中与厨房并列的另一个重要功能空间，但其面积一般较小，设备相对集中，同时还要兼顾通风、采光等各种条件布局，设计时难度很高。另外，除了考虑卫生空间本身的功能要求外，还要考虑它与住宅其他空间的关系。由于其功能上的特殊性和使用时间的不确定性等原因，使得住宅各主要空间都应尽量与卫生间有较为直接的联系，同时卫生间也应保持一定的独立性。图8以某住宅的平面图为例，归纳总结了卫生间在住宅中布置的要求。

套型空间的组合设计研究

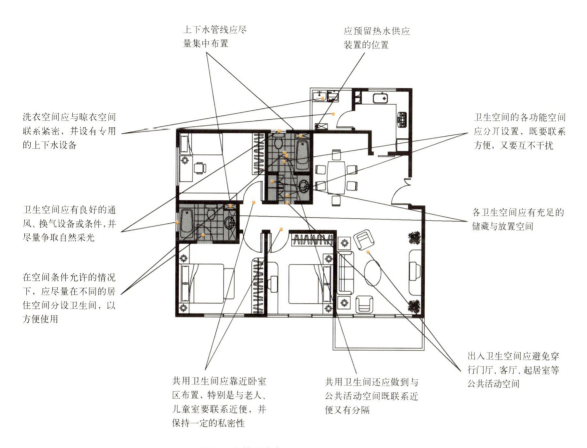

图8 在住宅中布置卫生间应考虑的因素

7. 双卫生间的位置关系

随着生活水平提高和居住条件的逐步改善,人们对双卫生间的需求率越来越高,双卫生间常由一个公用卫生间和一个主卧卫生间组成。双卫生间可减缓家人早晚如厕高峰时间使用的矛盾,又可保证主、客卫各自的私密性和卫生性,有许多优点。目前,在房产市场上两居室特别是三居室中应用很多。并且,两个卫生间可以兼顾到所处位置的明与暗,空间的大与小,对于住宅节地、节省面宽乃至整个套型的布局都起到至关重要的作用。两个卫生间之间的位置关系与套型整体布置存在着一定的内在联系,经过总结,我们得到常见的布置方式有以下3种情况:分开式布置、临近式布置、中部分开布置形式。下面例举双卫生间在常见的板式住宅三室户中的位置关系(见表10)。

双卫生间的 3 种位置关系及特点　　　　　　　　　　　　　　　　　　表 10

类型	双卫分开式布置	双卫临近式布置	双卫在中部分开布置
特点	双卫分开式布置：一个卫生间在北部，为公共卫生间，可以直接采光；另一个卫生间在中部，为暗主卫。因只有一个主卫在中部，套型总进深不大。当在北部的卫生间与厨房临近时，有管线比较集中的优点	将两个卫生间相邻布置在中部，同时利用楼栋的凹缝组织自然通风是常用的节地手法；但采光效果不太好，同时还需解决对视的问题。此类设计有助于增加套型的进深，节约面宽，并使管线布置集中	两个卫生间均布置在中部，都没有自然采光和通风，有助于增大套型的进深，节约面宽，充分利用中部空间。但不适合通风要求高的南方地区

8. 主卧卫生间、衣装间的位置关系

　　近几年，在面积较大的住宅套型中，主卧室的地位有所提高。不光是带有主卧卫生间，又增设了主卧衣装间，形成一套主卧区空间。由于多个空间的组合，使设计增加了难度。在权衡主卧室、主卧卫生间和衣装间的关系时，要着重推敲空间的利用率，尽量减少交通面积，同时注意避免卫生间的潮气侵入卧室或衣装间。主卧室与主卧卫生间、衣装间的位置关系大体可以归纳为以下 4 种：对面式、穿套式、贯通式、分离式（见表 11）。

套型空间的组合设计研究

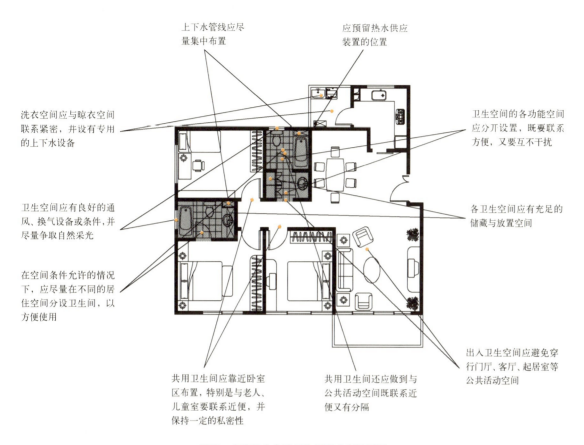

图8 在住宅中布置卫生间应考虑的因素

7. 双卫生间的位置关系

随着生活水平提高和居住条件的逐步改善，人们对双卫生间的需求率越来越高，双卫生间常由一个公用卫生间和一个主卧卫生间组成。双卫生间可减缓家人早晚如厕高峰时间使用的矛盾，又可保证主、客卫各自的私密性和卫生性，有许多优点。目前，在房产市场上两居室特别是三居室中应用很多。并且，两个卫生间可以兼顾到所处位置的明与暗，空间的大与小，对于住宅节地、节省面宽乃至整个套型的布局都起到至关重要的作用。两个卫生间之间的位置关系与套型整体布置存在着一定的内在联系，经过总结，我们得到常见的布置方式有以下3种情况：分开式布置、临近式布置、中部分开布置形式。下面例举双卫生间在常见的板式住宅三室户中的位置关系（见表10）。

双卫生间的 3 种位置关系及特点 表10

类型	双卫分开式布置	双卫临近式布置	双卫在中部分开布置
图示		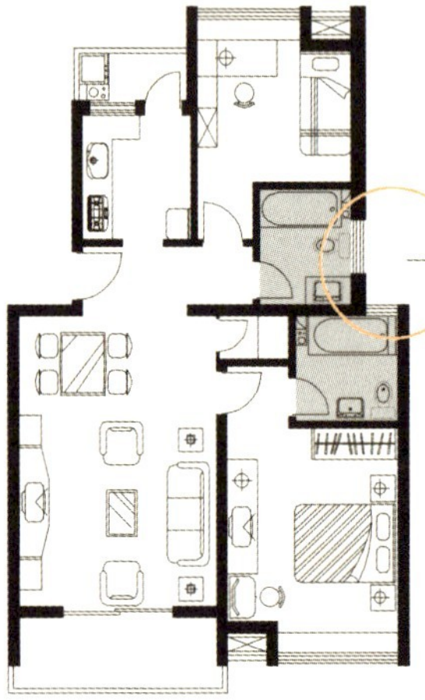 利用凹缝开窗	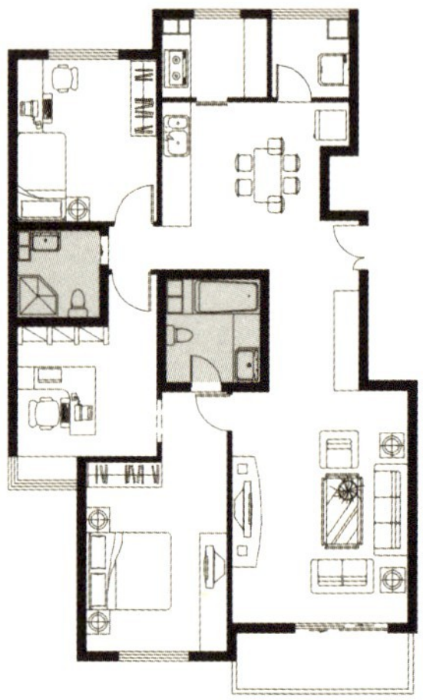
特点	双卫分开式布置：一个卫生间在北部，为公共卫生间，可以直接采光；另一个卫生间在中部，为暗主卫。因只有一个主卫在中部，套型总进深不大。当在北部的卫生间与厨房临近时，有管线比较集中的优点	将两个卫生间相邻布置在中部，同时利用楼栋的凹缝组织自然通风是常用的节地手法；但采光效果不太好，同时还需解决对视的问题。此类设计有助于增加套型的进深，节约面宽，并使管线布置集中	两个卫生间均布置在中部，都没有自然采光和通风，有助于增大套型的进深，节约面宽，充分利用中部空间。但不适合通风要求高的南方地区

8. 主卧卫生间、衣装间的位置关系

近几年，在面积较大的住宅套型中，主卧室的地位有所提高。不光是带有主卧卫生间，又增设了主卧衣装间，形成一套主卧区空间。由于多个空间的组合，使设计增加了难度。在权衡主卧室、主卧卫生间和衣装间的关系时，要着重推敲空间的利用率，尽量减少交通面积，同时注意避免卫生间的潮气侵入卧室或衣装间。主卧室与主卧卫生间、衣装间的位置关系大体可以归纳为以下4种：对面式、穿套式、贯通式、分离式（见表11）。

套型空间的组合设计研究

主卧卫生间与衣装间的4种位置关系及特点　　　　　　　　　　　　　　　　表11

类型	对面式布置	穿套式布置	贯通式布置	分离式布置
图示	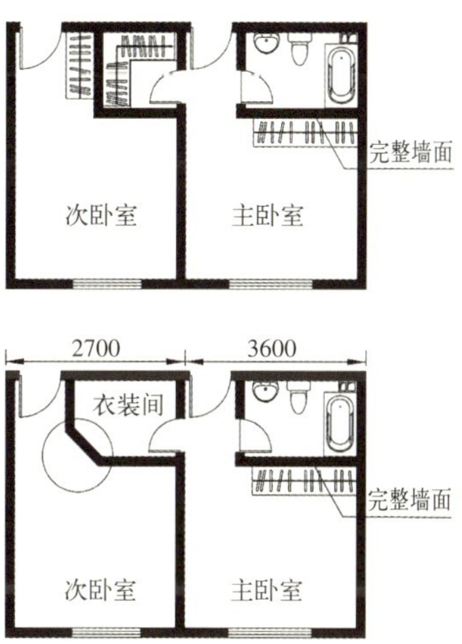 （图示：次卧室、主卧室，2700、3600，衣装间，完整墙面）	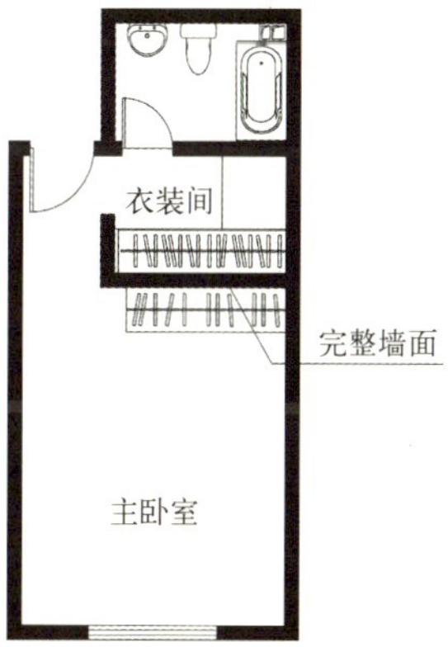 （图示：衣装间、主卧室，完整墙面）	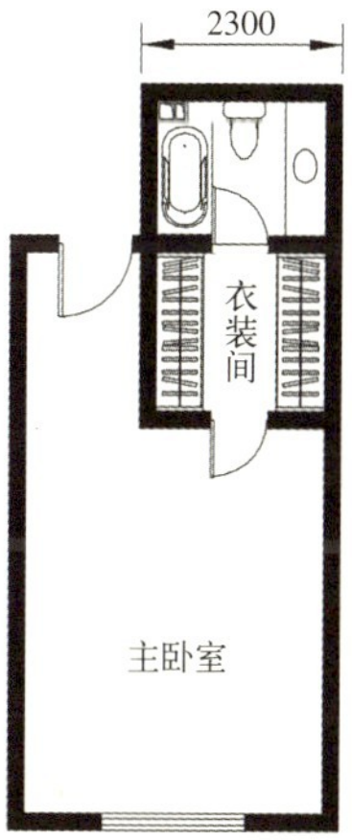 （图示：2300，衣装间、主卧室）	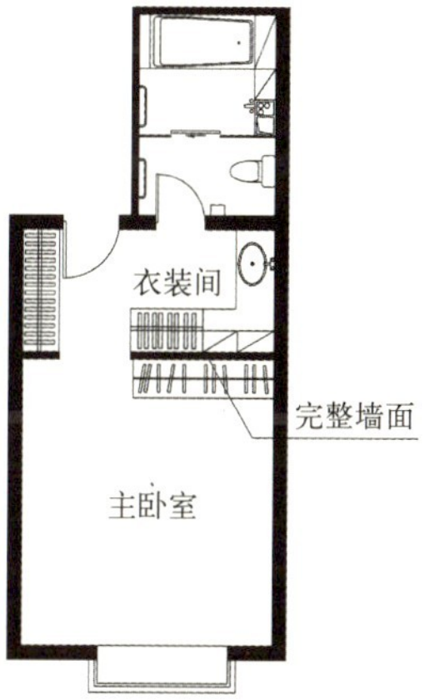 （图示：衣装间、主卧室，完整墙面）
特点	对面式布置节约交通面积，卫生间使用近便；独立衣装间，干净卫生，不受潮气浸染。但如此布置往往会给旁边的次卧室带来狭长的过道，较好的解决方法是：在靠衣装间一侧的过道中加设一条储藏柜，提高空间利用率，或是将衣装间的直角倒角，使次卧入口处视线得以扩展	穿套式布置能够给主卧室提供完整的墙面，卧室内交通面积节约，但由卧室进入卫生间的路线略长。湿气对衣装间有一定的浸染	贯通式布置的主要问题是：进入主卧室视域窄；衣装间的门破坏了主卧室墙面的完整性；进入卫生间需穿行衣装间，路线长，当主卧卫生间为暗卫时，衣装间通风条件差，很容易受到潮气浸染，衣物不易保存。在衣装间两侧布置衣柜的情况下，贯通式布置的经济面宽是2300mm左右	分离式布置是指将衣装间分两部分开放式设置，即用衣柜代替封闭式独立衣装间，并通过给主卧室提供较多完整墙面，从而增加储藏量。但由卧室进入卫生间的路线仍略长，湿气对衣装间有少量的影响

9. 次卧室位置的选择

在集合住宅中，一般三室两厅中除主卧外，还有两个次卧室，其中有一个次卧室常称为书房，其空间布置位置比较灵活，常见位置有：靠近主卧室布置、与起居室相连通等形式，设计时要考虑房间的使用状况以及空间利用等问题（见表12）。

书房或次卧室位置的2种选择及特点　　　　　　　　　　　　　　　表12

类型	靠近主卧室布置	紧邻起居室布置
图示		
特点	当次卧室靠近主卧室布置时，可以方便地将其与主卧室连通，穿套式布置，便于设置成儿童室、衣帽间、兴趣室等； 因卧室集中布置，其连接过道较长	当次卧室紧邻起居室布置时，便于对外待客或是当作客房、老人房，如用作书房时可以减少夜间工作较晚时对主卧室的影响；此外还缩短了卧室区的过道长度，节约了交通面积；但若当其用作儿童房时则不便于父母照顾孩子

（二）板式住宅标准位置（标准单元标准层）套型平面组合关系

在板式住宅中，标准单元标准层的设计十分重要。首先，在住宅小区规划之初标准单元标准层的各项数据指标为其提供了重要的设计依据；其次，标准单元标准层的套型配比对住区内各种套型的配比起着决定性作用；标准单元标准层的套型应为住区主流套型，需求量最大。下面例举多层板式住宅中标准单元标准层的3种平面组合形式（见表13）。

板式住宅中标准单元标准层的3种平面组合形式 表13

类型	两室+两室平面	两室+三室平面	三室+三室平面
图示	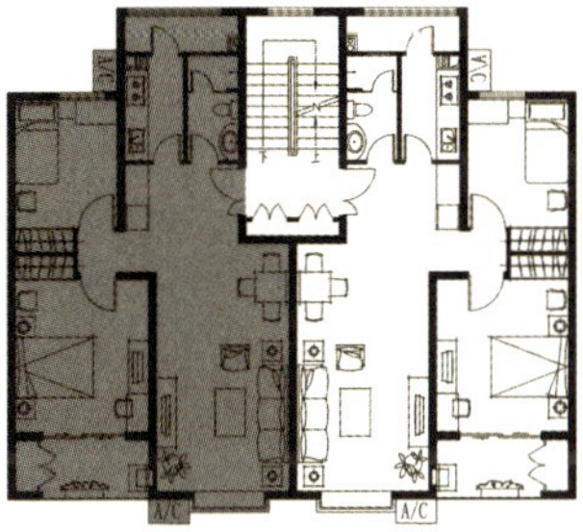	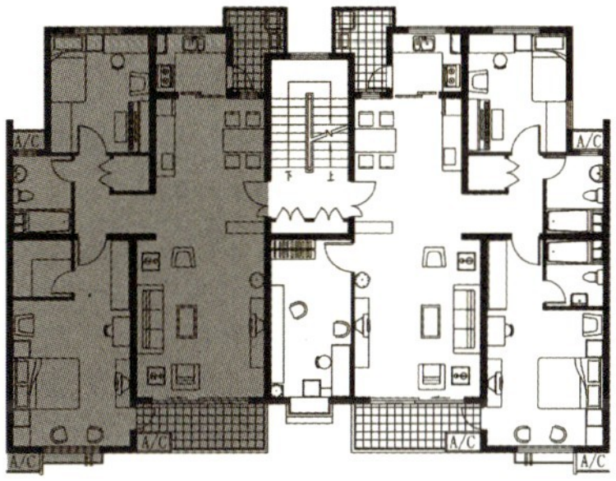	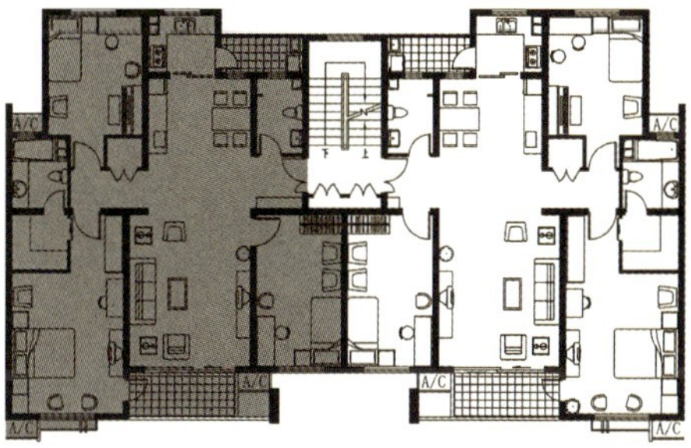
特点	两室+两室单元套型作为小套型单元易于销售，广受欢迎。但有公摊面积大，经济负担相对较重的缺点；此外，由于套型较小，单元进入口只适合北入口，即以楼梯间方向作为单元进入口。如设南向入口则将牺牲掉一间起居室，造成空间浪费	两室+三室单元套型一般是利用楼梯间的对应面宽作成小三室中的书房，并可灵活分隔（如：与起居室合并，扩大起居室面积）。其单元套型公摊面积占用适中，一般作为需求的主力套型，具有适应性强、搭配易于平衡的优点	三室+三室单元套型一般单元占用面宽较大，使用率高，一层南北均可设置单元入口（如：南侧去掉一间书房，作成通道，变成两室+三室套型），具有一定的灵活性

（三）板式住宅特殊位置（尽端单元、转角单元）套型平面组合关系

　　标准单元的套型设计在整个住区规划设计中占据主导地位，但如果所有的楼栋都仅是简单地复制标准单元的套型未免过于单调。在一些特殊位置如尽端单元、转角单元往往会有良好的采光通风和景观视野条件，运用得当则事半功倍，既可提高套型的居住品质，又可在楼栋的体型、立面设计上平添精彩之笔，更有利于节地，增加容积率、提高经济效益等。

1. 尽端单元套型处理

尽端单元是指位于楼栋端部的单元，因其外墙面较中间单元多，套型的日照、通风条件好，应充分利用其有利条件。但同时也要注意解决好开窗时与近处楼栋之间的对视问题。常见的套型处理手法有改变套型和增加户数两种。

1）改变套型

（1）扩大面积

在用地范围和日照间距许可的条件下，充分利用尽端单元良好的采光通风和景观视野条件，适当加大尽端单元套型面积，增加房间个数。如：可在此放置居住标准相对较高的套型，一般做到三室户或四室户，同时适当加大进深，提高土地利用率（见图9）。

（2）套型结合形体设计

尽端单元是居住区中立面造景的重要元素，因此进行套型设计时，不仅要照顾到山墙面的开窗形式，还要运用设转角窗、转角处露台、顶部退台等手法使楼栋边缘轮廓通透轻盈、体型丰富。同时，这样的设计还有利于套型多样化，与标准单元相区别，以适应不同居住者的需求（见图10）。

图9 尽端单元扩大面积设计实例（单位：mm）

图10 尽端单元套型结合形体设计实例

套型空间的组合设计研究

板式住宅中标准单元标准层的3种平面组合形式　　　　表13

类型	两室+两室平面	两室+三室平面	三室+三室平面
图示	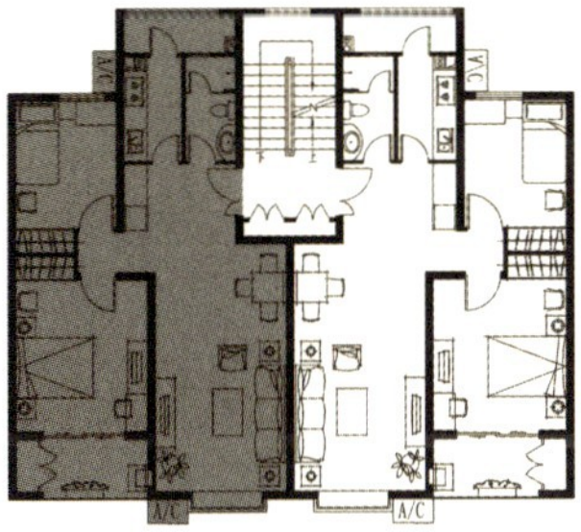	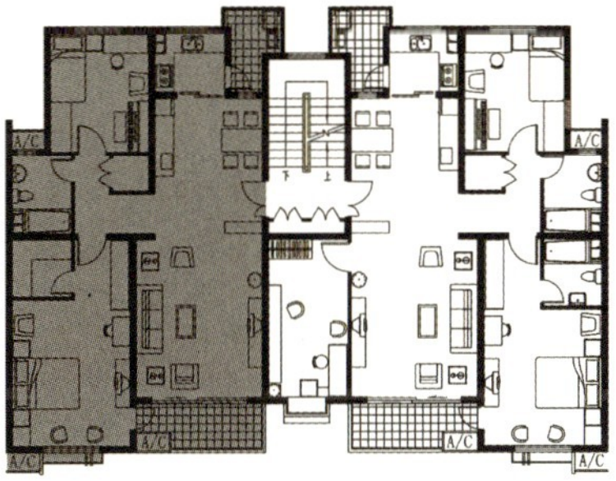	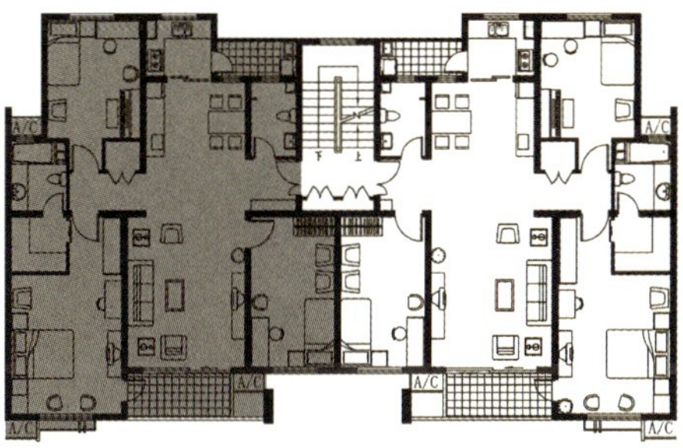
特点	两室+两室单元套型作为小套型单元易于销售，广受欢迎，但有公摊面积大，经济负担相对较重的缺点；此外，由于套型较小，单元进入口只适合北入口，即以楼梯间方向作为单元进入口。如设南向入口则将牺牲掉一间起居室，造成空间浪费	两室+三室单元套型一般是利用楼梯间的对应面宽作成小三室中的书房，并可灵活分隔（如：与起居室合并，扩大起居室面积）。其单元套型公摊面积占用适中，一般作为需求的主力套型，具有适应性强、搭配易于平衡的优点	三室+三室单元套型一般单元占用面宽较大，使用率高，一层南北均可设置单元入口（如：南侧去掉一间书房，作成通道，变成两室+三室套型），具有一定的灵活性

（三）板式住宅特殊位置（尽端单元、转角单元）套型平面组合关系

　　标准单元的套型设计在整个住区规划设计中占据主导地位，但如果所有的楼栋都仅是简单地复制标准单元的套型未免过于单调。在一些特殊位置如尽端单元、转角单元往往会有良好的采光通风和景观视野条件，运用得当则事半功倍，既可提高套型的居住品质，又可在楼栋的体型、立面设计上平添精彩之笔，更有利于节地，增加容积率、提高经济效益等。

1. 尽端单元套型处理

尽端单元是指位于楼栋端部的单元，因其外墙面较中间单元多，套型的日照、通风条件好，应充分利用其有利条件。但同时也要注意解决好开窗时与近处楼栋之间的对视问题。常见的套型处理手法有改变套型和增加户数两种。

1）改变套型

（1）扩大面积

在用地范围和日照间距许可的条件下，充分利用尽端单元良好的采光通风和景观视野条件，适当加大尽端单元套型面积，增加房间个数。如：可在此放置居住标准相对较高的套型，一般做到三室户或四室户，同时适当加大进深，提高土地利用率（见图9）。

（2）套型结合形体设计

尽端单元是居住区中立面造景的重要元素，因此进行套型设计时，不仅要照顾到山墙面的开窗形式，还要运用设转角窗、转角处露台、顶部退台等手法使楼栋边缘轮廓通透轻盈、体型丰富。同时，这样的设计还有利于套型多样化，与标准单元相区别，以适应不同居住者的需求（见图10）。

图9 尽端单元扩大面积设计实例（单位：mm）

图10 尽端单元套型结合形体设计实例

套型空间的组合设计研究

2）增加户数

利用尽端单元采光面多的优越条件，增加户数、设计小套型，不仅可以使每户都有较好的朝向和通风，而且可以提高楼电梯的使用率，降低公摊的公共交通面积（见图11）。此外，这样的套型还特别适合"老少居"套型的设计，并且通过对套型的灵活性设计，使其形成分则为两个独立小套型，合则为两代居的大套型，满足老年人与子女分而不离的居住需求（见图12）。

图11　尽端单元一梯三户设计实例

图12　尽端单元老少户设计实例

2. 转角单元套型处理

  转角单元是指用于转角处,可以拼接两个方向平直套型的单元。设置转角单元的主要目的是节地,通过接东西向的单元以增加容积率。需注意的是:拼接单元时,内侧转角处容易出现对视问题,应在布置房间时避开私密性强的空间,以免相互干扰。常见的转角单元形式有:直角型、退后型和斜角型(见图13)。

内转角处布置公共性较强的空间,避免形成对视

(a) 直角型

(b) 退后型

套型空间的组合设计研究

(c) 斜角型

图13 转角单元设计实例

（1）直角型：将转角做成直角，可以最大限度地利用土地，增加建筑面积；但由于建筑厚度过大会使部分中部房间成为暗房间，应尽量结合套内其他空间布局将其安排为储藏间或是卫生间。

（2）退后型：将转角单元的阳角退进以利于套型增加通风采光的外墙面，并且还会起到丰富立面的作用。

（3）斜角型：为了呼应道路倒角，常将转角单元的直角切去，形成斜角型。此类设计能较好地结合地形，但由于套型中斜墙面的出现，导致某些房间不方正，在空间划分和家具布置上应予以注意。

（四）塔式住宅套型平面组合关系

不与其他单元拼接的、独立的、四面临空的住栋形式称为塔式。这种类型的住宅平面在长宽两个方向的尺寸比较接近，以一组垂直交通为中心，各户环绕布置。一般情况下，每一层楼可以布置4～8套套型，多者甚至10套、12套。

与板式住宅相比，塔式住宅有节地、公摊面积小、楼电梯利用率高等优点；但也有一定的缺点，如：在通风朝向方面各户间均好性差，特别是交通核所带户数较多时，等待电梯的时间长，邻里相互干扰，私密性差。从研究和一般经验中发现，当塔式住宅为一梯四户时较易做到四套住宅的通风、朝向条件均好；当为一梯六户至八户时则一般要牺牲部分套型局部空间的采光通风条件（如卫生间成为暗卫等）（见图14）；一梯八户以上将出现较多不良空间。

塔式住宅套型设计中常遇问题有朝向、对视和通风3种；解决这些问题的设计手法见图15～图17：

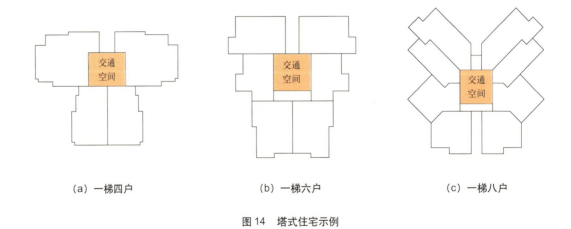

(a) 一梯四户　　　　　　　(b) 一梯六户　　　　　　　(c) 一梯八户

图14　塔式住宅示例

套型空间的组合设计研究

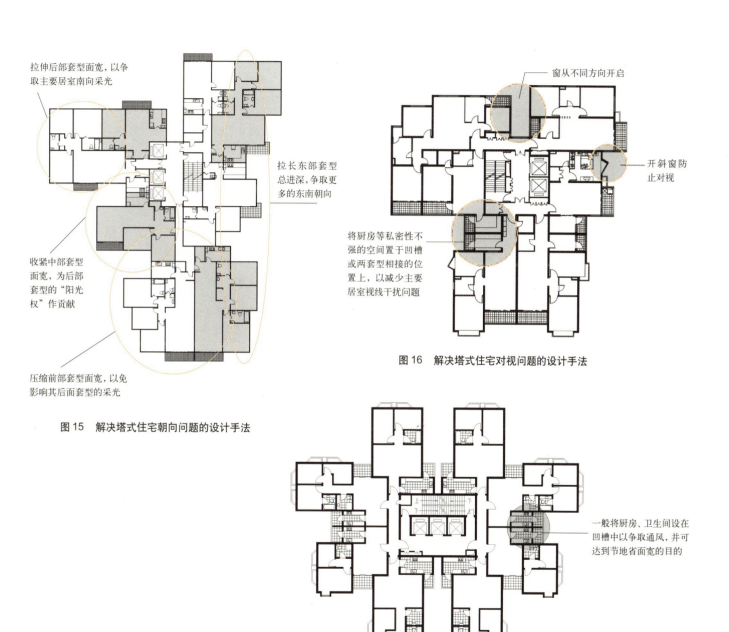

图15 解决塔式住宅朝向问题的设计手法

图16 解决塔式住宅对视问题的设计手法

图17 解决塔式住宅通风问题的设计手法（南方塔楼实例）

三、套型空间的立体组合设计

套型空间的立体组合是指套内各功能空间不局限在同一平面中布置,而是根据需要进行立体设计,通过套内的专用楼梯进行联系。立体组合的套型空间,一方面功能分区明确,私密性强,作息干扰小;另一方面室内空间丰富,增加了空间层次感和情趣;但是其结构、构造较为复杂,特别是复式和跃层式住宅的平面管井对位和设备设计相对复杂。常见的住宅套型立体组合形式有:错层、复式或跃层。

(一)错层式住宅的定义及其主要形式

错层式住宅是指一套房子不处于同一平面,或各部分层高不同。即进行功能分区后,将房间按使用要求设置于几个高度不同的水平面上;或是分别安排于层高不同的空间里。

1. 起居区或卧室区整体变层高

此类做法有使功能分区明确的优点,空间层次丰富;但由于其结构复杂,会有使老人、儿童上下楼梯频繁的缺点(见图18、图19)。

2. 主要居室贯通两层

该做法使主要居室空间高敞、有情趣;而其他(如卧室、厨房、卫生间等)需要近人尺度的空间为普通层高,空间感亲切,尺度宜人(见图20)。

(二)复式或跃层的定义及其主要形式

1. 复式套型

在概念上是指一层,并不具备完整的两层空间,但层高较普通住宅(通常为2.8m)高,可在局部构出夹层,安排卧室或书房等专用楼梯联系上下。常见的做法是利用坡屋顶内空间设置阁楼(见图21)。

图18 错层套型设计实例之一
起居区变层高

(a)平面图

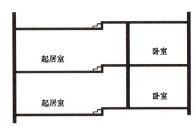

(b)I-I剖面图

图19 错层套型设计实例之二
卧室区抬高

套型空间的组合设计研究

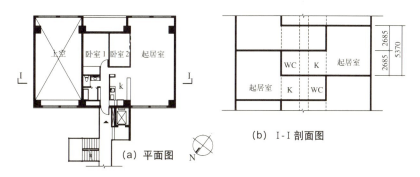

图20 错层套型设计实例之三（日本东京都港区海岸的集合住宅 ALTO B 实例）

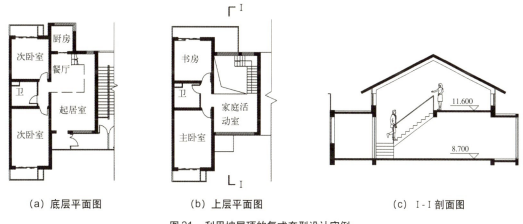

图21 利用坡屋顶的复式套型设计实例

2. 跃层式套型

是指每户占用两层或部分占用两层的建筑空间，并通过自家专用楼梯上下联系。这种套型可节约部分公共交通面积，室内空间丰富。常见的形式有以下两种。

1）底部跃层套型

一般为地下室或半地下室跃到一层和一层跃到二层两种形式。这种套型通过赠送地下室和一层庭院等，可以改善底层住户的的居住条件，提高居住档次。其中第一种套型可以有效利用地下室或半地下室的面积,提高住宅建设的经济性(见图22);第二种套型则比较适合"老少居"套型的设计,满足老年人喜爱庭院、与子女分而不离的居住需求。

2) 顶部跃层套型

跃层式住宅设在住栋的顶部,有一定的优势:第一,可居高望远,可以将上层房间设计成露台,达到减少跃层套型总面积,丰富室内空间的效果;第二,通过设置退台、坡屋顶等方式缩短与后面楼栋间的日照间距,既丰富建筑形体,又使经济与舒适兼得(见图23)。

值得一提的是,由于跃层套型设置在标准层的上面,占用两层标准层,一般面积较大,如按标准层为两室户计算,跃层两层面积至少会做到150~160m²,这样的做法会使总价高,所以面对的客户群数量受限;特别是做在多层住宅的顶层,即6层跃7层时,套型的大面积与出入需爬6层楼梯上下所造成的不便成为矛盾,不受购买者欢迎,适用性差。因此,在不影响功能的前提下,如何缩小集合住宅中跃层套型的面积是现今跃层式住宅设计的重要研究方向之一。以下介绍两种解决办法(见图24、图25)。

 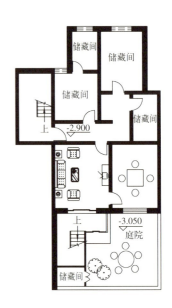

(a) 一层平面图　　　　　　　(b) 半地下层平面图

图22　底部跃层套型设计实例

套型空间的组合设计研究

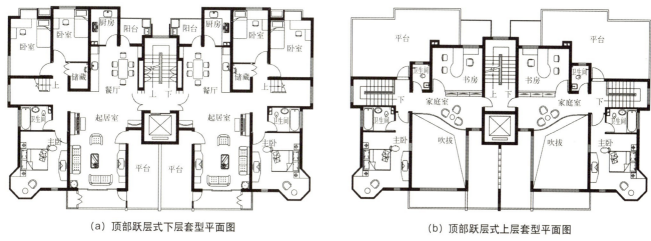

(a) 顶部跃层式下层套型平面图　　　　　(b) 顶部跃层式上层套型平面图

图23　顶部跃层套型设计实例

(a) 标准层平面图　　　　(b) 跃层底层平面图　　　　(c) 跃层顶层平面图

图24　跃层套型小型化设计实例之一

（注：跃层设在住宅顶层，将标准层的一梯两户变为一梯三户，通过缩小跃层套型的底层面积，以达到减小套型总建筑面积，形成小套型式跃层的目的。但要注意解决好厨卫管线竖向贯通布置的问题。）

 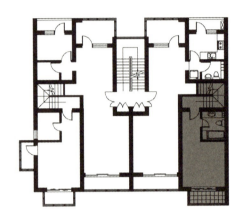

（a）跃层底层套型平面图　　　　　　　　（b）跃层上层套型平面图

图25　顶部跃层套型小型化设计实例之二

（注：将跃层套型的底层和上层的部分空间划分到另一户，从而使得套型面积减小。）

综上所述，通常套型设计应尽量满足以下十条原则：

①进行合理分室、明确划分会客、就餐、休息等不同功能区域。

②尽量保证各个房间均有对外开窗的机会，充分满足居住的采光和通风要求。

③入户处应设有门厅，实现由户外进入户内的过渡作用。

④厨房宜靠近门厅布置，方便买菜归来及时储藏、处理或是拎垃圾出户；并应设服务阳台，用于物品储藏或衣物清洗、晾晒等。

⑤重视就餐环境，餐厅空间力求临窗采光，并应靠近厨房布置，缩短动线，以方便递送菜肴等。

⑥两室以上的套型宜设置"一个半卫"（即由一个设置"三件套"的全功能卫生间加上一个仅设坐便器和小型洗面器的"半卫"组成）或两个卫生间，且一个靠近卧室区，一个靠近起居区，以保证主客两便。

⑦起居室宜设在南向；此外还应设置生活阳台用于休闲、晾晒衣服等。

⑧主卧室尽量朝南开窗；当主卧室设置阳台时，阳台进深不宜过大，以免影响主卧室的日照质量。

⑨注意在套型不同的位置设计相应的储藏空间，做到集中储藏与分散储藏结合，并要保证一定的储藏面积。

⑩尽量减少交通面积或使交通空间多功能化，达到充分利用的目的。

图26为满足上述原则的套型空间组合示例。

套型空间的组合设计研究

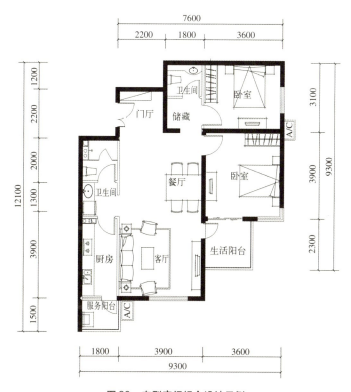

图26 套型空间组合设计示例

四、套型空间的适应性及可变性设计

住宅套型的实体作为物质空间的属性来说，是相对固定不变的，然而住户在其中的居住生活具有社会属性，是一个能动的活跃因素，是不断发展变化的。在以往的住宅设计中，人与住宅的关系是住户被动的去适应住宅，这与以人为本的设计观念相背离。由于人的生命周期的不同，生活水平的不断变化，出现了二手房户主的变化，又由于"住宅全寿命"——即内部空间划分、外立面改变、管线等设施的可更替使用的要求，以及现代社会越来越重要的节能和可持续发展的要求，使得如何让住宅更好地为居住者服务，使住宅能动地适应住户的需求成为住宅适应性设计与可变性设计的目标。

（一）套型空间的适应性设计

住宅套型的适应性是指套型要适应市场以满足不同社会地位、经济收入、生活模式和不同购房目的的居民的需求。因此就需要住宅楼栋内套型大小、种类和各种套型分配比例，可以根据住户的需求，运用简单的技术方式加以调整和改变。

常见的套型空间适应性设计的手法有以下两种。

1. 可分可合式套型设计

1）预留门洞

在住宅单元中布置各自有单独入口和专用厨卫的独立套型，并在套型间的分户墙上预留门洞。借助简单的改建措施，打开或封闭门洞，便可实现套型的变化。封闭门洞，一套分为二至三套；打开门洞，二至三套合为一套（见图27）。

2）改变通道的门的位置

通过在公共走廊中将户门的位置改变，实现不同套型之间的分合变化。可以组合成大套的套型，也可分为几个小套型，适合家庭不同时期的需求和变化。适合销售期间的多变因素。适合老人、青年人对小套型的需求和二手房交易、出租、出售等多种可能（见图28）。

2. 交换空间式套型设计

通过对空间联系门洞和分隔墙的简单改造，使处于两个套型之间的空间可以和这两个套型中的任何一个相连。运用这种方式则可实现一套住宅通过将一个空间划给另一套住宅而缩小面积；另一套住宅通过一个空间而扩大面积，增加房间数（见图29）。

值得注意的是交换空间式套型设计涉及电路和采暖等设备系统的改造，应预先考虑当这个空间从一个单元转入另一个单元，其电路和采暖系统的连接也可以方便转接。

(a) 分为二套　　　　　　　　　　　(b) 二套合为一套

图27　预留门洞式套型设计实例

套型空间的组合设计研究

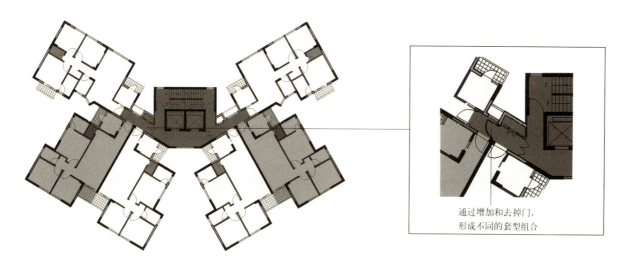

通过增加和去掉门，形成不同的套型组合

图28 户门变位式套型组合实例

图29 交换空间式套型设计实例

（二）套型空间的可变性设计

套型空间的可变性是指，住户能够根据家庭生命循环周期的进展以及生活习惯的不同需要来"参与设计"，在已经确定的住宅框架中根据个人需求和喜好，对空间加以内部装修和改造。不难看出，套型空间的可变性设计讨论的是居住单元内部的适应设计问题，它是通过对空间划分和布局的改变，来适应居住需求的变化。这种适应性包括多种功能布置、家具的安排和房间的组合，使住宅空间在一个恒定的结构中有多样的功能变化能力。套型空间可变性设计的常见手法包括以下5个方面。

1. 大空间结构体系

大空间结构体系具有灵活多变、居住舒适以及环保节能等优点。其多样化的套型平面能较好地满足不同家庭的居住需求，以及对于家庭中不同成长时期的不同需求，例如100平方米左右套型在一居到四居之间灵活可变。其在结构上具有较高要求，需要用较厚的楼板以满足其大跨度无柱无承重墙的结构稳定问题，造价会稍有提高。设计此种套型时要注意厨房、卫生间等管道设备较集中房间的安排，事先对其位置进行推敲，以利于其他房间的灵活布置。

2. 灵活分隔墙设置

购买住宅后，由于生活需求的不断变化，有时套型内空间功能也需要做相应的调整。如果部分非承重墙可以移动或拆除，那么就可以扩大住宅的适应能力。这里所讲的灵活墙是指可以移动的非承重墙，它由轻质材料组成，固定在楼板和承重墙上，更换位置和拆除都不会破坏住宅的承重结构。通过设置灵活墙，空间可以扩大或缩小，两个空间可以合并成一个或者一个空间划分成两个（见图30～图32）。

图30　灵活分隔墙设置实例一

灵活的设置使得房间可以改变使用性能，能够自由地开敞或封闭

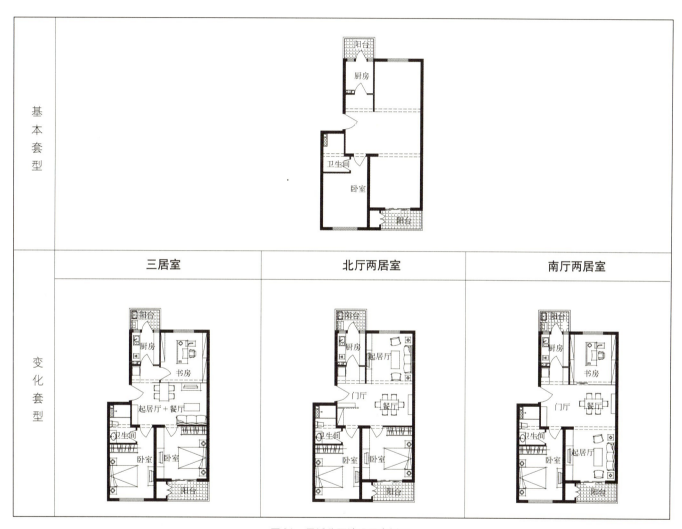

图31　灵活分隔墙设置实例二

　　需要指出的是,居住者并不是都需要经常变换室内空间,简陋的灵活墙隔声效果差,高质量的灵活墙造价较贵。因此设计时要认真研究不同居住者的居住习惯和生活要求,将灵活墙用在最需要变化的空间。此外,灵活墙的设置与门窗洞口开设的位置有关,在最初设计门窗洞口时就要考虑到以后使用过程中的变换需求。

图32　灵活分隔墙设置实例三

3. 模糊空间设置

"模糊"空间是指在住宅平面中设计一定面积的、没有预先确定功能的房间，以便不同住户可以在不同的时间根据不同需求置换房间的功能性质。如紧邻起居或卧室，用隔断分隔出一个 $5\sim 8m^2$ 的小房间，或称"半间房"：打开隔断时可增大起居室和卧室的空间，开阔视野；封闭时可作为独立空间使用，其功能可以根据居住者的需要，灵活设定：譬如作为写作间、婴儿室、兴趣室等等，在不增加许多面积和经济负担的前提下，使居住者充分享受个性化的居住生活方式（见图33）。

4. 复合式厨房设计

现代家庭对厨房空间十分重视，不仅是要求布局合理、设备完善、方便使用，还要求灵活、可变、能突出个性。由于不同的家庭对厨房有不同的要求，甚至不同的年龄段和性格也对厨房有不同的要求，实为"众口难调"。然而，厨房空间不仅设备多，又有烟道、管道井的限制，通常难以满足多种要求。因此，研究将厨房的功能区分细化、深化，找出其共性和个性的要点，将固定部分和灵活部分

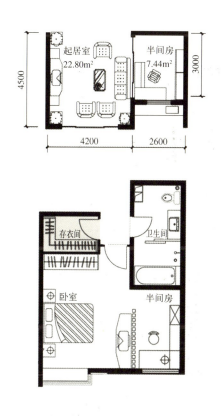

图33　模糊空间设计实例，半间房系列平面

区分开来，通过灵活分隔、组合来满足不同居住者的需求成为研究重点。由此，我们提出了复合型厨房的概念：即将原有的封闭式厨房的空间细化分成几个区，将烹饪爆炒区独立出来形成中厨，将基本烹饪操作以外的空间从封闭的厨房中分离出来并入到餐厅内，形成西厨或备餐区，扩大餐厅空间形态，并在服务阳台内加入家务室的功能。同时，为烟道、管道设备找出最优位置，使其适合多种位置变化和接口。这种复合型厨房可以做到真正意义上的洁污分区，功能、动线完整合理；并可以较好地解决中国传统烹饪中油烟对住宅其他生活空间的污染问题，使开敞部分的厨房空间更具有实用性；还可以在完善厨房使用功能的前提下，加强厨房橱柜、设备的装饰功能，使其成为住宅空间内一道亮丽的风景。特别是，这些功能分区又可以根据套型面积的大小、不同家庭的生活习惯以及使用要求，进行不同的组合和调节，可以组成封闭式、开敞式和半开敞式等多种形式，增加了许多灵活性（见图34）。

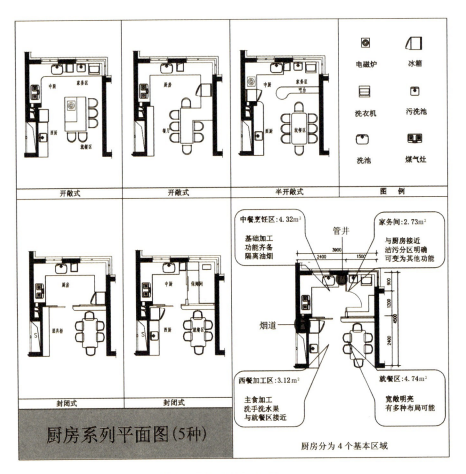

图34 复合式厨房设计实例

5. 可变式卫生间设计

最近一个时期以来,双卫生间的设计成为我国住宅设计的一种潮流,三室以上的套型多数采用"双卫"设计,两室的套型也有一部分设计了"双卫"。这反映了人们对于提高居住生活质量的一种追求,但同时也暴露了一些明显的问题。一方面采用"双卫"设计会造成住宅中的卫生间所占空间比重过大,不利于整套空间的有效利用。另一方面两个彼此分隔独立的卫生间虽然总面积大,但每个单独的卫生间空间狭小,设备布局较为拥挤,尤其是不能适应新型卫生设备进入卫生空间的趋势。

针对上述问题,我们提出了可变式卫生间的设计思路,即将两个卫生间集中布置,并根据住户

套型空间的组合设计研究

的需要进行灵活的隔断或合并。具体就是设计长为 3.6~4m、宽 1.8~2m、面积为 6.4~8m² 的长方形卫生间平面，可以由住户按自己的实际需要进行自由的设计分隔：可以有多种分设型的布局，也可以将其分为两个独立的卫生间，一个作为主卧卫生间，另一个作为公用卫生间。在卫生间的布局设计上还注意做到了干湿分离，考虑老年人、残疾人的特殊使用要求，为增加新设备留有余地等，这对于提升卫生间的使用功能和舒适性、安全性是十分重要的（见图35）。

图35 可变式卫生间设计实例

对可变式中小套型设计的新尝试

我国的住宅市场目前面临着结构性的供求关系矛盾,主要表现在面向中等以下收入水平人群的住宅供给不足,缺乏合理的、适应消费者需求的中小套型设计。从这一认识出发,我们进行了可变式中小套型设计的尝试。其基本思路是,设计出可分可合、能够实现多种组合方式的套型,以灵活多变的组合适应不同家庭结构以及同一家庭在人生不同阶段对住宅的不同需求。在具体做法上,系采用短外廊交通方式,通过联系廊中入户门位置的改变,实现套型的多样组合。

一、问题的提出

1. 住宅市场存在结构性供求矛盾

我国的住宅市场目前面临着结构性的供求关系矛盾。一方面是商品房存在着1.2亿m²的空置量,另一方面是仍然有156万户居民属于缺房户,同时有1.5亿m²的危旧房屋急需更新改造。国家有关部门掌握的情况表明,有的城市经济适用住房供求比达1:8,而某市有空置商品住宅160多万m²,其中有56%的空置住宅是150m²以上的大套型。大量的"有房无人住"和"有人缺房住"现象的并存,突出地表明了这样的现实:面向高收入阶层的高档商品房出现过剩,而面向中低收入阶层、适应这一群体的需求和收入水平的商品房供给不足。针对这种情况,2002年底召开的中央经济工作会议在部署2003年经济工作时明确提出,要严格限制高档房地产项目的上马。国家有关部门也提出了以经济适用房为重点,全面提高住宅质量;提供有效供给,满足不同层次的社会需求的指导思想。

从建筑师的角度对这一现象进行反思,除了开发商从经济利益上考虑,对于顾客群体定位上的偏颇之外,缺乏合理的、能够灵活适应不同类型消费者需求的中小套型设计,也是造成这种现象的原因之一。迄今为止,我国的商品住宅开发更多地是把高收入阶层作为顾客群体,在设计上片面追求奢华和大套型,而对中低收入阶层的居住需求缺乏重视和研究。大套型的设计对建筑师来说好作,容易出彩。但为广大的中低收入群体设计,适应他们支付能力和居住需求的住房,是通过实现"居者有其屋"来达到建设全面小康社会的现实要求,也是建筑师所应当具备的人文关怀。如果能够设计出一种可以根据需要灵活地进行组合或拆分的套型,就可以使开发商在销售其产品时具有更多的灵活性,也为广大客户提供更多的选择机会,这将在很大程度上有助于解决住宅市场的结构性供求矛盾。

2. 对长寿命适应性住宅设计的新探索

我国正处于经济和社会快速发展时期,居民的收入水平和支出承受能力也随之发生相应的变化。

同时，对于一个家庭而言，其家庭结构和人口构成随着人的生老病死、婚丧嫁娶也会发生相应的变化。如何使住宅在其物理寿命内灵活地适应居住者需求的变化，是当前住宅设计领域正在探索的一个新课题，这也是我们提出可变式套型设计的一个基本动机。

从我国的现实国情出发，我们在进行可变式套型设计时主要有以下两点基本思路。

一是要能够适应居民由于家庭结构等的变化而产生的对居住空间的需求变化。譬如对于购房时年龄在30岁左右的年轻人来说，由于经济实力所限，所能购买的房屋一般为中小套型，但随着个人事业的进步以及家庭人口的增加（后代的出生、将老人接来赡养等），很快就有了加大居住空间的需要，经济上的支付能力也相应增加。经过一个时期以后，由于老人相继故去和子女的独立，家庭居住人口又会减少。如果我们在设计上能够赋予套型以充分的可变性，那么住户就可以根据需要比较灵活地对其居住空间进行调整，如需要扩大时可以购入邻近空间进行合并，在希望缩小时又可以分隔出部分空间出售或出租出去。

二是要能够适应家庭养老的需要。由于我国自20世纪70年代中期以来实行的计划生育政策的影响，我国已快速步入了老龄化社会，"4+2+1"型家庭结构模式逐渐形成。而社会养老也存在养老设施发展不完善、承担比例有限等问题，所以我国的国情决定了在较长一段时间内仍将以居家养老模式为主。但居家养老模式对住宅提出了多方面的要求，如老人与子女之间既要方便相互照顾又需要各自拥有相对独立的生活空间，老人随着年岁的增长生活自理能力下降，生活起居习惯及作息时间与年轻人有很大的区别。为了方便各自的个性生活，又适应老人的特殊要求，需要住宅空间和住宅内的设备设施能随之发生相应的变化。如何更好地满足这些潜在的需求，是我们希望通过可变式的套型设计加以探索和解决的问题。

二、设计尝试

基于上述背景，我们对可变式套型设计进行了初步的探索，具体介绍如下。

1. 设计概念

设计立足中小套型，采用短外廊交通方式，将各户串接起来。随着家庭结构和经济能力的改变，通过联系廊中入户门的变位，实现套型的自由组合（见图1）。

2. 套型基本形式

住宅每单元为一梯六户，由2套二室户和4套一室户组成。二室户建筑面积为82m²（不含阳台，以下同），3.9m开间，起居室与餐厅合为一厅，空间紧凑，面积适中，适合核心家庭居住。

一室户为3.6m（开间）×7.5m（进深），建筑面积32m²，全部向南，有配套的厨房卫生间，适合一对老人或者单身老人以及单身青年或者新婚夫妇居住，其特点是在最小的空间内实现居家生活的所有基本功能。

设计中为了节地减小单元总面宽，特意将厨房设计在套型中部，在入户处设计了一个开敞穿过式的操作空间，考虑到中国烹饪有油烟的特点，用透明推拉玻璃门与起居会客空间隔开，并在北侧设窗，通过外廊保持厨房的自然通风（见图2）。厨房门平时开敞，方便行走，使用时拉上推拉门成为一个相对独立的厨房。这样提高了空间使用率，也使一室户的面积更加紧凑。而且当住户为老人与核心户共用厨房时，小套型厨房还可以改造成储藏或者书房等空间。

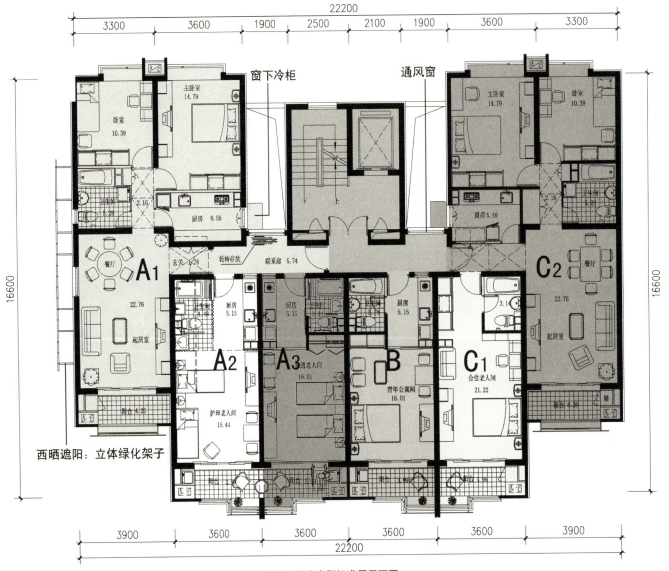

图1 可变套型标准层平面图

对可变式中小套型设计的新尝试

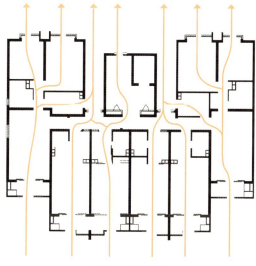

图2　自然通风

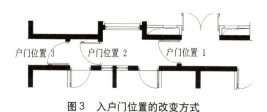

图3　入户门位置的改变方式

家庭模式,老少三代七口共享天伦之乐(见图4a)。一室户作为老人间各自有独立的总门、厨房、卫生间及南向封闭阳台,可满足老人基本的生活需要,老人可以独立起居生活,不受其他人作息时间的干扰。由于和子女住房相邻,既分又合,方便联系及互相照应,同时又能保证个人的隐私和维持独自的生活习惯。联系廊作为家庭公共交往空间,可以作为放置家史、孩子作品等功能空间,还可以放置轮椅等物品。此套型也适合中年夫妇+新婚子女+一对老人等其他居住模式。当家庭结构发生变化,只有一对老人与子女合住时可出租A3,两对老人都不在一起住时可将A2和A3都出租,或将A2和A3合并成二室户出租,实现投资效益。

3. 套型组合方式

各单元通过联系廊中入户门位置的改变(见图3),可以组合出7种套型,适应十余种居住模式,二室户、三室户、一室户、四室户的比例可以任意调整。基本上满足各种家庭结构和个性生活的需求。

1) 组合一

二室户加上2个一室户组成大套型A(A1+A2+A3),建筑面积为153 m²,入户门在联系廊的最外端,内含3个户门,适合典型的4+2+1的

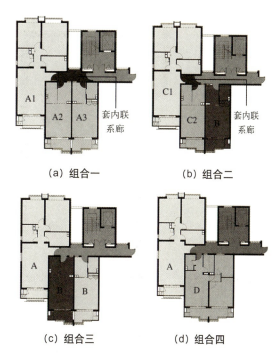

(a) 组合一　　(b) 组合二

(c) 组合三　　(d) 组合四

图4　套型组合

145

2）组合二

二室户加上一个一室户组成套型C（C1+C2），入户门在联系廊的中部，建筑面积为116.79 m²，一个一室户（套型B）被甩出，作为过渡性质的公寓住宅出售给单身白领或者新婚创业夫妇，抑或作为老人公寓出售给单身老人或一对老人（见图4b）。

3）组合三

二室户（套型A）作为标准套型出售，一室户（套型B）作为青年公寓或者老年公寓出售（见图4c）。公寓与标准套型通过联系廊联系起来，这种混住方式增加了老年人和中青年及孩子间的联系，邻里可以相互照应协助，加强了社会人文关怀和邻里关系（见图4c）。

4）组合四

在必要的情况下，两个一室户也可以中间打通，组合成一个二室户（套型D），建筑面积为61.55 m²，此套型对于年轻夫妇和要求起卧分开的老人夫妇来讲很实用，靠走廊侧的小房间可作为主卧室的附属部分，当作书房或工作间等（见图4d、图5）。

除了以上4种基本组合外，还可以在一个总户门内构成以下几种居住模式：如将套型C一室户改造成主卧变为三室户，再加上一个一室户（组合五），收购邻居一个一室户组成三居室加上两个一居室（组合六），以及二室户加上一个一室户再加上由两个一室户组合而成的两室户（组合七）。

4. 为老年住户作的设计

由于套型设计中考虑了老年人居住的情况；在一些关键部位如公共交通，房间中的厨房、卫生间、阳台等处做了许多细致的处理，以适合老人由健康到体弱到卧床等不同时期的各种特殊要求。

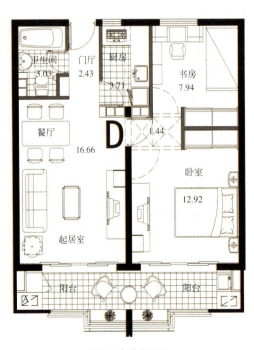

图5　合并套型D

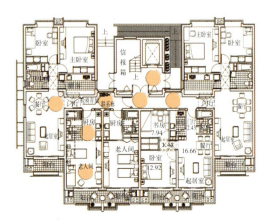

图6　轮椅旋转空间与坡道

(1) 采用可放入担架的电梯, 首层入口设坡道; 多处空间满足轮椅回转的要求 (见图6: 圆形色块代表为轮椅旋转一周设计的空间, 方形色块代表残疾人坡道)。

(2) 老人间的厨房和卫生间预设、预埋安装构件, 以利增设扶手、吊轨等专用设备, 卫生间的墙体可以打开, 适应老人坐轮椅、卧床时的使用要求。

(3) 老人间阳台设计了斜顶凸窗, 保证冬季最大限度的日照采光; 同时设置宽窗台, 以利放置花盆; 外挑扁型扶手, 能降低老人的恐高感, 也可用来晾晒衣被 (见图7)。

(4) 设计将屋顶层中间两个一室户打通作为阳光活动室, 为居住者特别是老人, 提供聊天交流, 读书看报, 健身娱乐的活动空间 (见图8)。

此外该设计中还对居住中的一些问题作了比较深入的考虑并尝试做了一些细致的处理, 如节能、遮阳、储藏、管道、空调外机的放置位置, 立面处理及老年人专用厨卫的特殊设计等, 限于本文篇幅, 将另择文介绍。

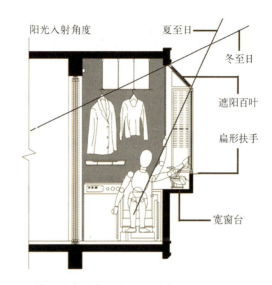

图7 老人间阳台

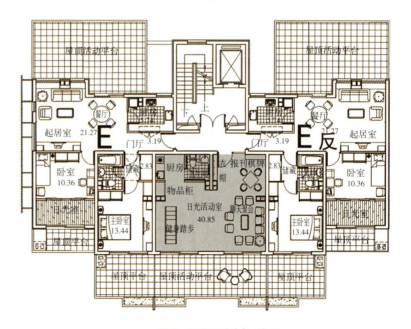

图8 屋顶层活动室 (套型E)

都市大进深住宅套型设计解决方案

出于节地的需要,近年来大进深套型在我国大中型城市的住宅市场中占有了越来越高的比重。与普通进深的住宅相比,大进深的住宅在套型设计中往往存在一些特殊问题,设计师若不能很好地把握,而只是把普通住宅的设计手法简单地"放大"后直接加以套用,必然导致设计的败笔,不仅无法为使用者提供舒适的居住空间,更会带来城市土地资源的巨大浪费。

本文以笔者对某都市大进深住宅的套型设计方案所作的修改作为实例,从理论与实践相结合的角度出发,对此类套型在设计中值得重点关注的问题加以研究和探讨。

一、都市大进深住宅在套型设计中普遍存在的问题

因受到用地紧张和地价昂贵的制约,以及日照间距等规划条件的限制,我国大中型城市内住宅区的容积率一般都比较高(基本在2~4之间),进而导致住宅的进深普遍较大。而位于大城市中心区域的住宅不仅要面对此类问题,还要保证更高的空间品质和更复杂的功能分区,因此其套型往往在设计上存在着一些共同的难题。

1. 交通和通风难以组织

都市大进深住宅和普通住宅相比较,前者空间数量较多且整体面积较大。由于进深较大且空间形式复杂,组织各房间之间的交通动线和通风流线都存在一定的困难。如何能既满足大套型复杂的功能要求,又有效、有序地组织交通动线,同时获得良好的通风效果,这是都市大进深套型设计中需要重点解决的一大设计难题。

2. 中部空间过暗,处理难度大

大进深的套型在住宅中部空间容易出现采光不足、通风不良等问题。而中部空间往往是门厅入口,属于通行路线高度集中的区域,若完全将其作为通行空间使用则未免浪费,若作为其他功能区域又显得光线过暗、且易受交通流线的干扰,故而中部空间的合理设计和利用成为此类套型在空间设计上的一大难题。

3. 家政空间面积不足且缺少合理划分

都市大进深住宅所处的地理位置决定了其面对的往往是物质条件较好且生活质量要求较高的客户群,他们的家务工作相对普通家庭有着更多内容,并且通常会由家政服务人员完成,因此在此类套型中应设计专属的家务工作空间,如备餐间、洗衣间、熨衣间、工人间及工人卫生间等。而设计师往往缺乏对于这类空间的足够重视,在套型设计中未能提供应有的空间面积并对其进行有效合理地划分。

4. 套型尺度过大容易丧失亲切感

都市大进深套型因面积大于普通住宅，往往容易造成或空旷或复杂的室内空间感受。在这种空间中，家庭成员之间经常互相看不到、听不见，阻碍了他们之间的亲切交流，造成了冷漠的气氛。

二、实际项目套型方案的修改心得

笔者通过实际工程，对某都市大进深住宅的套型设计方案进行了修改。在此，将修改前后的方案进行对比，重点分析修改原因和改后效果，具体说明设计中应注意的问题，以期抛砖引玉。

（一）原有套型存在的问题（见图1a）

（1）没有充分利用板式住宅南北方向都有外墙面，具有南北通风条件的优越性，通风流线组织得不够好。只有家庭室和客厅的连续空间能获得比较顺畅的通风效果。而卧室区的门均开向客厅和餐厅的同侧，南北向未能形成对流，通风效果不够理想。

（2）在家庭室和客厅之间的中部空间布置卫生间的做法不利于管线排布和未来改造；造成过多走廊空间，空间利用率不高；"公"、"私"区域混用。中

(a) 修改前套型平面图

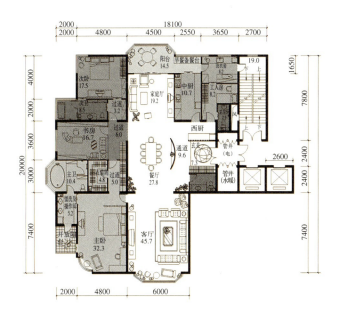

(b) 修改后套型平面图

图1　原有套型与改良套型的对比

部的卫生间，使整套住宅的卫生间分布不合理，影响了空间品质。餐桌的摆放位置也使餐厅空间过于局促和不稳定。

(3) 3个卧室门直接暴露在公共起居餐厅的墙面上，公共区域和私密区域互相干扰，动线混乱，降低了卧室的私密性并影响了大厅的美观。

(4) 家政空间划分不合理，工人房位置过于隐蔽，没有为工人安排合适的待招位置，不利于主人和工人之间的交流，也不利于工人及时服务主人。家政区域各个部分之间的交通路线组织不力，工人进行多种家务劳动时转换房间不够便捷，降低了工人的工作效率。

(5) 家庭室尺度过大，不利于形成亲切的交流空间，其空间功能性受到影响。

(6) 入户门位置过偏，使得门厅感觉不"端正"，门厅与其他空间之间的关系缺乏逻辑性。

(二) 改良方案的处理方针（见图1b）

针对原方案存在的不足之处，我们首先确定全新的设计理念：以人为本，通过建筑设计手法为业主营造舒适温馨、适宜交流的高品质空间。然后根据暴露出来的问题逐一进行解决。最后统一全局，理顺各空间之间的关系。

1. 重新组织通风流线

充分利用住宅南北向均可通风的有利条件，形成3条主通风流线（见图2）

(1) 移走位于中部空间的卫生间，改善中部空间通风状况；

(2) 卧室区增设内廊，改变卧室入口方向，增加了卧室区南北向通风；

(3) 家政区增设开口，减少通风死角。

2. 改善中部空间品质

(1) 移走位于中部空间的卫生间，解决了由此产生的各种问题；

(2) 改善了门厅的视觉效果及功能性，提高门厅在整套住宅中的地位，明晰了门厅与其他空间之间的逻辑关系；

(3) 相对于起居空间，正餐厅易于利用灯光，对

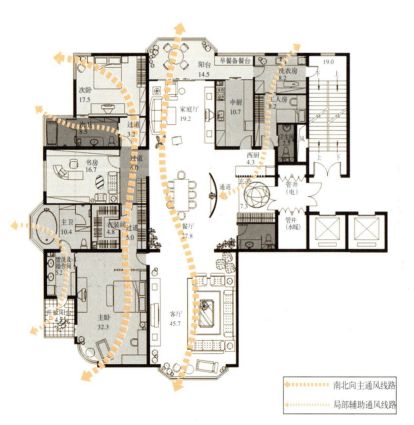

图2　修改后套型通风流线分析

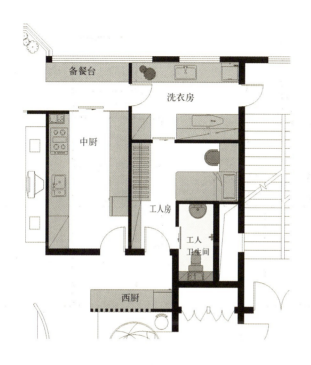

图3　家政空间的划分（工人房及工人工作区域的空间分隔方式）

于自然采光的要求相对较低。使餐厅居中，既避开了中部空间采光不足的短处，又发扬了就餐空间颇具装饰潜力的长处。

3. 重新划分家政空间（见图3）

（1）对工人房及其服务范围做了更加有效的划分，将原方案中简单的工作区划分为：早餐备餐，洗涤，工作间，中厨，西厨备餐，工人房，工人卫生间几个相互联系的功能空间，以满足都市大进深套型住宅业主对服务内容的要求。

（2）在西餐备餐台和客厅之间以格栅分隔，既保证了工作中服务人员和主人的交流，也满足了生活中互不干扰的原则。

（3）增加开口，形成各工作分区之间的交通回路，使工作路线便捷，提高工人的工作效率。

4. 形成宜人的空间（见图4、图5）

尺度亲切，交通便捷，适宜交流。

（1）将家庭室的面宽由原来的5.6m改为4.5m，通过减小家庭室面宽的方式改善了大套型住宅中空间尺度过大，家庭成员交流不便，亲切感不够的问题。

（2）内廊的设置使得私密性较强的卧室、书房都集中在卧室区的内廊中开门，家人之间的交往不

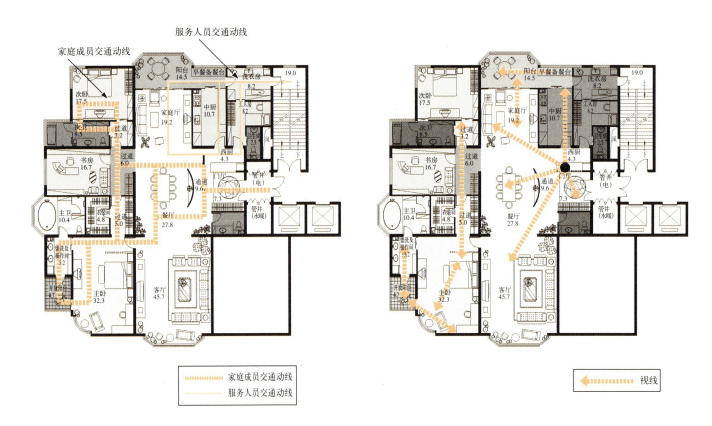

图4 修改后套型交通动线分析 　　图5 修改后套型视线分析

必穿行公共区域,增强了主人房之间的联系,并且南北两间卧室的门口处可以互望,也增加了主人之间相互交流的意愿和机会。

(3) 家政空间的重新安排使得工人有了合适的休息、工作及停留空间,并注意安排了工人的工作动线和工作视线,便于主人与工人之间的交流和工人为主人提供及时周到的服务。

通过这一修改案例的分析,笔者针对都市大进深住宅在套型设计中易出现的几个设计难点提出了相应的解决方案,也许不能涵盖此类住宅设计中的所有问题,谨期望能为广大建筑师同行及业内人士在进行此类住宅设计时提个醒,起到抛砖引玉的作用。只要大家在实践中注意到此类住宅设计的特殊性,并深入了解和分析居住者的心理及生活行为特点,定能举一反三,提出更好更多的设计构想。

联排住宅特性与设计规律初探

近年来,中国的一些城市陆续出现了一种以联排为组合形式的2~4层的住宅,也就是人们常说的Townhouse,逐渐受到消费者的青睐。对于这样一种出现在中国住宅市场上的新产品,消费者需要了解它具有哪些特性,设计人员则需要掌握其设计的一般规律。本文就从这两个角度出发进行一些介绍和探讨。

一、联排住宅的特性

联排住宅是一种介于独立式与多高层之间的住宅形式,是二战以后欧美各国发展新城镇时出现的住宅形态。这种住宅均是沿街的,由几幢甚至十几幢低层住宅并联组成,每幢面积约在150~200m²左右,有自己的院落,另外还有专用车位或车库(见图1)。

联排住宅一般具有4个特点。第一,联排住宅基本上都建在城市郊区,由于土地成本大大低于市区,与独立式住宅相比开发成本相对较低。其价格不像独立式住宅那样令人难以企及。第二,联排住宅为了在亲近大自然的同时尽量降低土地成本,一般都采用节省用地的大进深小面宽的平面形式。第三,联排住宅一般绿化率较高,多在50%以上,因此小区景观比较优美,居住环境更加贴近自然。第四,与普通公寓住宅相比,其住宅功能更为齐全。联排住宅除了具有高级公寓所具备的基本功能外,还有门厅、车库、私家庭院、阁楼等,并将卫生间、储藏室、露台、休闲阳台等面积放大。而且它为住户提供了相对独立的出入口和私有的庭院,基本满足了人们对独门独户,有天有地的要求,使居民更加方便地接触到自然。

联排住宅在我国兴起的根本原因,一是源于人们对更加舒适的居住环境的追求,因为它给人们提供了普通公寓住宅所无法比拟的住宅功能和周边环境,人们在享受宽敞的居住空间的同时还可以享受新鲜的空气并与大自然亲近;二是适应了汽车进入家庭的发展趋势,由于公路交通的发展缩短了郊区与市区之间的时间距离,位于郊区的联排住宅成为城市有车一族所选择的一种标准的汽车加住宅的居住方式。

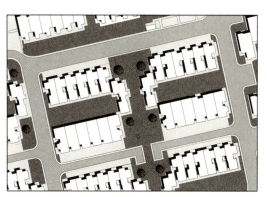

图1 联排住宅总平面图

二、目前中国联排住宅设计的基本思路及特点

我们通过对我国现有联排住宅的调查和分析，总结出目前我国联排住宅设计的一些基本思路和特点。

1. 注意层数与总面积的相互制约

目前中国市场上的联排住宅以地上二三层为主，并在顶层甩出大面积的露台。之所以如此，主要是由于以下理由：在价位上要与别墅拉开差距，联排住宅的总面积一般控制在 $180\sim250m^2$ 之间，不希望过大。在这样的面积控制之下，层数自然不宜过多。如果层数多，室内交通面积加大，既减少了使用面积，频繁上下楼梯也会给有老人和孩子的家庭带来生活上的不便。

设计地下室是联排住宅中比较常见的做法，这是因为现在的法规中地下室面积不影响容积率，而且开发商可以利用地基的结构设置地下室，成本也不是很高。这样做能在给定的容积率限制下为购房者提供更多的使用面积，消费者对此也比较欢迎，他们通常利用地下室作为整个家庭休闲、娱乐和进行各种活动的空间，如在内设置体育活动器械、吧台、视听设备等。

还有一点值得注意，由于联排住宅每层均须设置至少一个卫生间，如果层数增加，卫生间的个数也将随之增加，因此面积会增加许多。在平层住宅中一般设两卫，卫生间所占的面积为 $8\sim10m^2$，而在联排住宅中卫生间总数为 3~5 个（例如双主卫、次卫、客卫、地下室卫），总面积则要达到 15~$20m^2$，这就要求设计师进行精心布置。

2. 适应大家庭居住的需要

联排住宅的居住者有不少是三代同堂的大家庭。联排住宅的套型设计一般都考虑到了这一需要，既便于家庭成员的亲切交流，同时又保证各代人之间生活的相对独立性和私密性。通常的做法是：把老人房设计在一层，这样老人可以方便地外出活动，而且不用经常上下楼梯；二层设置书房和儿童居住的次卧；三层设置主人夫妇的主卧室及配套用房。二、三层一般还利用走廊放大和上下贯通空间设置家庭室及交流空间，晚睡的年轻夫妇和孩子可在此共度时光，而不至于影响楼下老人休息。

屋顶平台和地下室也常常是一家人的交流场所。室外庭院可以供老人晒太阳、养花和进行其他一些户外活动。

3. 室内空间设计力求丰富

联排住宅在室内空间设计上比起中高层住宅而言给了建筑师较多的发挥余地。设计者常常利用错层楼梯、玻璃采光天井、内院、上下贯通空间等手法创造出较为丰富的室内空间。

入口是住宅的"脸面"，因此设计者一般都要在入口的设计上动一番脑筋，努力实现美观与功能的统一。这里的功能包括门的开启形式和对户内交通的组织。在室内外温差大的北方地区，出于防风功能的考虑，设置作为过渡空间的门厅是比较常见的，在入口附近设置更换衣鞋的柜橱和存放体育用品等的储藏间也是常见的做法。

起居室（或称客厅）通常是主人展示其生活情趣的地方，因此不少实例在起居室的设计上考虑到这一需求，设置了便于展示收藏品的空间和实墙面。

起居室同时也是家庭成员娱乐交流的空间，是

最体现家庭凝聚力的场所。一些实例在起居室设置壁炉,以彰显其家庭活动中心和聚会的功能。一般起居室还采用明亮高大的落地窗与室外呼应,使室内空间与室外环境能够较好的融合。

4. 室外空间设计注重美观与功能的结合

一般的联排住宅有前后花园和屋顶露台,这些空间可以很自然地把主人的生活空间延展到室外,这也是联排住宅吸引消费者的重要魅力所在。因此,大多数联排住宅都非常注重对室外空间的细节处理。

(1)联排住宅的前后花园一般被赋予不同的功能。前面花园注重景观,如作开放式家庭园林设计,以显示业主情趣,表现业主的个性;而后花园注重实用,如作成封闭式院落,设置小型戏水池,室外烧烤场地等。有时也用作室外停车或者厨房的辅助场地。

(2)屋顶露台以集中型的比较受欢迎,因为多个小平台总和面积虽大,但零碎不好利用。另外,露台位置的设置与结构分布有很大关系,一般都采用按照结构退平台的做法。因为若不遵循这一原则而随意地退平台会导致下面房间顶部中间有梁穿过,影响室内的功能和美观,或导致结构处理麻烦。

5. 车库是必备配置

在所有联排住宅中,车库都是必备的配置。因为联排住宅一般距离城区较远,家庭轿车是住户的基本交通手段。目前大多数联排住宅设置一个车库,有个别案例设置双车库,也有的案例采用设置一个室内车库和一个室外预备车位的做法。

6. 一些常见的设计误区

由于联排别墅基本上属于"舶来品",大多数的设计误区源于盲目照搬国外"原装"设计所带来的"水土不服"。比如在欧美联排别墅中非常常见的大落地窗、挑空客厅、旋转楼梯、天窗等设计,原样移植到我国北方地区后往往给住户带来很多烦恼。如落地窗过高难以擦拭和开启,其面积过大,不适合北方冬季寒冷,春秋多风的气候;挑空客厅、天窗,则对采暖要求较高,由于国内的一些建材和保温材料等不能与之适应,会大大增加采暖成本;和国内生活习惯不大相符的一些设计如:露台、壁炉、全开放式厨房等,会让住户产生"中看不中用"的抱怨。

三、对我国近年来有代表性的联排住宅设计的统计分析

由于联排住宅在我国兴起的时间还很短,目前在房型设计上还不够成熟,存在着这样那样的问题。比如说,在平面设计上过分强调小面宽;在规划设计和立面处理上缺乏变化,使整体效果给人以类似军营的感觉;盲目照搬国外的设计风格,没有考虑民族特色和地域特征;因缺乏设计经验,室内空间划分和面积分配不均衡,公共空间部分布置松散或面积过大,而实用空间部分如卧室、卫生间等又面积过小;对楼梯、内庭的位置,入口和车库关系等重要部位考虑不周到。这些问题都需要设计师在今后的设计工作中加以注意和解决。为了探寻联排住宅设计中的一般规律,为设计人员提供可资借鉴的参考材料,我们以下挑选了30多例近年来北京、上海等城市最有代表性的联排住

联排住宅开间进深关系表 表1

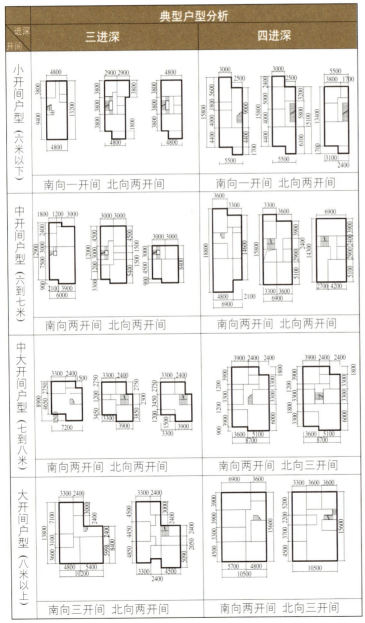

宅进行总结归纳，并对其中所体现出的设计规律进行初步探讨。

1. 常见的开间进深规律（见表1）

1）开间

联排住宅开间主要分布在4.8～8.4m之间，比较常见的为5～6m。它主要受结构对正和卧室必要开间大小的影响

较为经济的开间为4.8m，因为在联排住宅的南面，4.8m的开间对于起居和主卧都比较合适，它可以占满整个开间。而在北面一层可分为入口加厨房，二层分为次卧加一卫生间或两个小卧室开间等。

至于6.0～7.5m开间时，南面的分布方式常常在主卧层上划分成主卧、书房或卫生间，在起居层则是整个起居空间或含有门厅。北面则分为卧室层的次卧加儿童房两开间，入口层的厨房、入口加卫生间或车库、入口加厨房等的三开间型。

2）进深

联排住宅进深在7～16 m之间。7～8m的进深常常将联排住宅分为南北2个层次，主空间利用南向采光，次空间利用北向采光，它的好处就是即使是楼梯间、卫生间这样的辅助空间也能采光，不足之处是对土地的利用不够充分。

10m以上进深的情况一般分成3个层次或4个层次，其中以12～14m进深的最为常见。主空间利用南向采光，厨房北向采光，一些辅助用房如卫生间、储藏间、楼梯间则置于中部成为暗空间。但置于中部的餐厅由于是开敞状态，可以从南向或北向间接采光，也可利用楼梯井或内院直接采光。

2. 各空间面积分配规律（见表2）

一般联排住宅首层的面积在 80~100m² 左右，2~3层的面积会小一些，特别是3层会甩出一些大平台，从而减少了室内面积。根据统计，两层的联排住宅总面积多数在 160~200m² 之间，三层的联排住宅在 200~250m² 左右，总面积超过 300m² 的一般都带有地下室。

主要房间的面积受功能、各层面积及总面积的制约，呈现一些规律，总结如表2。

3. 室内楼梯的位置分析（见表3）

楼梯间对于联排住宅是不可少的，常用的楼梯形式有3种，直跑、双跑和三跑。它们可以横向或竖向放置，多数位于中部，（但当住宅进深较小时有可能放在北部）其南向留出至少4.5m的进深以保证起居室、主卧室布置家具的需要，常用进深是 5~6m。

1）直跑楼梯

竖向放置的直跑楼梯适用于面宽较小的联排住宅，而横向放置的直跑楼梯则适用于面宽较大的情

各房间面积分配规律 表2

起居+餐厅	家庭室等(1~2处)	主卧(1~2个)	书房(1~2个)	主卫	步入式衣帽间(2~3个)	次卧(2~3个)	厨房	次卫
40~60m²	10~20m²	18~25m²	8~10m²	6~10m²	4~6m²	8~14m²	8~12m²	2~5m²
门厅	工人房	洗衣房	楼梯间	储藏间(1~2个)	车库			
3~6m²	4~6m²	3~5m²	7~9m²	4~8m²	18~20m²			

况。直跑楼梯虽然可以省去中间平台，但却带来了楼梯一旁较长的走廊空间，而且连续的楼梯跑，使人上下楼梯容易疲劳并且不安全。

2）双跑楼梯

双跑楼梯除了一般的双跑楼梯外，还有一种错层的双跑楼梯，它增加了垂直方向的通透感，使两侧空间联系紧密，上下楼更轻松，并有良好的视觉效果。

错层的处理方式有以下的优点：

(1) 在有车库的联排住宅中，将车库放在夹层之下的大半层的高度中，利用了车库的上层空间。

(2) 错位在层高上的比例往往根据空间的主次来划分。南面的主空间与北面的辅助用房错层形成

不同的建筑剖面形式，如起居室层高较高，而厨卫、次卧层高低，可能营造出起居区与就餐区域或卧室、阁楼与屋顶平台之间精彩的空间联系。

(3) 错跑楼梯除了联系不同高度的空间以外，还代替了"走廊"的作用，节省交通面积。

(4) 竖向放置的错层楼梯比横向放置的错层楼梯使空间更通透，更通风，还充分利用了楼梯两侧的休息平台，把其原作为交通面积的部分化为使用面积。

3）三跑楼梯

三跑楼梯一般位于联排住宅一侧，形成"U"字形，中空的楼梯间上方常常会设置采光天窗以改善中部光照条件，对于大进深的住宅很合适。通过天窗

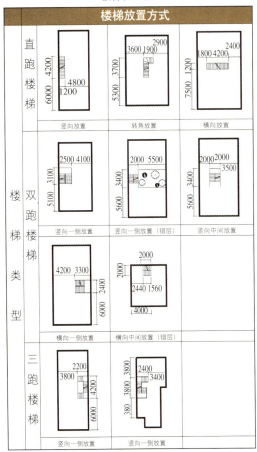

4. 入口·车库位置分析（见表4）

一般情况下，联排住宅有南北两个出入口，车库入口常常放在北边，南边的出入口可进入庭院。车库与带玄关的入口相邻最为有利，从车库下车的人可方便的进入玄关，换鞋更衣。

有时在规划上为了减少居住区的车行路，同时确保人车分流、动静分区，往往从一条车行路两侧分别进入两边住户的车库；这样就会形成有些车库位于住宅南面，带来占据南面宽的不利情况，一般是用将车库下沉或将车库层高减矮的方法来弥补。

一般家用车平进车库最为方便，而为了防止下暴雨时水倒流进室内，入口处会设计几步台阶。这时车库与室内一层地面会形成高差，从车库进户时要注意解决好高差问题，并须考虑其设置位置和形式。

的垂直光线，使住宅拥有意想不到的空间效果，设计师常常会把餐桌布置在天窗下，以形成视觉高潮。

在较大面积的联排住宅中，也有设两部楼梯的。可以使人从两个不同的方向上下，缩短行走路线。两部楼梯应尽量拉开距离，如一部设在北入口附近，一部设在起居厅内。也可将其中的一部楼梯设在室外，直接通向二层，成为独立入口，方便两代人既分又合的生活。

5. 起居·餐厅·厨房位置分析（见表5）

在联排住宅中，起居、餐厅、厨房三者的位置关系是密不可分的。一般情况下，它们占满整个一层平面，或者当联排住宅面宽大时占大半个面宽，大致有4种位置关系。

（1）起居室位于最南面，厨房和餐厅在北面横向或竖面排列。这是最常见的位置关系，它的优点是有利于南北通风，而且视觉通透性好。

（2）起居室与餐厅各占一部分南面。这样进餐条件好，但往往离厨房远，适用小进深，大开间的情况。

（3）起居室位于北面，餐厅与厨房位于南面。这种情况并不多见，常跟地域气候和景观方向有关。当然明亮而开敞的厨房、餐厅有利于家庭成员交流是其优点。

（4）错层的布置方法，餐厅和厨房与起居室错半层（利用车库的降高），有利于形成丰富的空间效果。

6. 主人房系列空间位置分析（见表6、表7）

一般在一个较高档的联排住宅中，主卧、主卫、书房、步入式衣帽间等形成满足主人高质量生活要求的一整套空间。这部分空间常常位于住宅的最上层，布置上具有较大的自由度。有以下几种位置关系：

（1）占了整个水平层空间，这样的好处是保证了主人的私密性要求，而且整层只需设置一个主卫，较易布置。

（2）占了一层的大半个面宽或者大半个进深。另一部分空间如果设计成屋顶平台，那么主卧就可以放在南北任意一侧；另一半如果是其他的房间如次卧室、家庭室等时，主卧一般放在南面，同层上

起居室、餐厅、厨房位置表　　表5

须有为次卧准备的卫生间,设计时需注意考虑卫生间管井对位问题。

(3) 占满整个南向面宽,当以中部楼梯、庭院为界线时,主卧常常与书房或主卫占满整个南向面宽,而使北部成为露台。

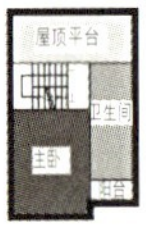

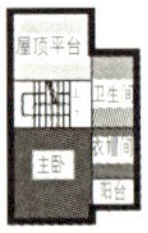

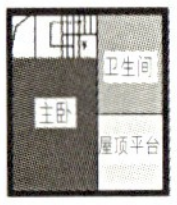

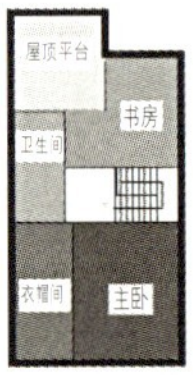

主卧、主卫、书房、衣帽间位置表　表6

位置关系		典型套型示例	
	占整层	主卧+卫生间	主卧+卫生间+衣帽间
		主卧+卫生间	主卧+卫生间+衣帽间+书房
	占前半层	主卧+卫生间+衣帽间+书房	主卧+卫生间+书房
	占后半层	主卧+卫生间+书房	主卧+卫生间+书房
	占左右半层	主卧+卫生间+衣帽间+书房	

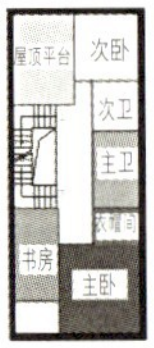

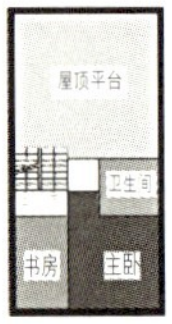

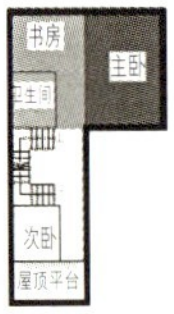

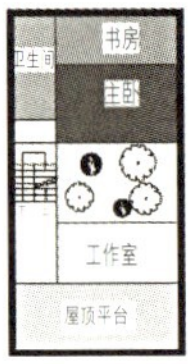

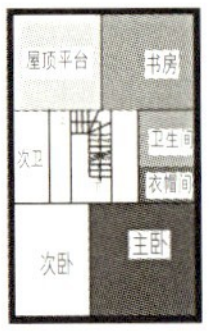

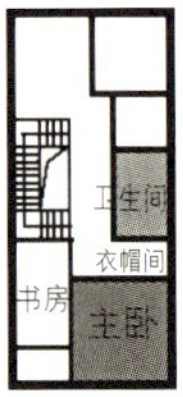

图例:
■ 主卧
■ 书房
■ 卫生间
□ 屋顶平台

主卧层开间分配关系表　表7

开间关系		典型套型分析	
	主卧占整开间	A1	A2
	主卧书房占整开间	B1	B2
	主卧与其他房间占整开间主卧主卫占整开间	C1	C2

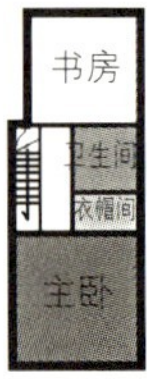

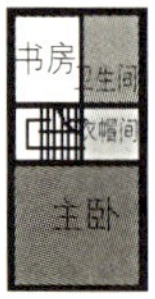

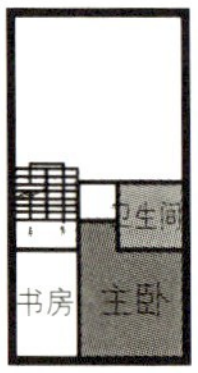

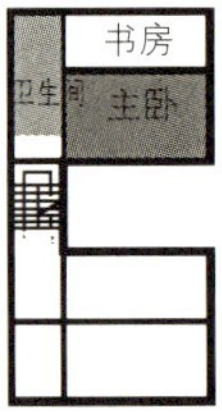

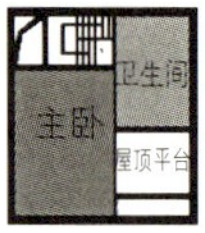

7. 内院分析（见表8）

联排住宅中带内庭院或采光天井的设计很受欢迎，它不仅可以加强中部的通风采光，在大进深的情况下确保各空间光照质量，更重要的是可以在住宅中营造一个有趣味的视觉中心，使空间具有通透性和层次感。

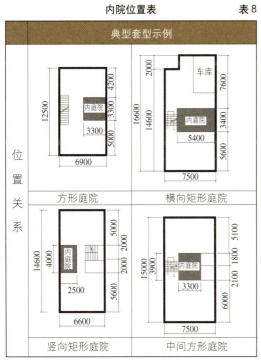

内院位置表　　表8

由于内院的大小受到用地和住宅面积的制约，一般不是很大，约在 9～15m² 左右。常用的形式有矩形和方形，都设在住宅的中部，前方留出起居室的空间，周边尽量布置小房间以便争取更多的直接通风和采光。

从中国目前的联排住宅的发展来看，含内院的设计似乎还没有形成主流。其中的原因主要是增加内院意味着增加建筑的占地面积，对于这种低层住宅，加大进深的做法其节地效果并不明显，因为路距已大于日照间距，如使整个住宅的用地面积及建筑面积增大太多，整套房子的价格就会因此上涨，从而难以与独立式住宅竞争。

结束语

本文从介绍联排住宅的特性入手，对我国目前联排住宅设计的基本现状进行了描述，对设计的基本思路和特点进行了总结，对联排住宅的主要构成要素之间的相互制约关系进行了分析，并指出了当前联排住宅设计中比较普遍存在的一些误区。本文还对我国近年来有代表性的联排住宅设计进行了统计归纳，并在进一步深入分析的基础上提出了我们认为最佳的合理形式范围，希望能够成为今后从事联排住宅设计人员的有益参考。

居住区规划与套型的配合设计浅议

规划阶段是整个居住区开发设计的第一个环节，也是极为重要的阶段。然而，由于在我国的规划审批制度中，居住区的规划设计与套型的深入设计被分成了两个步骤，这就使得相当比例的居住区项目中，存在规划与套型设计明显脱节的问题。一些居住区项目往往因其在规划阶段考虑得不够详细、不够周密，使得接下来的套型深入设计阶段出现种种困难，有时甚至会影响到项目的全局。

根据多年来的住宅设计经验，我们认为：在作居住区的规划设计时，除了要遵循基本的规划要领，对外理顺地段与周边的城市布局、道路交通、市政设施等公共领域的关系；对内处理好居住区内部的交通流线、楼栋布局、公共设施、环境绿化等几个系统的问题以外，还要认真考虑规划与套型设计的配合。在此，笔者想谈一些居住区规划与套型设计相配合的心得，也借此提醒广大开发商和设计者在居住区规划阶段考虑得更深入一些，避免在套型设计阶段出现问题。

一、居住区规划设计中的几个误区

根据笔者与国内几家房地产公司合作的经历，发现居住区开发在规划设计阶段往往存在着以下几个误区，而这些误区有时会影响到整个居住区项目的成败，需要事先注意。

1. 前期策划对套型要求不明确

前期策划准备不足，无详细的策划及市场调研，对套型的要求不明确，致使规划阶段通常只能采用最常见、最基本的标准单元模式进行最为基本的排列组合。这样作出的规划不仅千篇一律、了无新意，同时也制约了下一阶段的深入设计。

2. 规划阶段套型设计不落实

为求缩短楼盘的开发周期，开发商往往尽量压缩规划阶段的时间以争取尽快报批，因此在这一阶段开发商的主要时间和精力都用在与政府的规划审批等相关部门打交道上。在拿到设计单位提供的规划设计后，主要关注容积率是否达到要求，而后就急于送去报批，很少顾及到下面具体的套型设计层面。然而规划一旦审批通过，楼栋形式就不能再有大的变动，这时若想对套型进行深入设计（如：将端部单元的套型适当扩大），则往往被消防、日照间距等"卡死"，没有足够的空间实现。

3. 容易陷入容积率的误区

尽可能提高容积率是房地产开发者们追求的主要目标之一，但很多人只知道在规划时尽量将楼栋排满以提高容积率，有时甚至为此不惜牺牲整个楼盘其他方面的品质，如各类套型的均好性。其实，若经过认真的规划设计，仅从套型设计上也可以争取出不少面积。比如，合理利用大小套型，进行灵活地组合,不仅可以增加整个楼栋的进深还可以在有限的面宽条件下提升容积率,而且可以保证各种套型的均好性,使得每种套型都有自己的卖点,在销售时也很有利。

4. 规划设计缺少长远眼光

由于我国相关配套技术尚不够成熟,政策法规也不甚健全,节能省地、可持续发展等概念在很多开发商看来与己无关。为尽量降低建设时的成本,除了满足有关部门规定的节能系数以外,很少有人主动在楼盘的节能、省地等方面有更多地考虑。其实,节能并不等同于用高级设备、高成本造价,采用一些成熟的技术手段,在建设成本增加不多的情况下,同样可实现节能环保的目的。如在规划设计中,尽量保持套型的南北通透,就可以有效利用风压实现户内的自然通风,在夏季可以大幅度减少空调的使用;减少纯西向套型的比例,或用绿化遮挡,可以避免这些套型在夏季因西晒带来的高温,进而减少空调的负荷。如图1结合地段的自然气候特征,将小区的楼栋布局为东南向敞开以引入夏季的东南风,西北向封闭来阻隔冬季的西北风。

二、规划与套型配合设计的几种方法

上述的几个误区在居住区的规划阶段非常容易出现,然而在认清了这些误区之后,需要找到较好的解决办法,以避免重蹈覆辙的局面。为此,我们结合自己的设计经验,针对这些问题提出了如下的解决办法:

1. 规划要与套型设计互动

居住区的规划设计与套型设计应同时进行。规划的思路会影响到套型设计的原则,为创造合理的套型提出了纲领;而深入的套型设计又会反过来为规划提出具体的要求,使得规划设计有针对性、有的放矢;两者在交互式的互动设计过程中,品质都将得到提升。

2. 规划要与地段紧密配合

规划和套型设计都要与具体的设计地段紧密配合,为此我们总结出居住区规划设计与地段配合的三个原则:量体裁衣、见缝插针、疏密得当(见图2)。

1)"量体裁衣"是指道路及楼栋等的布局要根据地段的具体形状灵活设置,如:地段南向面宽充足则可考虑布置"长板",地段南向面宽拮据则可考虑"短板"或塔楼;若地段某条边界为斜线或曲线,则可顺势将楼栋沿其趋势排布,使小区外观形成较为生动的效果。

2)"见缝插针"是指规划布局时要尽量用足地段,灵活选用不同的楼栋形式,采取"板塔结合"、高低互补等手段,充分用好每一寸土地。

3)"疏密得当"是指居住区在进行规划布局时,楼栋的组合要有疏有密,注意形成组团,留出贯通

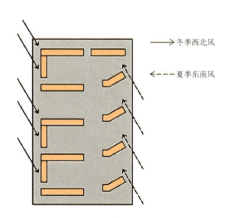

图1　规划布局结合自然气候特征

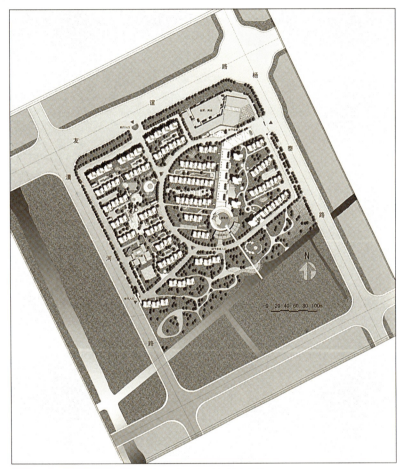

图2　规划与地段紧密配合

片面追求整个楼盘的高容积率,而导致部分楼栋或部分单元的套型朝向、位置等品质与其他位置的套型差距过大,则会在销售阶段出现困难,造成好套型一抢而空、差套型迟迟无人问津的尴尬局面。这样的后果不仅会拖延整个楼盘的销售进度,也很可能影响到下一个项目的开发。因此在规划中要综合考虑到楼盘中各类套型的比例、各个位置套型的均好性,对于位置或朝向稍差的单元及套型尽量以其他优势加以平衡,如景观、近便性等等(见图3)。此外,在这些相对不利的位置,尽量不要设计面积过大的套型,因为小套型有总价低的优势,可作为销售时的平衡条件之一。

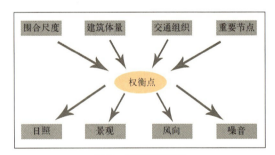

图3　规划权衡要点

4. 规划及套型设计要注意地域特征

在居住区规划前期,应对设计地段的实际条件和周边的楼盘情况进行仔细地调研,查阅相关资料,掌握地段所在区域的气候、环境等特征信息,调查潜在客户的需求,使规划及套型设计符合当地的具体情况。由于我国地域辽阔,生活习惯有许多不同之处,所以不同地区套型设计差别很大,如南方需要明卫明餐,而北方需要楼栋的外轮廓整齐以节能。因此不可以照搬某个样板模式,简单地将A地区的规划、套型复制到B地区。

的、相对集中的空间。一方面可满足设置集中绿地的要求,具有较完整的公共活动空间,另一方面使居住者有较好的视野,感觉小区空间疏朗,减少压抑感,从而提升整个居住区的品质。

3. 规划时要关注套型的均好性

楼盘的最终目的是实现全部销售,若因规划中

5. 规划中对于特殊部位要特殊处理

在进行居住区规划设计时，除了要从大局上把握楼栋布局的关系以外，对于边单元、转角单元等楼栋中的特殊部位应有进一步考虑。边单元和转角单元，因所处位置较为特殊，使得其在套型空间上有机会形成变化。如将边单元的面积适当放大，利用三面开窗的有利条件，在标准单元的基础上，增加一室或一室半的空间，使其成为一个全新的套型，为客户提供了新的选择，也有利于楼盘的销售。对于这些特殊部位的套型设计时应稍微深入一些，即使来不及细化也应在面积上适当放宽，为以后留有余地。

6. 套型设计要与体型设计结合

住宅的外立面设计是居住区规划中的一个重要组成部分，因为楼栋的外观效果与居住区的整体形象有着非常直接的联系。然而也不能仅仅为了追求鲜亮、出众的外立面效果而做"里外两层皮"，完全不顾套型平面的开窗、空调外机等功能需求。因此，我们提倡在进行住栋的立面设计时，首先要考虑整个居住区的风格、大效果，然后根据具体的套型平面图进行细化。比如，先考虑整个楼栋立面的虚实、比例关系、色彩、材质效果等，定一个整体基调，然后再根据平面开窗的位置、阳台的虚实形式、空调外挂机的具体位置等进行调整；也可利用顶层、底层等套型变化较多的地方，积极的处理立面。

三、提高容积率的几个有效手段

在楼盘开发中，高的容积率与高的经济效益几乎直接挂钩，因此对于高容积率的追求在所难免。然而，若为在规划中提高容积率而牺牲居住区内的

图4　将北部楼栋加高

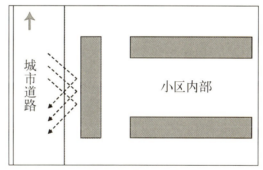

图5　阻隔道路噪声

公共设施、绿化等条件，后果很有可能是导致整个楼盘品质下降，进而给销售阶段带来困难。其实，只要在规划和套型设计时进行认真细致的研究和比较，是可以利用一些合理手段来提高容积率的：

（1）将地段北侧的楼栋加高——即将位于地段北边缘沿道路的楼栋加高，因为此楼栋对于同一楼盘内的其他楼栋不存在日照影响；此外，将北端楼栋加高还可以有效阻挡北侧道路的噪声、北风，为整个居住区提供较为安静舒适的环境（见图4、图5）。

（2）建一梯多户的塔式住宅——两梯六户（及以上）的高层塔式住宅容积率一般而言要高于板式

住宅，可以在适当位置设一组或几栋塔楼，并使其斜向排列，以利于避开相互间的日照遮挡（见图6）。

（3）加大板式住宅进深——在板式住宅中南向面宽最为珍贵，相对于整个楼栋的宽度来讲，楼栋的进深对日照的影响不太明显，因此在同样的面积下，紧缩面宽，稍微加大进深，则可有效的提高容积率。

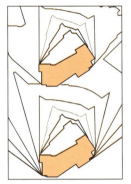

图6 塔楼斜向布置

（4）增加东西向楼栋组成围合型组团——考虑到东西向的楼栋对于其他楼栋的日照影响相对较小，因此可适当设东西向楼栋与南北向楼栋组成围合型（"U"形）楼栋，既可增大容积率，又可在社区中形成数个围合式组团院落空间，增加了公共空间的邻里感和趣味性（见图7）。楼栋中日照不足的部分可作为公共空间或设小套型，底层也可设为临街商业。

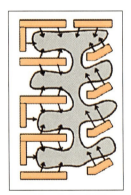

图7 围合型组团

（5）转角及尽端单元放大——板式住宅中，在保持楼栋间距不变的条件下，适当加大转角单元和尽端单元的套型（见图8），可以有效的提高容积率，此举还有利于增加套型的多样性，并为住栋立面造型的变化创造机会。

（6）利用底商加大进深——根据地段的特点，对于临街的住栋可以将一、二层设为商业空间，底商部分没有日照的要求，因此可加大其进深，从而提高容积率。

四、总结

作好居住区规划设计实属不易，尤其在现阶段我国的此类项目一般都存在设计周期短的不利条件，为此，在进行规划设计时更应抓住重点、难点，尽量在有限的时间内进行理性的规划设计。居住区规划设计是一项较为复杂的工作，需要设计者有大

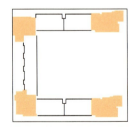

图8 端单元及转角单元放大

量的设计实践积累，根据我们自身的体会，尤其要注意以下几个方面。

1. 作规划前要有套型积累

进行居住区的规划设计之前应有作套型设计的经验，设计者最好有较为大量的套型资料积累，这样对于住宅的面宽、进深、层高等基本尺寸以及几室几户的面积范围较有体会，可以在规划中给出较为有效的建议，使得规划定位的可行性加强。

2. 作规划时要给套型留有余地

进行居住区规划设计时一定要为下一步的设计留有余地，无论在楼栋的排列组合、尽端单元的缩放以及公共空间的预留上都要考虑的远一些，免得使"撑得过满"的规划成为深化设计中的绊脚石。

3. 要设计有灵活性的套型

在居住区的规划设计阶段应考虑设计灵活可变的套型，因开发的周期和市场的变动等不确定因素，很可能在已获得审批的规划中出现不符合市场最新需求或最新政策的地方，若因此就推翻整个规划设计则难免费时费力，所以应设计可变性较强的套型，使其在不影响规划布局的前提下，稍加变动就可形成新的套型组合，符合新的市场要求。

4. 注意全局性、综合性

最后，进行居住区规划设计时要始终头脑清晰地把握全局，不仅作好地段内的设计，也要关注整个国家和社会的发展动态，综合性的考虑整个楼盘的发展远景，要使其既能满足近期的销售要求，更能适应我国住宅可持续发展、节能省地等思路，为今后发展预留空间。

住宅复合型厨房空间研究*

随着经济发展水平的提高,我国城市单元住宅的套型面积在逐步加大,住宅厨房的面积问题已不再是主要矛盾,大力提高住宅厨房空间的品质成为人们日益迫切的需求。

目前我国现有住宅中的厨房多为封闭式厨房,虽然近年来住户都增加了住宅厨房装修的投入,注意了橱柜、灶具及其他厨房设备的美观问题,但其装饰效果由于厨房空间的封闭而在一定程度上被弱化,使装修中比重比较大的投入没有发挥应有的作用。同时在使用过程中,厨房内的油烟对橱柜家具、厨房电器、墙壁等的污染成为家务劳动中较重的负担,以至于一些家庭将冰箱、微波炉、电饭煲等厨房电器置于厨房外其他生活空间内,使得厨房功能不完整,操作动线不连续,造成使用的不便。

另外,一部分住户希望通过开敞式厨房来扩大餐厅的面积,在不影响厨房使用的前提下使厨房空间及橱柜居室化,同时加强烹饪和就餐空间的联系。但开敞式厨房所遇到的最大困难是烹饪操作中所产生的油烟对其他空间和家具的污染问题,国外住宅中的开敞式厨房一般所使用的方式是加隔烟垂壁或利用家具做半隔断,不过相对于我国的烹饪习惯来说都不能彻底解决油烟的问题。而国内许多地区的住户利用封闭的服务阳台对厨房加以改造,形成热炒间来解决污染的问题,但由于缺乏系统的设计及管线、电器插座等设备的位置不对,造成功能不完善和使用不方便。

近一两年来,一些开发商在住宅开发过程中注意到了这些问题,在套型设计中将厨房分为两个空间——西式厨房和中式厨房,但都只是简单的进行空间的划分,而没有对厨房操作、储藏等功能关系进行系统研究,在大量增加厨房面积的同时却没有更好的方便生活,反而造成了使用上一定的不便。

针对以上问题,我们对近年来的商品住宅套型进行了统计,分析后发现:在新住宅套型面积提高的同时,厨房的面积也大为增加,多数住宅的封闭式厨房已达到 $7m^2$ 以上。我们通过研究,认为厨房的基本烹饪操作(有污染操作)空间可以控制在 $4\sim5m^2$ 之间,而其他的空间多用于储藏及与烹饪无关的其他附加功能和操作。因此我们提出了复合型厨房的概念,将原有封闭式厨房的空间进行细化,把基本烹饪操作以外的空间从封闭厨房内分离出来加入到餐厅内,在不增加厨房面积的条件下,尽可能将厨房的不同功能空间分别设置,而又不影响其操作动线的连续性和近便性原则,同时改善了就餐空间的条件,并增加了一直被忽略的家务空间,合理地安排操作动线,提高家务劳动的效率。

厨房空间分开设置的复合型厨房可以做到真正

---

*注:该研究由万科企业股份有限公司提供科研支持,并已申请专利。

意义上的洁污分区，功能动线完整合理；并可以较好地解决中国传统烹饪中油烟对住宅其他生活空间的污染问题，使开敞部分的厨房空间更具有实用性，在完善厨房使用功能的前提下加强厨房中橱柜、设备的装饰功能，使其成为住宅空间内一道亮丽的风景。

闭，以防止油烟造成污染，又要考虑各空间的联系，使操作动线连续，使用近便。

一、复合型厨房空间的功能分区

复合型厨房功能空间的划分主要包含 4 个分区：烹饪区、备餐区、就餐区和家务区（见图1）。

这些区域有各自独立的功能，相互之间又有一定的关系，在设计时既要考虑烹饪区一定程度的封

二、复合型厨房功能空间布局的多样性研究

复合型厨房的特点在于将厨房的不同功能细化，进行功能分区。同时，这些功能分区又可以根据套型面积的大小，不同家庭的生活习惯以及使用要求，进行不同地组合和调节。

1）功能空间的灵活划分——根据使用要求和家庭结构的变化可以对各功能空间进行不同大小的划分（见图2）。

2）功能空间的不同组合——根据不同的生活

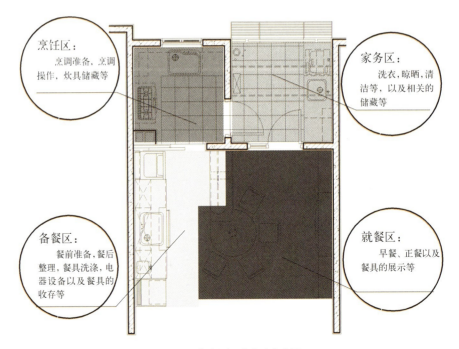

图1 复合型厨房的功能分区

习惯和使用方式，可以采用开敞、半开敞及封闭的空间形式（见图3）。

需要注意的是，为了更充分地发挥复合型厨房多样性和适应性的特点，在住宅设计过程中需要事先考虑多种布置的可能性，仔细推敲可能阻碍空间划分的设备（例如立管管井、排烟道等）的布置位置及外墙墙垛、开窗的位置，让使用者可以最大限度的根据各自的需要灵活划分各功能空间。

三、复合型厨房烹饪空间的量化研究

复合型厨房烹调操作间以实用为主，其面积应满足基本操作及存放的需要，但不宜过大，否则无谓的增加厨房面积，会增加污染区的面积，既加重了清洁厨房的负担，也失去了复合型厨房的意义。

对于复合型厨房的烹饪空间，我们建议，一般

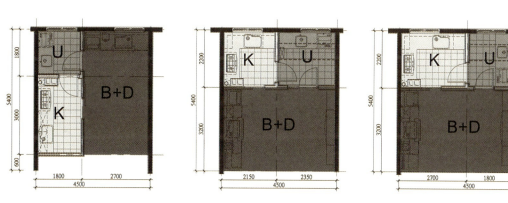

图2 复合型厨房功能分区可灵活划分
U-家务空间；K-烹饪空间；D-就餐空间；B-备餐（早餐）空间

（a）开敞式　　　　（b）半开敞式　　　　（c）封闭式
图3 复合型厨房功能空间的组合形式

将面积控制在 4~5m², 操作台面长度 3~4m 为宜。在这种情况下，台面除去水池炉灶外仍能保证有 2m 左右的操作面，位于低柜中的储藏空间基本在 1m³ 左右，也可满足基本储藏的需要，当有条件设置吊柜时，其储藏量空间还可增加。

从人体工程学的角度看，单列式柜体和"L"形柜体在操作中只需左右跨步，而没有转身的动作，比较符合厨房操作，而"L"形的柜体布置在满足厨房烹饪操作的前提下最为节省空间，是比较适合复合式厨房操作间的平面布置形式，因此我们建议在有可能的情况下尽量采用"L"形的平面布局。当然实际设计的条件是多种多样的，我们也不排除其他的可能性，例如双列形和单列形（见图4）。

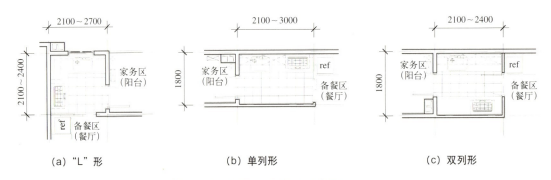

(a) "L"形　　　　　　(b) 单列形　　　　　　(c) 双列形

图4　复合厨房烹饪空间的平面布局形式

四、复合型厨房空间在住宅设计中的应用（见图5～图8）

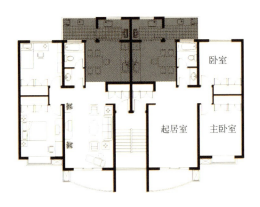 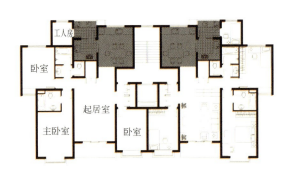

图5　多层板式南向楼梯——一梯两户两室单元　　　图6　高层板式北向楼梯——一梯两户三室单元

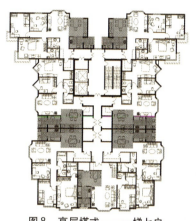

图7 高层板式北向楼梯——一梯三户

图8 高层塔式——一梯七户

五、复合厨房空间的柜体布置及细部处理

尽管复合式厨房的储藏空间充足，但也应根据储藏原则合理地安排低柜、吊柜的储藏内容，充分利用空间才能保证使用方便和厨房空间的整齐美观。

我们在备餐区设置了电器专用高柜，将微波炉、电饭煲、电水壶等常用电器放置其中，并配置了电源插座。从而避免炊事电器长期占用台面的问题，各电器的收存位置也根据人体尺度和操作习惯，考虑了高度的合理性，使用的方便性及通风散热问题（见图9）。

同时，我们还针对厨房人体工程学、残疾人设施、设备管线布置、照明设计、电源插座、垃圾储存、厨房各种物品的储藏位置以及柜体设计等一系列细部问题，进行了深入的探讨和研究。限于篇幅，在此不能一一介绍，请参考文集中相关文章。

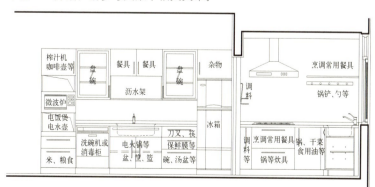
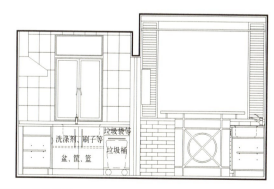

图9 复合型厨房空间的柜体布置及物品储藏位置

由 SARS 引发的对厨房设计的再思考

2003年突如其来的SARS疫情，在无形中使国人的健康观念和卫生意识都有了明显的提升。以此为契机，推而及远，为了减少和避免类似情况的再发生，我们需要全面的审视自己的生活习惯和居住环境是否符合卫生要求，是否有益于健康和预防传染病的传播。在我们的居住环境中，厨房是一个对饮食卫生和住宅整体的卫生状况有关键性影响的部位。就现状而言，绝大多数住宅的厨房空间中都存在着这样那样的不利于卫生的问题，需要引起大家的注意并加以改进。笔者从长期的入户调研及研究厨房设计的角度出发，对此有较多的观察和思考，愿意就此给大家提出一些建议。

1. 潮湿用具的收存问题

俗话说病从口入，厨房是个带水的地方，许多炊具和餐具是潮湿的，这些用具是否清洁对人体健康有直接的影响。保持炊具和餐具的清洁的关键主要在于消毒和存放两个环节，目前所普遍存在的问题也集中在这两个环节上。

刀和案板。尤其是案板，由于表面容易残留生鲜食品的残渣，如果不能彻底清洗干净，存放位置又通风不良，很容易滋生细菌。现在大多数的家庭是把刀放在不通风的刀架或抽屉里，把案板平放在厨房的操作台面上或插在某个缝隙里。插在缝隙里则通风不良，平放在操作台面上则更有占用操作平面的缺点。

抹布。擦拭餐桌和台面用的抹布经常都非常油腻，难以清洗得很干净，一般家庭也都没有很好的存放位置。大多是随手撂在水池边上或操作台面上。也有的家庭是在厨房墙上设置挂钩，将抹布挂在挂钩上。这样抹布常处在潮湿的状态下，为细菌生长创造了环境。

勺和筷子。勺和筷子洗完之后需要沥水，现在一般的做法是放在筷筒中。但筷筒有很多小的网格，容易积垢，且不易清洗。也有的家庭是存放在抽屉里，这种做法由于存放环境潮湿且不通风，更容易导致细菌滋生。

对于上述这些问题，解决办法之一是采用消毒柜。与洗碗机相比，消毒柜有它的好处，消毒柜除有消毒的作用外并能代替部分存放的功能，另外消毒柜一般设计在吊柜中部的高度，不占用台面，拿取也很方便，因此比较受欢迎。但消毒柜内部分格的设计应符合中国人用餐的习惯，不能照搬国外的形式，如应考虑筷子、勺的存放位置及深碗和深盘的存放形式。另外这种搁置架应设计为多种形式或带有配件，以便让不同餐饮习惯、不同餐具爱好的家庭选用。在日本常将案板、刀具、手巾和擦桌布等分门别类的放入消毒柜中消毒、存放，这种设计形式值得我们参考。

由于消毒柜的价格相对较高，对于那些收入水平不高的家庭来说，采用沥水架也是一个不错的解决办法。沥水架实用经济，可以设在水池的上方，省空间并且拿取方便。过去不少家庭是将碗筷用擦碗巾擦净后收于柜内，但很难确保擦碗巾是很清洁的。如果将碗具包括洗菜筐等扣放在沥水架上就可以自动沥掉水分，并能保持良好的通风。

2. 垃圾存放问题

厨房中垃圾桶的设置。垃圾桶的位置在厨房设计中往往被忽略，一般是随意放在角落中，甚至是在排满漂亮的橱柜的厨房中没有藏身之地。有些厨柜设计师将垃圾桶设计在厨柜内，但实际使用当中存在很多缺点。首先是容易造成遗忘，生腥垃圾在柜内存放时间长且不通风，产生异味极不卫生。同时在操作中要频繁开启柜门易弄脏柜子，打扫起来也很不方便。在我们的入户调研中，发现很多住户将其另做他用。我们的建议是，在厨柜下方设置部分开放空间专门用于放置垃圾桶。今后随着垃圾处理的现代化，垃圾的分类势在必行。家庭的垃圾一般要分成2类或3类，这需要占据一定的存放空间，今后在考虑厨房的柜厨设计时要做好这样的准备。

垃圾的临时存放。目前北京各小区已经开始实行垃圾袋装，封闭了垃圾道，代之以楼前的垃圾桶或垃圾池。由于投放垃圾的时间有限定，投放垃圾的场所有时也较远。一些家庭为了方便就将垃圾临时放在家门口，结果影响公共楼梯的卫生和美观，也容易滋生蚊蝇。在住宅的套型设计中应尽量设计与厨房连通的服务阳台，使隔夜垃圾有暂时存放的空间。还可以在每个楼层设置一个垃圾临时堆放间，每天在避开人流高峰的时间由专人将其运走。对于高层住宅来说可以避免在高峰时间人们带着垃圾乘电梯而造成的不卫生现象。

生腥垃圾的处理。很多家庭都为生腥垃圾的处理感到头疼，因其最容易腐败发臭。日本在这方面的作法值得借鉴。在日本，生腥垃圾首先放在水池角部的专用沥水筐中，而后将沥过水的垃圾用没有破损的塑料袋扎紧，便可以和其他垃圾一起按照分类扔到垃圾池去了。

3. 柜橱的设计问题

水池的设计。首先，为了保证清洁工作能够有效进行，应尽量使水池设在窗子的下方，这样可以使操作时手头明亮。否则应在水池的上方设灯。其次，水池与灶台应有连续的台面连接，相对位置要近，但中间又要留出一定的操作台面（600～900mm）。在常见的几种水池与灶台布局形式（有"I"字形、"L"形、"U"形及"II"形）中，以"L"形最为理想，而"II"形布局有比较明显的缺陷。因为"II"形布局的水池与灶台分别在两个台面上，将洗涤后的食品转身倒入锅中时会将水滴在地面上，从而污染地面，使厨房的清洁水平下降。此外，应单独设计洗涤池，并最好与厨房分开，可考虑设置在服务阳台上，与洗衣机就近放置。洗涤池可用于洗涤较脏的物品，如抹布、拖布，也可以用来刷鞋和倒污水等。洗涤池的形状应设计的稍深一些，以防水外溅。

柜体的设计。首先，厨房柜体的设计应以简洁易擦拭为宜，因此要尽量减少不必要的装饰，如花纹、线角的数量。其次，目前用来封柜体边缘的玻璃胶，一般都打得太多太粗，在厨房油腻的场所中，很容易结垢、发霉，并难以清除，也影响美观。对此，建议代之以胶皮条、塑料条或不锈钢条等，以便更换及清扫。再次，厨柜的设计应注意保证密封性。经常可以看到这样的情况，装修中厨房的橱柜因要适应管道的位置而不得不开凿打孔，从而为老鼠、蟑螂等提供了往来的通道，不利于防止疾病的传播。因此管道的设计应相对集中布置，放于角部并加以标准化设置，与橱柜柜体的设计相互衔接和配套。另外，橱柜台面的材料应选用淡雅、有清洁感的颜色，表面要光滑，使污垢容易被发现和清扫。

4. 分餐制的可能及其影响

中国餐饮业协会已经决定在餐饮业全面推行分餐制，因为这有利于防止疾病的传播，符合卫生的要求。可以预计，分餐制在部分城市家庭中也会逐渐被接受。分餐制将给厨房和餐厅带来一些变化和影响。如餐桌的形状，长方形将比圆形更为适合，桌子的尺寸也必须适当加大，以适应餐具增加的需要。分餐制还将影响使用餐具的习惯，如使用大的托盘等。碗具、公筷、公勺等餐具的数量将增加，这也就要求厨房增加相应的贮藏量。另外，厨房的操作台面也应增加长度，以适应放托盘餐具等的需要。

厨房中的卫生良好与否，就是这样由一件件琐碎的小事构成的，但它却关系到我们的健康大事。SARS疫情的出现为设计师提出了新的课题，居住建筑的进步就是在不断地破解新课题的过程中完成的。对于厨房的设计，只要我们每个家庭，特别是有关的设计师和厨房设备与产品生产厂家认真思考，共同努力，就一定可以让我们的厨房更完善，使人们的生活更健康。

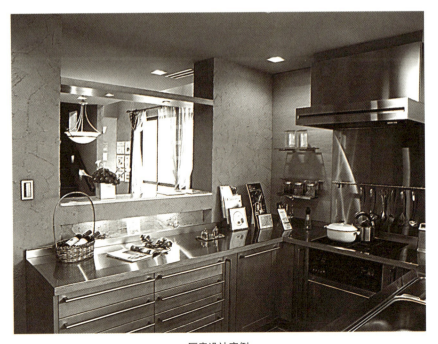

厨房设计实例

住宅卫生间设计研究

随着生活质量的提高,住宅中的卫生间越来越受到人们的重视,近几年建的大套型住宅中都设计了双卫或三个卫生间,卫生间的面积较以前有所增加。同时人们越来越不满足于没有采光的暗卫,而倾向于较为舒适的明卫,尤其在南方地区,由于对通风的要求较北方更高,许多住宅都设计成两卫均有直接对外窗的形式。

一、我国住宅卫生间设计现存的问题

尽管住宅中卫生间的设计引起了人们更多的重视,设计的细致程度也已经有了很大的进步,基本消除了一些以前很常见的明显的不合理设计,但仍存在着一些不合理之处。如:

1. 卫生间门有视线干扰

由于没有仔细地考虑卫生间门的开向,经常出现卫生间的门与餐厅、起居室等公共空间有视线干扰或卧室区的卫生间门与整套住宅的户门对视等情况(见图1、图2)。

图1 卫生间门与餐厅视线干扰

图2 卫生间门与整套住宅户门对视

2. 卫生间门的位置影响其他使用功能

有时卫生间门的位置不当会造成卫生间内空间利用不经济、影响设备布置，导致使用不舒适或不方便、影响其他空间使用上的经济合理性等问题。如当卫生间门开在主卫与主卧间的隔墙上时就会缩短可用来放置衣橱的隔墙长度（见图3）。

图4　储藏空间不足物品随处摆放

图3　主卫开门位置比较

(a)　走道空间浪费　(b)　最优的布置　(c)　放置衣柜的隔墙长度被缩短

3. 卫生间内没有更衣空间

由于卫生间内空间狭小，又没有单独的更衣空间，只能将换洗的衣物放在离浴缸或淋浴很近的地方，洗浴时这些衣物常常会被溅出的水打湿。同时整个卫生间都弥漫着水汽，使衣物受潮，穿起来很不舒适。据笔者多年来连续地调查访问及入户调研，居民反映的卫生间首要问题就是缺少更衣空间。

4. 卫生间的储藏空间缺乏

生活中需要存放在卫生间内的用品数量和种类都很多，但目前国内的卫生间设计往往提供的储藏空间太少，或者对储藏空间的设计、分类不够细致，造成使用不方便（见图4）。例如：

● 随着生活水平的提高，每个家庭成员都有自己喜好或适合的洗浴用品和化妆品，常常没有足够的储藏空间；

● 没有放置清扫卫生间的工具和清洁剂等适当、隐蔽的位置，使卫生间看起来很凌乱；

● 许多物品由于没有合适的放置位置只能堆放在地面上，很难清扫，形成许多卫生死角；

● 整包的卫生纸只能储藏在卫生间外，需要时取用不方便；

● 由于干湿不分区，使需要干放的物品受潮；

● 没有空间可用来放置脸盆和桶等等问题。

二、住户对卫生间设计的新需求

1. 卫生间需直接对外采光、通风

近几年来，人们对卫生间的舒适度要求越来越高，很多人都希望卫生间能直接对外采光、通风。而在2003年我国爆发的非典型肺炎又使人们从健康的角度认识到了卫生间设计好坏与否的重要性。卫生间是住宅中一个与人们的健康问题密切相关的部分，因此更应当注意卫生间设计对健康的影响。有采光的卫生间室内明亮，便于检查卫生间内是否清洁；

住宅卫生间设计研究

能直接对外通风更是保证空气清新、防止疾病传播的重要措施之一。而不能对外采光、通风的暗卫就只能靠风扇抽排，楼上楼下共用通风道，难免有细菌在通风道滋生、传播，很难保证人们的健康。香港淘大花园的"非典"事件的原因之一就是室内地漏和"U"形存水弯因使用不当造成干涸，成为滋养细菌、外泄毒气的通道。因此，卫生间的采光、通风应引起我们足够的重视，在将来的住宅设计中尽可能减少暗卫的出现。需要注意的是，明卫的窗也必须有足够面积的开启扇，才能保证足够的通风量。目前房地产市场上有些套型虽然是明卫，但窗的开启扇过小，不能达到健康通风的要求。相关部门应制定出相应的规范来保证卫生间的健康通风。

2. 卫生间需干湿分离

随着人们对生活质量要求的提高，需储藏在卫生间内的物品越来越多，其中有的要求隔离水汽干燥储藏，有的要求就近储藏以便取用；新型的智能型坐便器等有利健康的设备层出不穷，这些设备大多需要接电源，必须远离浴缸、淋浴喷头等带水的设备；更衣要有相对独立的空间，以避免衣物受潮，这些需要使卫生间干湿分离的要求越来越强烈，成为卫生间设计的重要发展方向之一（见图5）。

3. 卫生间需具有可变性，以适应改造和增加新设备

随着生活水平的提高，人们日益关注自身的健康问题。卫生间内除了布置以前常用的三件洁具（浴缸、坐便器、洗手池）外，许多人希望增加有利健康的新型设备。但当一套住宅内的两个卫生间分开布置时，每个卫生间的面积只有 $3\sim4m^2$，很难有多余的空间来增添新型设备。而紧邻布置的两个卫生间就可能具有灵活性，较分开布置的两卫能满足更多样化的需要：当家庭人口较多时，可以分开作为两个卫生间使用；人口较少不需要两卫时可以合并变成一个大空间，能够方便地增加淋浴间、桑拿浴房等设备，也可以变成一个卫生间加一个进入式储藏室的形式（见图6，图7）。

图6 紧邻布置的两个卫生间

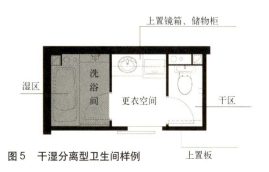

图5 干湿分离型卫生间样例

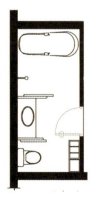 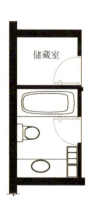 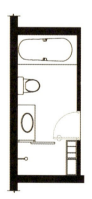 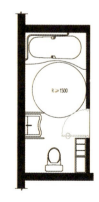

(a) 干湿分离型　　(b) 带有储藏室型　　(c) 大空间型　　(d) 大空间型（适合残疾人使用）

图7 卫生间空间样式可灵活布置

177

三、卫生间在套型中的布置规律

住宅中卫生间的布置位置非常重要，对于住宅的整体套型设计有着很大的影响。由于卫生间的位置受到以下一些条件的限制，因此在套型中的布置往往使设计者感到比较棘手。第一，由于卫生间有通风和采光的要求，因此一般最好靠外墙布置。第二，必须考虑卫生间的用途是作为公用卫生间还是主卧卫生间，需要根据其用途进行布置。第三，必须保证其对私密性的要求得到满足。第四，由于卫生间的管线复杂且上下连通，因此在楼房中一般需要保证卫生间做到上下对齐。由于这些原因，在住宅套型设计中卫生间的布置就成为一个关键要素，一般来讲只要卫生间的位置能够得到妥善安排，其他房间就相对容易定位了。

我们通过研究发现，卫生间在套型中的位置与套型整体布置有着一定的内在关系，并有一定的规律可循。针对最具代表性的三室户中两卫，是否对外采光以及其所处位置等作为要素提出，并进行排列组合，总结出了一览表，并对各种布置方式的优缺点及制约关系进行了分析，以利于设计者在设计实践中进行比较选择。

由于住宅的套型种类很多，且随着年代的不同有很大的变化，以前的许多套型由于某些缺陷随着时代的发展已经不常见了，这里仅讨论2000年以后房地产市场上比较多见的套型中卫生间布置规律，并且把讨论的范围限定在目前最常用的多层板式、一梯两户的住宅上。表1总结的是自2000年以后新建住宅中卫生间的主流位置和每种布置位置的优缺点。为了便于比较，在列表时把几个主要房间的面宽作了统一设置，采用目前最常用的面宽值：起居室4200mm，主卧室3600mm，次卧室3300mm，楼梯间2600mm。

住宅中的卫生间是单元套型中面积相对狭小，但与人们的日常生活密切相关且功能较复杂的空间。近年来，随着生活水平提高和居住条件的逐步改善，人们对卫生间的要求越来越高，对卫生间进行体现个性的装修和增加新设备的愿望也日益强烈。而能否满足这些愿望很大程度上取决于卫生间本身的条件，如面积、平面布置形式和管线安排等。因此，卫生间的设计已经引起了人们的重视，在套型设计中的地位也越来越高。在2003年我国爆发的非典型肺炎使人们真正认识到了卫生间的各个方面，尤其是采光通风的重要性，也提醒设计者从健康的角度重新审视卫生间的设计。目前我国的卫生间设计已经有了一定的发展，但仍不够深入。本文以笔者在居住实态调研中发现的问题为切入点，总结出卫生间设计中的经验教训，并通过列表寻找规律，目的在于给设计师的设计带来方便，以及起到抛砖引玉的作用。

三室两卫套型中卫生间的可能布置方式及优劣比较   表1

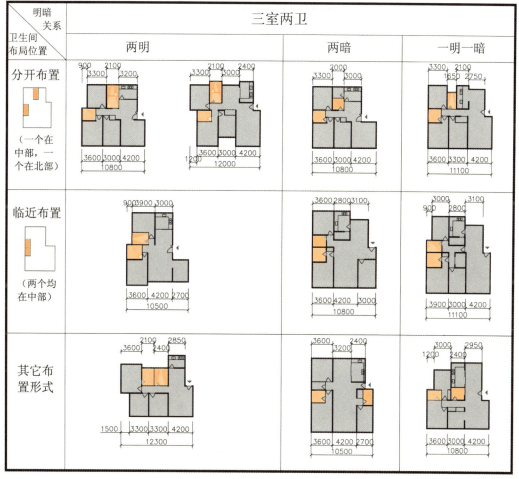

注：
① 卫生间分开式布置是指两卫一个在北部，一个在中部，一般住宅进深都不大，当在北部的公用卫生间与厨房临近时管线比较集中；临近式布置指两卫紧邻，一般进深较大，面宽较小，两卫管线集中

② 卫生间两明时一般都借用凹缝采光或两卫都取北向(面宽会相应增加)。借用凹缝采光的卫生间内光线会比较暗，而北向的卫生间一般光线比较好。当借凹缝采光的卫生间侧向开窗时还应注意对视问题，而南北向开窗则一般不会有这个问题

③ 为卫生间采光设计的凹缝会造成外墙系数增大和用地不够充分，但由于利用通风，比较适合对外墙系数要求不高而对卫生间通风要求很高的南方地区，当凹缝为南向时，比较浪费南向面宽，同时总面宽也会增大，益处是北向面宽会很充裕，能带来至少一个卫生间光线良好或餐厅可直接采光的优点

住宅卫生间的光环境设计

卫生间的日常使用，需要适宜的光线环境。良好的光环境可以提高人们的舒适感，给使用者带来感官上和心理上的愉悦，并且是卫生间成为温馨空间的重要因素。合理的光环境设计是和使用者的行为习惯密不可分的，需要设计者充分理解和把握使用者的需求，进行精心设计。

光环境的营造一般由自然采光和人工照明组成。下文从卫生间的"自然采光"与"人工照明"两个方向出发，结合卫生间的功能分区（包括浴室、盥洗室、厕所），依据使用者的需求，分别描述卫生间内光环境的设计要点。

一、卫生间的自然采光

卫生间的采光可分成3种类型，即直接采光、间接采光和半间接采光。直接采光是指各卫生间直接对外开窗采光；间接采光是指卫生间中的某空间没有直接对外的采光窗，而是靠内部玻璃隔断、玻璃门窗等接受从其他房间射来的光线；半间接采光则是指卫生间的门窗对着天井、阳台可以接受部分直接光线和部分间接光线，如图1所示。

卫生间的窗户从理论上讲应该争取好朝向，但一般住宅中为了让位给起居室、餐室等空间，卫生间的位置处于北面的较多，如处东北角的情况下就尽量争取开东窗，独立住宅中可以开天窗，以弥补卫生间阴冷的缺点。

卫生间的开窗除了有通风和采光的作用外，还会影响人的心理感觉。不同的开窗形式、不同的进光量会造成不同的感觉效果，设计时可利用不同的采光形式来营造各种气氛。例如开天窗比开平窗采光量高3倍，室内有半室外感；角窗、横长窗可以扩大视野；凸窗、落地窗可增大空间感；高窗、小窗则可以保证较好的私密性。在住宅的高层以及不可能有外来视线的场合，索性把卫生间的窗开大，作为景观窗，会使卫生间的面貌大为改观，别具风情。

1. 浴室空间的采光

使用浴室虽然还是晚上比较多，但也有人习惯在早晨起来淋浴、洗发，另外休息日彻底清理个人卫生时则需要白天使用浴室。浴室开窗采光，在好天气时能有阳光射进来，使洗澡的同时可以沐浴到日光，这无疑对人体健康十分有益，在精神上也能使人感到舒适和放松。同时通风和紫外线的照射还

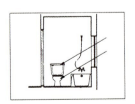 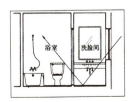 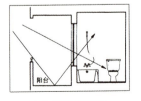

（a）直接采光　　　　（b）间接采光　　　　（c）半间接采光

图1　卫生间的采光方式

图2　浴室空间自然采光

图3　浴室内设高窗采光

图4　浴室窗外设置小景观

利于保持浴室的清洁和干燥，因此有条件的情况应争取浴室自然采光（见图2）。

由于浴室是隐私性强的场所，开窗采光必然与私密性发生矛盾。解决这一矛盾有几种办法，如：一、考虑开窗的位置，例如设高窗（见图3）；二、做毛玻璃窗或加设百叶窗帘；三、在窗外设置遮挡屏物，例如别墅中设置封闭的内庭院、天井，公寓中利用阳台、露台等，通常在其中种植些花草树木，形成小小的景观，使沐浴中能观看窗外景色，赏心悦目。这样的小景点虽然只占2～3m²的空间，却使浴室的环境质量得到很大的提高（见图4）。

2. 盥洗空间的采光

盥洗空间一般指摆洗脸盆和洗衣机的场所，采光首先从盥洗空间的使用上考虑。一般早、晚利用盥洗空间的情况较多，由于早上利用盥洗空间，是为出门工作、学习前对自己进行修饰、整理，在某种意义上说比晚上更重要。早上在盥洗空间能接受到晨光，呼吸到新鲜空气，可以使人精神振作，驱

图5　盥洗镜前两侧采光

图6　镜子上方开设高窗

走倦意。此外，盥洗空间争取自然采光对女性化妆很重要，在灯光下化妆一般容易化得较重，对色彩也有一定错觉，出外到日光下显得很不自然，化妆台前有自然采光会减少这种情况的发生。

盥洗空间的采光应注意进光的角度，一般洗脸、化妆从正面采光比较合适，但正面往往需要安置大镜子，这种情况下，采取中间设镜两边设窗的方式可以解决矛盾，两侧采光还可使面部光线显得柔和（见图5）。在公寓住宅中，盥洗空间往往设置在内侧，没有机会直接采光，最好把与靠外墙侧浴

室之间的隔墙变成半透明隔断，以争取间接采光。当然在边单元时盥洗空间直接开窗的机会还是很多的。在独立住宅中也可以利用镜子的上方空间开设高窗，高窗的采光效果好，但开启和打扫起来不方便（见图6）。另一种是开天窗，开天窗时的位置要注意，如果正好开在头顶部，会给面部造成不愉快的阴影。天窗的清扫十分不便，只适合于空气清洁、雨水较多、可自然冲洗保洁的地区。

3. 厕所空间的采光

厕所空间一般指仅带坐便器和一小洗手盆的空间，如客人和工人用卫生间。其采光一般说来比浴室、盥洗空间要求低一些。因为如果是独间厕所的话，使用目的很单一，人在其中不会停留太长时间。开窗主要目的是为了换气，所以厕所里开高窗、通风窗的较多。

厕所与盥洗空间、浴室空间等合为同一空间时，设窗应优先考虑洗脸、化妆及沐浴的采光要求。

二、卫生间的照明

在繁忙的生活中使用卫生间的时间主要集中在早晨和晚上，因此人工照明必不可少，特别是一些普通住宅中卫生间没有自然采光，在白天也必须用灯光照明。照明主要考虑的问题是适当的照度，照明的形式、范围，光源的色彩效果等。对于卫生间来说，照明除了满足化妆、洗漱等动作上的要求以外，还必须满足清洁卫生方面的要求。例如要能看清洗脸池、浴盆等洁具是否清洁，能正确辨认自身的肤色、排泄物的颜色，从而保证能及时打扫卫生，正确地判断自身的健康状况等。

我国住宅的照明水平现在还处于相当低的阶段，半数以上的住宅卫生间的照度还不到10lx，2000年我国小康住宅的建议照度水平略有提高，卫生间的平均照度为20～30lx。而美国为300lx，德国为120lx。日本对住宅卫生间的照明标准有较细的规定，也许对我们有一定的参考价值，如表1所示。

日本住宅卫生空间的照明标准　　表1

卫生空间	照明方式	照度（lx）
浴室、洗脸间	整体照明	75～150
化妆、梳理	局部照明	200～500
厕所空间（晚间）	整体照明	50～100
厕所空间（深夜）	整体或局部照明	1～2
家务空间	整体照明	75～150
洗衣空间	局部照明	150～300

1. 浴室空间的照明

浴室的照明除了保证一定的照度以外，灯具的设置位置很重要。要防止洗头、擦身子时背光，眼前光线暗，另外从私密性的角度考虑，应注意不要把自身的影子映在窗户上。一般把灯具设在窗侧或窗上方，理想的作法是设两盏灯，可以互相消除影子，如图7所示。

设在顶棚正上方的灯，容易造成人低头擦洗时处在自身的影子中，另外顶棚容易结露，对灯具有损害，万一落下很容易伤人。不得不在顶棚设灯时，一定要严格注意构造和灯具的防水性。当然只要是设在浴室里的灯都应该要确保防湿、防潮，应加设封闭型灯罩。浴室的灯具可以选白炽灯，也可选荧光灯，人在白炽灯下肤色显得比较自然。此外进出浴室，开关灯

住宅卫生间的光环境设计

相对频繁，白炽灯有瞬间可以点亮的优点。荧光灯的好处是比白炽灯照明效率高，有30W的一盏灯就足够亮了。浴室采用冷色调时，荧光灯能突出其清凉、静雅的气氛，银色的水龙头、五金具也更显得闪闪发光。

2. 盥洗空间的照明

洗脸间除了全体照明以外，更重要的是洗脸化妆台前的局部照明。全体照明可以采用吸顶灯、筒灯或装于高处的壁灯；局部照明一般设于镜子的上方或两侧的壁面上，也可与化妆组合柜结合设置。灯具的位置应保证在垂直于镜面的视线为轴的60°立体角以外。灯光应照向人的面部，而不应映于镜子中，以免产生眩光，灯具设置位置如图8所示。镜前的主要视觉工作是洗脸与化妆，镜内所看到的人像距离约是脸至镜子距离的两倍。由于需要观察较小的细部，在背景对比低的情况下，需要较高照度。

由于玻璃镜面具有吸收红色光谱的作用，在较厚的玻璃内光线经过反复入射、反射后，红色光被吸收较多，因此在镜内看到的人，外貌略感血色不足。如选用红色光波成分较多的白炽灯，可以弥补不足。新型的荧光灯在光色和显色指数上已有很大提高，又因照明效率高、不刺眼等优点，常被采用。此外，各种灯的灯罩最好选用漫射型乳白色玻璃灯罩，以使光线柔和。

（a）灯设在窗对面，容易把人影映在窗上

（b）灯设在窗上方是正确的做法

（c）灯设在人常处位置的后方或正上方，会造成人处在自身的暗影中

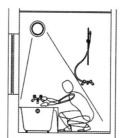

（d）灯设在人的前方靠近窗侧是正确的做法

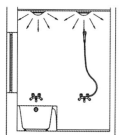

（e）设置两盏灯可相互减弱阴影

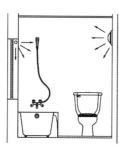

（f）结合窗户设置灯具，可减弱映在窗上的阴影

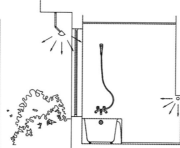

（g）设在窗外的灯具，既可照亮庭院又可照亮浴室

图7　浴室空间的照明

3. 厕所空间的照明

独间厕所空间较小，设一全体照明即可。灯具一般设于顶棚，如需设在墙壁上则要注意灯具的位置不能与内开门冲突。灯具设在便器的正上方或后方都不合适，容易造成自身挡光，如图9所示。

由于在厕所中需要正确观察排泄物的颜色、状况，另外一些人喜欢在厕所中读书看报，因此厕所的照度不可太低，但是太亮也有缺点，特别是夜间上厕所会觉得很刺眼，最好选用可以调光的灯具。此外，厕所灯具开关频繁，需要瞬间能够点亮，因此一般情况下应选用白炽灯。

厕所的开关应设在亮处、明显易找到的地方，通常设在厕所的外面、门的附近。可以把排风扇和照明的开关结合在一起，开灯时风扇便起动；关灯后，风扇再继续工作几分钟后自动停止。

综上，卫生间的光环境设计对提高卫生间的使用品质具有重要影响。合理的光环境设计有赖于设计师对卫生间的各种使用功能的深刻把握。在这个基础上调整光线的入射方向、角度、光线强度、光色等因素，从而营造一个良好的、怡人的光环境，为使用者带来便利，带来愉悦的空间氛围。

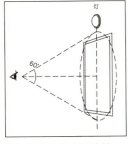

(a) 灯具应设在视线的 60°立体角之外

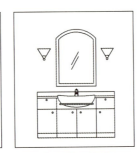

(b) 灯设于镜子上

(c) 灯设于镜子两边墙上

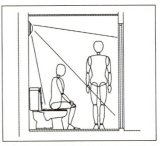

(d) 灯设于镜子上部墙上

(e) 灯具与洗脸化妆柜组合，横向布置

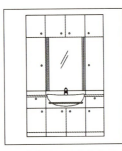

(f) 灯具与洗脸化妆柜组合，竖向布置

(g) 灯具设于顶柜下部格栅内

图8 灯具与镜子之间的关系

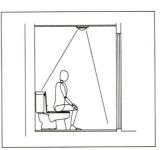

(a) 设在便器后方的灯，容易造成自身挡光

(b) 灯具设在便器的前上方或前侧方较好

图9 厕所空间的照明

中国未来住宅厨卫设计发展趋势研究

一、引言

伴随着中国经济的高速发展和人民生活水平的迅速提高,中国的住宅建设也进入了高速发展的阶段。在这一阶段中,不仅住宅的数量将有大幅度的增长,而且对住宅的质量也提出了更高的要求,从过去的以满足居民的基本居住需求为主转向追求为居住者提供更加舒适的和满足个性化需求的居住空间为主。由于厨房和卫生间是住宅中功能最多、使用最频繁的空间,其设计合理与否对于住宅整体的居住舒适程度有着至关重要的影响。本文将在相关调查的基础上,对中国目前厨房卫生间设计中存在的主要问题进行整理,并对未来住宅厨卫设计的发展趋势进行探讨。

二、中国住宅厨卫空间目前存在的主要问题

清华大学建筑学院在1999年、2001年,分别在全国范围内对20世纪90年代以后建的住宅进行了入户调查(1999年157户,2001年211户)。通过对这些调查中与厨房和卫生间有关部分内容的调查结果的整理,关于中国住宅厨卫空间目前所存在的主要问题我们可以得出以下的一些结论。

1. 厨房中油烟污染严重

由于中国传统烹饪方式中炒、炸等操作产生大量的油烟,对厨房以及其他房间都形成一定程度的油烟污染。以前的厨房设计对此基本未作特殊考虑。因此很多居民自发地采取的一种对策是,将厨房阳台封闭改建为热炒间(见图1、图2),部分住户将原厨房加入餐桌改为餐厅。从入户调研中可以发现,中国的住户把厨房阳台封闭后改成热炒间的比例很高,如大连一些小区甚至达到90%以上。

图1 阳台改成热炒间,空间狭窄

图2 阳台改成厨房、原厨房加入餐桌改成餐厅

住户将厨房阳台改成热炒间的理由是控制油烟扩散使污染范围缩小,做到干、湿分开,洁、污分开,适合中国烹饪方式油烟污染大的国情。但由于厨房阳台在设计中并没有考虑上下水、煤气管线等问题,给住户改造带来极大困难。并且由于厨房阳台空间狭窄,难以组织合理的操作动线,造成使用

图3 管线布置混乱

不便。北方地区还因阳台没有足够的保温和采暖措施，使烹饪作业条件很差。此外摒弃原烟道将抽油烟机直接对窗外排烟的方式，虽有排烟效率高的优点，却有倒灌、影响建筑立面、污染上层住户等弊病。

2. 厨卫管线布置缺乏协调

由于目前国家在厨、卫管线布局接口等方面没有严格的统一标准，造成各工种各自为政，各种管道的配置任意性过大，各专业过分强调本身的特点，而不是服从使用功能，考虑放置设备及装修的要求。特别是煤气管任意穿行厨房，造成厨房布置橱柜困难（见图3）。橱柜厂家不能批量定型生产，须到每户去实地测量，避开管线，橱柜安装时还必须在成品上凿洞开槽，增加了许多手工操作，并使橱柜质量大受影响。

3. 小面积住宅卫生间比例偏大

目前中国的卫生间设计中存在着盲目追求增加卫生间个数的倾向，如两室两厅的套型中，就有2卫（主卧卫和共用卫）甚至3卫（主卧卫、共用卫、工人间卫生间），特别是北京这类的设计很多。而调研显示，住户更需要的是储藏间（见图4、图5）。

笔者认为，在小面积住宅及经济适用住宅中设多个卫生间既不经济也无必要。由于现在的中国家庭多是以小家庭为主，平均家庭人口为3.6人（全国第五次人口普查统计数据），两室户的购买者一般为青年夫妇，有一个卫生间应该足够。另外中国家庭中亲情关系强，父母与孩子同用一个卫生间一般没有太大的抵触感。

4. 卫生间干湿不分，设计不细

目前中国大部分住宅的卫生间中便器和淋浴器共处一室（见图6），造成淋浴后便器及地面全被打湿，带来很多不便。而随着燃气热水器和电热水器的普及，每天洗澡已经成为大多数人的习惯，使这一问题更加具有普遍性。

调查发现，有的居民为解决这一问题自行采取了一些措施，主要包括加淋浴隔断，在浴盆外封门或加浴帘等。但这些做法在解决干湿分离问题的同时却带来洗浴空间变狭小和舒适性降低的负面影响。此外缺少更衣、储藏空间及洗衣、搓洗操作空

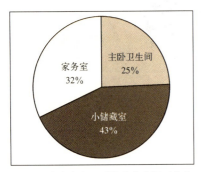

图4 两室户中有4m²的自由空间时住户的选择倾向

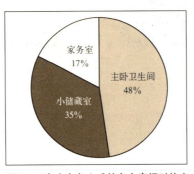

图5 三室户中有4m²的自由空间时住户的选择倾向

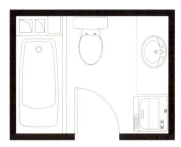

图 6　中国普通住宅的卫生间常见布置形式

间等，是设计不细的表现。

5. 没有考虑应对老龄化社会的需要

中国已经开始进入老龄化社会。2000年，中国65岁以上人口的总数达到9千万人，占总人口的比重达到7%。2007年已达到1.4亿，未来一个时期，中国人口的老龄化还将进一步发展，进入深度老龄化社会。针对这种趋势，需要住宅设计积极加以应对，使住宅更加能够适合老年人的使用要求，而厨房和卫生间则是其中首当其冲的关键部位。

但就现状而言，住宅的设计还很少考虑老年人的需要，特别是厨卫空间从老年人使用的角度看存在许多问题，主要包括：①地面存在高差，不利于老年人安全行走和轮椅进出；②地面材料过于光滑；③卫生间中缺少必要的扶手；④洗浴设备不能满足老年人安全使用的需要；⑤厨房的设备和布局不能适合老年人的生理特点；等等。

三、中国住宅厨卫的发展方向

1. 双厨将成为主流并向 LDK 型发展

近一、二年的新项目中，双厨的设计开始出现（见图7），发展商及建筑师将住户改造的意愿吸纳入设计中，一些项目将此称之为中西厨房。中厨即为油烟大的热炒间，可用门隔开并对外有窗，西厨则是制作冷餐，使用微波炉、电饭煲操作的场所。

双厨的设计受到多数住户的欢迎，今后一阶段会成为主要的厨房形式，但在设计上还需要进一步完善和深化。如中、西两部分厨房的面积比例问题，中厨中确保基本操作所需的最低限空间大小问题，以及管道布置方法问题等等。

进一步的发展趋势将是LDK式开敞厨房的普及，热炒间被隔出后，厨房将与餐厅合并，并向

图 7　目前新的住宅项目出现的双厨设计

起居室开放。形成LDK式开敞厨房趋势的主要原因有：①青少年的饮食习惯正在发生改变，西方餐饮文化的影响将使未来居民饮食结构中传统中餐的比重有所下降；②家庭在外请客的比重增加，家庭中大量烹饪的机会减少；③厨柜家具化，厨房在美观上可以满足开放的要求；④厨房开放可使厨、餐、起空间连续、互借，扩大空间感，对小套型有很大好处；⑤小家庭因此可增加接触机会，使主妇的烹饪操作不再孤独；⑥随着抽油烟机产品性能的改进，油烟污染问题将得到很大程度的改善，等等。

2. 卫生间需要干湿分离和弹性分隔

由于生活水平的提高带来入浴行为的日常化，将浴室作为湿空间单独分离出来将变得十分必要。因此，卫生间的干湿分离将是一个必然的趋势。通过入户调研可以发现，住户对能够做到干湿分区的卫生间设计赞同的比例很高（见图8）。

另一种可能的趋势是，卫生间以轻质材料分隔使卫生空间被重新划分和弹性增加成为可能，如将紧邻卫生间的部分空间在必要时方便地改成卫生间的一部分。此外，空间的弹性分隔也是为新功能的增加预先做准备的需要。如目前桑拿浴房、蒸汽浴房等设备已经成为家用卫生设备的新成员，将来为了健康和美容还会出现其他新的器具设备，卫生空间应为新设备的加入预留空间。

3. 厨卫的整合设计将受到重视

住宅厨卫是住宅中科技含量最高，涉及面最广，需要各工种配合，综合设计的部位，所谓整合设计就是从整体出发全面考虑，注重长久的综合效益。

因此，厨卫设计中各种管线必须进行统一设计、统一协调、统一施工。不得因各自的特殊性破坏整体布局。管线应集中、隐蔽，设立集中管井、管道夹墙或管道间，使压力管线尽可能集中布局，并且方便检修、更换、计量。暖气布置应考虑不妨碍厨具和洁具的布置为主，在厨房中应注意避免切断流线，在卫生间中应尽量放在不妨碍行动的位置以避免造成烫伤、碰伤。便器的排水口距墙距离必须标准化，以提高产品的互换性、适应性，方便设计、施工及住户选用。此外，节能、节水、危险预示报警、电源插座的合理布置等都是整合设计中不可缺少的内容。

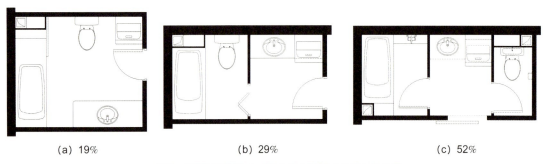

(a) 19%　　　　(b) 29%　　　　(c) 52%

图8　相同面积下住户对卫生间布置形式的倾向性选择

4. 设置设备层以适应厨卫的更新和灵活布置

一般钢筋混凝土建筑寿命可达100年,但住宅内的装修、套型划分及管道设备等10~30年就需要更新,特别是近些年,随着科技的进步,新型设备不断出现,使住宅结构体系与设备出现不相适应的现象。

今后住宅建筑的结构体系将越来越坚固,而内部套型隔墙划分和设备更新越来越频繁。占建筑费用1/3以上的结构部分如因不能适应改变而被摧毁将是一种巨大的浪费。

日本提出的骨架住宅将结构以外的部分变成可移动和修改的(见图9)。

地面设架空层,走水平管,而把立管集中放在公共部分,当住宅用户更换或使用要求改变时,可打开本层装修地面,重新布管,厨、卫的位置可以灵活改变;立管由于在公共部分,便于检修、查表、更新,施工中不会影响其他用户和整体结构。当然架空层占据一定的高度,会增加初期投资费用,但从整体考虑,仍是经济高效的。这样的体系应该是我国住宅今后发展的方向。

5. 重视厨卫的通用设计

这里所说的通用设计,指的是在考虑适合老年人、残疾人等特殊人群使用的同时,也适合或不妨碍一般人群的使用。住宅中的厨房和卫生间是典型的需要通用设计的空间。针对中国的实际情况,笔者认为主要应注意以下几个方面:

(1)消除厨卫与相邻地面的高差。过去出于排水的考虑,以及地面装修使用不同材料的原因,卫生间和厨房与相邻房间的地面之间均设有高差,但这对于老年人和残疾人的通行造成障碍。根据通用设计的理念,应消除高差,而以其他方式解决排水及地面交接问题。

(2)设置必要的安全装置。老年人由于生理功能下降,感知危险和自我保护的能力相应降低。对此,需要通过设置必要的安全装置来加以弥补。如在厨房中安装煤气泄漏报警器、烧干或灭火后自

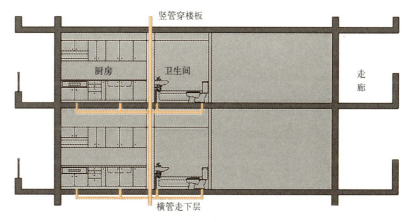

图9 新旧管井布置示意图

动关闭装置等。采用没有明火的电磁炉是一种安全的方式,但必须改变烹饪习惯,这会使一些家庭不适应。

（3）橱柜布局应兼顾轮椅使用者的使用。中国目前常用的橱柜布局有"一"字形、双列形和"L"形,其中L形布局因台面连续,使用轮椅的操作者可将物品在桌面上移行,而比较省力和安全。双列形布局是我国最常用的橱柜布局形式,特别是在板式住宅中厨房带阳台的情况下常见。双列形布局要求厨房必须有足够的面宽（2400mm）才能满足使用轮椅的要求。这一面宽对正常使用者来说也是最佳的尺寸,因此应该提倡。一字形布局空间利用效率低,轮椅横向移动不便,因而也不适合轮椅使用者使用（见图10）。

（4）卫生间中应设置扶手。卫生洁具旁均应根据受力的关系在合适的位置设置扶手,并应特别注意使可扶物之间具有连贯性,以免老人在途中因无处扶靠而发生危险。在暂无设置扶手必要的住宅中也应在墙内设安装预埋件,以便在需要设置时可以方便地安装。

（5）浴盆的外侧边应加宽,便于老人在外侧边坐下后慢慢移入浴盆。在浴盆外设置淋浴空间及坐凳,以避免在浴盆内淋浴时滑倒。

6. 追求人性化设计

所谓人性化设计,指的是更好地满足人的各方面需求的设计,包括精神和物质两方面。在住宅厨卫设计中今后应注意以下几点：

（1）注重舒适性,使设备和器具的设计更加符合人体工效学的要求。

（2）注重健康性,使采光、照明、通风、换气和采暖等条件得到改善。

（3）注重安全性,使用绿色环保材料,注意防滑、防燃,设置必要的安全警报系统。

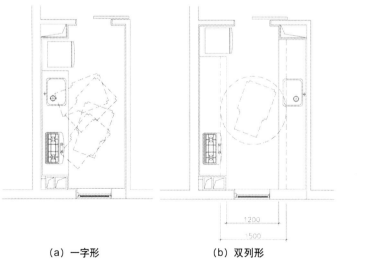

(a) 一字形　　　　(b) 双列形　　　　(c) "L"形或"U"形

图10　轮椅的活动与厨房布局的关系

(4）注重方便性，如厨房和卫生间的储藏会分类更细，设置的位置更便于人使用。

(5）注重娱乐性，如实现可在厨房和卫生间中看电视和听音乐。

(6）注重审美性，使造型设计和颜色搭配多样化，满足广泛的审美要求。

中国正处在住宅的大量建造时期，迅速提高住宅的设计水平和建造质量可以说是当务之急。厨卫作为住宅的心脏，既是住宅中技术密集度最高的部位，也是左右住宅的质量和使用性能的关键部位。

发达国家在住宅厨卫设计中积累的许多经验是值得中国借鉴和参考的，但是同时也必须根据中国的具体情况加以必要的改进和创新。因此，中国的厨房在向开敞和追求时尚的方向发展的同时将会保持相对封闭的部分；中国的住宅也不必追求每间卧室都套一个卫生间，而可以通过把卫生间弹性分隔和小间化来满足更高的使用需求；利用降板做设备层的方法可以使厨卫的布置和设备更新得到充分的自由度，并实现与结构体系的同寿命。

面对人口老龄化快速发展的趋势，中国的住宅设计，特别是厨卫设计也必须将同时适合老人使用的通用设计作为重要的研究课题，以使住宅能够满足延长老年人自理自立时期的要求。

老年客户群居住需求调研及设计建议

随着人口老龄化时代的到来，老年人在居住上的问题也明显增加起来。为了保证老年人居住的安全性和舒适性，对其居住需求进行充分的了解是必不可少的环节。我国老年人的现有居所多为普通住宅，没有考虑老年人的居住特点和需求，为老年人的生活带来很多不便也存在着大量的安全隐患。因此，本文在大量入户及问卷调研的基础上，对老年人在现有住宅中的生活状况进行了较为深入的了解，在此基础上总结出老年人在生活习惯上的共性，并进一步提出了适合于老年人的居住空间设计建议。希望通过研究能为我国今后的老年住宅设计带来有益的参考。

一、老年人生活习惯上的一些共性及问题

人到老年，生理和心理大异于从前——随着年龄的增长，生理上会眼花、色弱、步履蹒跚、行动迟缓、记忆力衰退；在心理上多有失落感、孤独感。因此在开发建设老年住宅时，必须要深入研究老年人的身体特点、生活习惯以及他们对住宅的特殊要求，在满足老年人一般生理需要的同时，还要考虑老年人在心理方面的某些特殊要求。

我们在调研中发现，大部分老人的某些生活习惯、细节是有共性的，而某些习惯对于居住空间提出了特定要求，需要我们在设计中给与关注。在这里将调研的结果总结于下，供设计参考。

1. 喜欢钉挂东西

随着记忆力的下降，老人喜欢在每间屋子的墙上都钉挂闹钟或日历来提示时间（见图1）。然而现在的住宅墙面比较坚硬难以钉挂，常常只能钉在木质的门或柜子上，或借挂在其他设备上。因此在老

图1　老人在空调下引线挂置日历

人家居设计中,可适当考虑挂镜线的设置或预留钉挂点,并且必须保证钉挂物品的牢固性。

2. 喜欢在床边放置写字台

比起床头柜等较矮的家具,老人更喜欢在床边放置诸如写字台之类稍高一点的家具,以便起身时可以撑扶。较大的桌面也便于放一些药品、茶杯、照片、收音机等常用物品(见图2)。在为老人选购家具时应该充分考虑到这一点。

图3 暖瓶放在地上容易碰倒发生危险

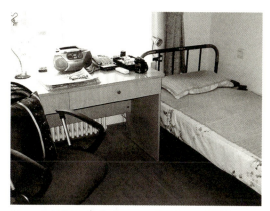

图2 床旁边设置了写字台,放置着照片、药品等物,老人起身时也可撑扶

3. 喜欢使用暖瓶

尽管有了热水器和饮水机,暖瓶对于老人来说仍是使用频繁的物品——可能是觉得饮水机的水存放时间太长,不够新鲜,更多的是出于习惯。然而暖瓶易碎且容易造成烫伤(见图3),若将暖瓶放在较低的地方易被碰倒,而且弯腰拿取不便。放到太高的台面上则不方便老人倒水和灌水。在考虑暖瓶的放置位置时,要注意安全因素。可将暖瓶放在60~80cm高度的不容易碰到的台面上。

4. 喜欢坐在阳光充足处

老人喜欢温暖,喜欢坐在离窗较近的地方,一边晒太阳一边读报、看电视。所以在窗前(特别是南窗前)应该留有一定的空间设座,同时要注意窗户开启的方向,防止对老人造成磕碰或开启不便。

5. 喜欢使用浴霸

老人洗澡的时候格外怕冷,特别是在每年春秋两季供暖前后时期。因此浴室中一定要安装浴霸补充供暖。浴霸的位置既不能太近,给人体造成灼烤的感觉;也不能太远,达不到暖身的效果。浴霸控制面板应位于老人洗浴中可以操控而又淋不到水的地方,以便随时调控。

6. 喜欢养花草或宠物

老人通常喜欢养花草或宠物,作为晚年生活的爱好和寄托。在阳台上应该留出相应的空间。如设置坚固、高度适中的台架,用来摆放花草,或存放小型工具的柜子或宠物的小舍等。

7. 喜欢折叠桌椅或叠摞凳

老人喜欢在家中过节聚餐，特别是和儿女们周末聚餐，是很多老人每周的节日。很多老人喜欢使用折叠桌椅等可以节省空间的家具（见图4）。在挑选这些家具的时候一定要注意其稳定性，以免发生危险。同时要考虑折叠家具收起来后的存放位置，防止绊倒老人。聚餐时不但应该有足够的空间，还要留出足够的通道。

图4　家中预备较多的叠摞凳供多人使用

8. 喜欢把东西放在随手可及的地方

因为记忆力下降的缘故，老人喜欢把东西放在便于取用的地方。比如：常用的东西放在窗台上。在老人房间的布置中，最好多设台面，选用明格家具，或者玻璃门柜橱。抽屉不宜太深，以便于老人寻找物品。

9. 喜欢收到礼品

礼物象征着关心，所以老年人特别喜欢收到礼物。孝敬的晚辈逢年过节总会送来各种各样的礼品——比如营养品或者保健品。如果没有适当的存储空间，老人就会随处存放或塞到角落。时间久了容易忘记，导致营养品变质浪费。因此应该设计充足的礼品、物品存放空间，并设计成明格。

10. 喜欢储存粮食

相对于年轻人而言，老人喜欢自己煮制各种主食，因此老人会购买各种各样的米面和豆类。同时，为了减少请人帮助搬运的次数和传统的心理安全上的需要，老人喜欢在家中囤积较多的粮食（见图5）。这些都需要一定的存储空间。储存粮食的空间一定要注意防虫、防潮，同时还要保证卫生，方便取用。

图5　老人喜欢存储粮食，以防不测

11. 不喜欢睡席梦思床垫

老人觉得席梦思床垫太软，不方便起床翻身，而且医生也不建议老人睡软床。同时部分老人希望床边有把杆或扶手，以帮助起床。这些在替老人选购床的时候都应该注意。

图6 老人喜欢分床睡

12. 不喜欢同床休息

老人常因作息时间不同或起夜、翻身、打鼾等问题而互相干扰。大多数家庭中老人各自有单独的床，或者分别睡在不同的房间，避免影响彼此睡眠（见图6）。

13. 不喜欢面对窗户睡觉

老人睡眠情况不好，很容易被外界干扰。因此如果睡眠时头部对着窗户，会被清晨的阳光照醒。所以老人房间的窗帘要能够遮挡光线，如：选用遮光窗帘。在家具布置时应重点注意床头的方向，既要保证老人的头部不被风直接吹到，又要保证良好的通风效果，同时还要尽量避免睡眠时使面部对着窗户的摆放形式。

14. 不喜欢使用空调

老人对温湿度变化很敏感，总觉得空调的风"太硬"。尤其是夏季使用冷风时，很多老人会觉得关节部位有酸痛感。所以老人的房间一定要注意自然通风和采光，尽量避免使用空调。当不得不使用空调时，送风方向避免直接对着老人的坐卧范围——如床或写字台。

15. 不喜欢改变家具位置

即使房间内家具位置的调整能够极大地改善生活，通常老人也不喜欢大的改变。对老人而言，搬家具，适应新环境带来的麻烦远远大于因此而产生的便利。因此在最初布置设计老人房间的时候务必考虑周全，尽量不要留下任何问题"以后再说"。

16. 不喜欢做幅度太大的动作

老人的身高与年轻人相比普遍较矮，而且行动能力有所下降，因此老人的操作范围相对年轻人更小。目前市场上使用较多的厨房台面高度是85~90cm，对老年人而言偏高，比较合适的高度是80cm左右。吊柜和地柜的把手位置也应该接近老年人的手臂活动范围，不宜太高或者太矮（见图7）。

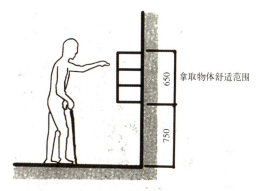

图7 老人拿取物品的舒适高度是地面以上750~1400mm之间

17. 不喜欢站或蹲着换鞋

俗话说：人老先老腿。老人的腿力和平衡能力都有所下降，因此站着换鞋很不方便。对于大多数老人来说，蹲是一个比较困难并且危险的动作，甚至容易引发脑血栓等心血管疾病。因此在门厅处要放置座椅，便于老人坐着换鞋。不仅是出于舒适，更是出于安全的考虑。

18. 不喜欢过于复杂的东西

老人不喜欢过于复杂、现代的生活用品和家用电器。因此无论是家具还是电器，都应该选择简单易操作的类型，各种电器的控制面板应该大而醒目。如果能和老人原来使用的形式比较接近，会让老人更容易接受。

19. 不喜欢扔掉不用的东西

敝帚自珍是老人的天性，不但舍不得扔自己的东西，还会保存一些儿女淘汰的家具电器。如果没有足够的储藏空间，老人就会堆放在家中使房间变

图8 家中物品堆积影响老人拿取其他东西

得混乱（见图8）。因此老人房在设计中，必须预留足够的储藏空间。

20. 不喜欢太麻烦的清扫

随着劳动能力的下降，老人不喜欢难于清扫的东西。因此家具物品的造型、线脚，要选择简单易擦拭的形式。因怕擦地打理，部分老人选择在家中铺地砖。在地砖种类的选择上，要注意防滑和耐脏两种要求。特别是厨房卫生间的地砖表面，既不能太光滑，也不能有凹凸过深的纹理。在颜色上要避免使用后容易显脏的太深或太浅的颜色。

生活中老人的喜好、习惯看上去都是小细节，在设计中尊重这些细节对老人生活的安全和舒适起着至关重要的作用。

二、对老年住宅内各个空间的设计建议

对于老年住宅的一般要求是：环境清静、楼层较低、采光良好、通风良好、视野开阔、安静卫生、进出方便，尤其要坚持保障设施无障碍原则。具体到住宅内各个空间的设计要点有下面6个方面。

1. 卫生间

（1）卫生间内暖气的位置需要精心设计，做好防护，且不能影响通行，如放在门后、墙壁上等较为隐蔽、安全的地方，防止老人被烫伤或碰伤。

（2）卫生间内安装防水插座。插座的设置位置：水池旁，作为吹风机、刮胡刀、电动牙刷等的插座；坐便器旁，便于以后改造为智能型坐便器；浴霸、排风扇附近的高处；另外插座应设置在淋浴的范围之外。

（3）坐便器、洗手池高度要合适，一般坐便器高度为450mm左右，洗手池高度为800mm左右

图9 应在坐便器旁墙面适当位置安装手纸筒、紧急呼叫器、抓杆、冲水按钮等

（4）坐便器的旁边可设"L"形扶手及紧急呼叫器（见图9）。

（5）坐便器最好选用白色，以便老人观察排泄物有无问题。

（6）老人洗澡时浴室的温度应略高于其他居室，瞬间升温的方式最为理想，所以浴霸等采暖电器的使用对老人有益，需要安装在浴室的顶部，洗浴范围的上方，距离头顶50～60cm为宜。

（7）灯光的适宜位置：卫生间的灯光不宜过低；除洗脸池上方设镜前灯外，坐便器的上方也宜设灯，便于老人检查排泄物；浴霸有照明的功能，但不能代替照明用具。

（8）安装浴缸的老人家中应注意以下几点：浴缸高度450mm以下为宜，颜色以白色为佳，要做好防滑处理。浴缸不宜过长，部分的边缘宽度应达到250～300mm，便于老人坐着移入。在浴缸附近必要的位置应安装扶手，便于老人抓扶。淋浴使用比较频繁，应与浴缸分设，有专门的冲洗位置。

（9）洗澡时卫生间内应该有方便老人坐下的地方，或可以放置小凳子的空间。

（10）浴室内可设置一面镜子，老人洗澡时可以及时发现平时不易观察到的身体变化，例如皮肤的淤青等。

（11）在干、湿区的分界处应放置一个地垫，旁边设一把椅子便于老人坐着擦脚或换鞋（见图10）。

（12）卫生间内应该铺设防滑地砖，防止老人在卫生间内滑倒。

（13）卫生间里的装修色彩应以清淡、易清洁为主。

（14）扫帚、拖把等清洁用具需要设置专门的挂置空间，做到分门别类、洁污分开。

（15）手纸盒的位置应便于老人在如厕时拿取，一般距离地面750mm，距坐便器前方250mm（见图9）。手纸也要有充足的储备空间，且应保证手纸在储存的过程中不会受潮。

图10 应在浴室入口及室内地面铺设防滑地垫，坐便器上铺设软质坐垫可作为换衣服时的坐凳使用

（16）卫生间内应设置挂毛巾的地方，做到不同用途的毛巾分开展开放置，要保证通风良好、不易受潮，且应便于洗浴与洗脸时拿取。

（17）因为老人平时喜欢用脸盆，需要从龙头接水，所以洗手池的形状及龙头高度应便于放置脸盆。

（18）卫生间门口的高台或过门石很容易绊倒老人，应尽量消除。

（19）为了方便老人夜间如厕，卫生间距离卧室越近越好。

（20）部分老人夜间常使用尿盆、夜壶等，卫生间内应设有便于刷洗这些用具的龙头、水池和放置场所。

（21）洗浴最好能分离出一个单独的场所，而且空间不必过大，以便在冬季使热气集中，保证温度恒定及便于干、湿分离。另外，洗浴空间尺度应方便老人动作的伸展，并预留护理人员的操作空间，及扶手等的位置。

（22）卫生间的门应向外开或可从外部解锁打开，防止老人在卫生间内倒下后挡住门，外部人员无法进入救护。

2. 厨房

（1）吊柜及操作台的高度设置应该根据老人的身高确定。800～850mm 高的地柜比较适合老人使用。

（2）整体厨房应根据老人的使用特点进行设计，应尽量增加台面，多设计中部吊柜。

（3）水池下部的柜体最好是空的或向里凹进，以便轮椅插入或坐凳子操作（见图11）。

（4）微波炉、冰箱等旁边应设有一定的操作台面，以方便老人临时放置物品，及时倒手防止烫伤等。

（5）炉灶要有自动断火功能，厨房内应安装煤

图11　厨房操作台下部凹进以便轮椅接近 *

气泄漏报警器（见图12）。

（6）针对暖瓶设置专门的存放位置，如放在台面上，高度以600mm左右为宜，便于老人灌水、取水，并且使暖瓶不易被碰倒，以免发生危险。

（7）厨房是老人每天频繁使用的空间，需要有适宜的温度和良好的通风，开启窗扇的大小要达到国家要求，暖气的位置不要影响低柜的布置，并能保证充分散热。

（8）抹布应按不同的用途分类、展开放置，并要保证良好的通风。

（9）在炉灶和水池的两边都要留有台面，以便烹饪和洗涤时方便放置物品。

（10）厨房中应做到洁污分区，垃圾桶的位置应注意选择，水池旁是垃圾产生最大量的地方，

＊注：图片选自日本松下电工产品。

图12　电磁炉无烟无火，老年人使用较安全

就近使用可减少污染面积，同时要保证其位置不阻碍通行。

3. 门厅

门厅的设计应该注意以下几点：应留有放置鞋柜与衣柜的空间；为老人换鞋坐下与起身方便应设置坐凳与扶手（见图13）；门厅地面要防污、防滑，门厅上空应注意设置照明；要设置进门后可顺手放置物品的台面；如果可能，应满足轮椅转圈的要求，和留有存放轮椅的空间。

4. 起居室

（1）老人坐的沙发需要有一定的硬度，且两边需要有扶手。沙发高度在400~500mm为宜。

（2）老人一天中呆在起居室的时间最长，除去睡觉几乎都在起居室内度过。老人需要晒太阳，并且不喜欢空调，所以保证起居室内的自然采光与通风非常重要。起居室内窗的采光面积要大，开启扇应保证一定的数量和面积，且布置位置应使气流均匀。

（3）窗帘应选厚重、遮光性好的材料，保证冬季挡风，并防止早上过早清醒。

5. 卧室

（1）卧室内大灯的开关应在床头增设一面板，使躺下后仍能方便的关上大灯。灯光明暗最好能做到可调。

（2）冰箱不应放置在卧室之内，以免噪声影响睡眠。

（3）卧室中的床可放置在靠近窗户的地方，白天可以接受阳光照射，但要防止冷风吹到床头。

（4）床头应该放置较高的家具，便于老人从床上站立时撑扶，最好有较宽的桌面与足够的抽屉，便于放置水杯、电话、照片、药品等物品。

（5）一些季节性比较强的物品，如凉席、风扇等，需要有专门方便的存放空间。

（6）床边应设置安全的电源插座，以方便给常用的电器、健身设备插用。

（7）电话应尽量靠近床的位置，便于老人在床上也能接电话。

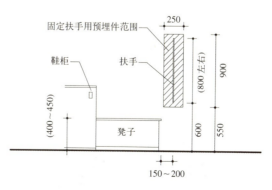

图13　门厅应设置换鞋坐凳及起立扶手

图14 老人卧床不起时，卫生间可改造为开敞式，坐便器、浴缸与床之间设吊轨，以协助移动老人

图15 楼道应在适当位置设照明灯具和扶手

图16 电梯内应设连续扶手及方便乘坐轮椅者使用的按钮及防碎镜

6. 阳台

（1）阳台的进深应适当加大，以1500～1600mm较为合适，利于老人利用阳台养花、休闲、晒太阳。

（2）阳台的内窗台可适当放宽，如设计为250～300mm，便于放置中小型花盆等。

（3）可设置一些低柜，一方面方便老人储藏杂物，另一方面其台面可以用来放置花盆和随手可以拿到一些的物品。

（4）阳台两端可增设较低的晾衣杆，方便挂置小件衣物，又不影响起居室的视线和阳光的通透。

（5）应设置晾晒被褥的栏杆，老人的被褥应该经常见阳光，消毒杀菌。可在阳台内或外，中部高度设置结实的晒大件被服的衣杆。

此外，老年住宅应有一定的可改造性。人从步入老年（60岁）到进入被照顾关怀期（85岁以上），差不多有一二十年的时间，有些设施和设备，健康时期不需要，只有在行动缓慢期（75岁后）才迫切需要。比如扶手，过早安装，会占据一定的空间，到照顾关怀期后，卫生间才需要有较大的回旋空间，便于轮椅旋转及协助人照顾老人；一般老人用洗脸盆的位置不宜过低，以免洗脸时前倾曲度过大，腰部过于受力。如果是供坐轮椅或坐着洗脸的老人使用，脸盆的高度就要下降。因此老年住宅的设计一定要事先注意留有余地，使空间和设备具有较强的可变性和改造性（见图14）。

三、对老年住宅区内公共空间及环境的设计建议

为充分保证老年人的安全，老年住宅的公共空间设计应注意以下几个方面：

（1）走道应严禁堆放杂物，走廊设计要确保有直接的通风采光，走廊应加设扶手，地面需防滑，有踏步处应加强照明并注意消除自身的阴影，灯泡可采用长寿命的节能灯，其位置应方便更换（见图15）。

（2）住宅楼的设计在一层应尽量减少室内外的高差，踏步高度以120～150mm为宜，并应设计坡道，保证无障碍通行。

（3）楼道中的扶手应连续设置，高度为850～900mm。

（4）救护车应保证能够停到单元门前，楼道等转弯处应能保证担架通行。

（5）严格遵守消防规范，并应从老人行动缓慢等方面着想，留有充分的余地。严禁窗上设置防盗栏杆，同时门窗应开启方便。

（6）老人住宅楼内应设置担架电梯，电梯内应设有轮椅使用的防碎镜及低位按钮，并希望设置两部电梯，以备维修时倒换（见图16）。

此外，针对年老以后记忆力衰退，还应加强住宅外观的识别性——设计者可通过加强住宅外观及外部环境的差异来提高住宅识别性，也可通过改善照明，变换材质、色彩及采用多色彩、大字体的指示性标志来提高识别性。入口台阶和楼梯要适应老年人体能，坡度放缓、宽度加宽，双侧设置扶手。老年住宅社区的环境要安静优美，要有遛弯、户外健身的地方；针对老年人体能、耐力较差的特点，在一定距离内设置相应的休息空间和设施；社区内以及周边的购物环境也要方便。

四、写在后面的话

进行此项研究的主要目的是要了解老年人居住生活中的实际需求及住宅的使用不便之处，发现存在的问题，寻找改善的途径，为今后的老年住宅设计、住宅装修和改建等提供借鉴和依据。

文中部分数据来源于清华建筑学院二年级同学的寒假调研：我国城市老年人居住情况调研，此调研工作自2000年开展，目前已收集到来自全国各主要城市的老年人居住信息，积累有效问卷近500份。

入户调研工作主要选取北京西城区月坛街道的汽南居住小区为研究对象。汽南小区是成熟的传统居住区，住宅资源丰富，建设年限从20世纪50年代到90年代都有，包含了北京住宅的几个最主要建设阶段，套型具有代表性。同时，汽南小区的老年工作是全国的样板之一。小区居民共3000余人，60岁以上的老年人占居民总数的26%，其中有"空巢老人"160户，独居老人有36户，是典型的老年社区。2004年，居委会提出了"无围墙敬老院"的构想，以减轻家庭负担、降低政府对养老设施建设的投入为目的，把"社家养老"和"居家养老"的模式引入社区，这是北京的一项新实践。"无围墙敬老院"的养老模式及特点是不脱离家庭、不脱离亲情、不脱离友情的多样化服务，它在某种程度上消除了两代人的顾虑，弥补了当前家庭养老功能的不足。以汽南小区为调研对象具有很高的参考价值和实践意义。

文后的附录图片为笔者在调研过程中总结出的老年人居住建议，其中针对老年住宅的各个空间提出了较为详细的设计建议，并配以图示说明，既可

住宅精细化设计·设计篇·老年住宅专题

以为开发商和设计者提供设计参考，也方便老年人对照图片检查自己住宅中的安全隐患，为装修、改造提供指导。

随着我国老龄化程度的不断加剧，老年人作为弱势群体已渐渐引起社会各界的普遍关注。面对日益庞大的老年群体，作为和老年住宅直接相关的设计者和开发商更应满怀爱心，对老年人的需求进行深入细致地研究，在开发和建设老年住宅时，尤其要关注设计细节，尽最大努力为老年人提供安全而舒适的居所。

附：老年人居住建议

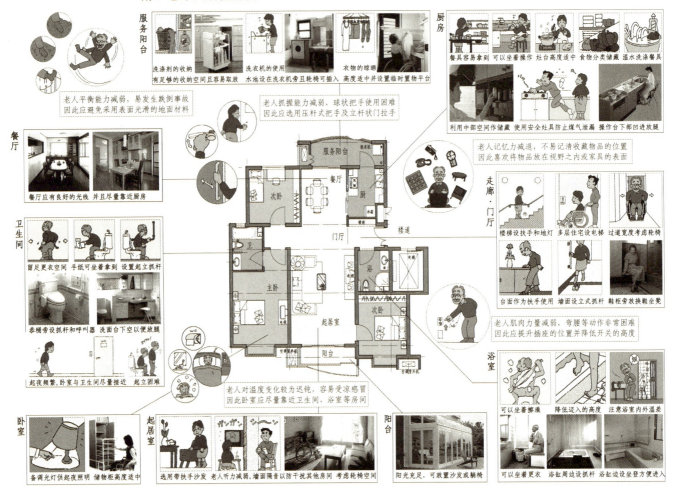

老年住宅中的共通设计事项

我国是世界第一人口大国，老年人口无论其绝对数字，还是其每年递增的增长率均属世界之最。人口老龄化的发展速度超前于经济发展，将对我国国民经济的发展及社会稳定产生重大影响。我国人口老龄化的发展趋势告诉我们，今后相当长的一个时期，老年人作为一个特殊的社会群体，一个相对弱势且正在迅速壮大的群体，在社会生活中的位置会越来越突出。不断满足他们的物质文化需求，提高他们的整体生活质量，具有十分重要的意义。

一切从老年人出发，满足老年人生理和心理对环境的需求，使老年人生活在健康、安全、舒适和人性化的居住环境中，是老年居住建筑设计研究的目标。本文作为老年居住建筑设计研究课题的一部分，主要任务是研究老年居住建筑设计中的共通设计原则，即是对老年居住建筑设计研究中的一些基本问题的概括，是对居住建筑所涉及到的各个功能空间中存在的共性问题与普适原则的总结与归纳。

文中参照国内外现有的各种老年居住建筑设计的标准与规范，及国内外老年建筑设计的科研成果，结合工程实践过程中的体会与积累，针对国内老年居住建筑的现实状况，提出了老年居住建筑设计中基本的、共通的设计原则，并针对国内老年居住建筑的现实状况，提出了一些适宜的改进策略与手段。本文主要从以下3个方面讨论老年住宅中的通用设计事项：

一、建筑共通设计原则
二、设施与设备设计原则
三、室内物理环境设计原则

卫生间无障碍设计

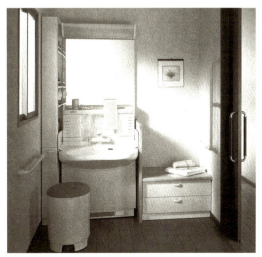

洗漱、更衣间的无障碍设计

一、建筑共通设计原则

（一）扶手

1. 动作辅助类扶手

由于身体机能的退化，生活中需要经常重复的一些简单动作对老年人来说都存在一定的困难，甚至成为发生危险的隐患。如上下移动重心、保持某种姿势等，而这些动作又是生活中不可避免的。动作辅助类扶手可以起到支撑身体重心和维持平衡的作用，合理的设置能够使老人的日常生活更方便、更安全。居住建筑的卫生间、浴室、玄关等空间中应当考虑设置必要的动作辅助类扶手。因为老人在这些生活场所需要经常性的完成弯腰、下蹲、起身等动作。扶手的长度、高度及角度，根据不同空间的不同动作目的而有所不同，总的来说应当满足最易施力的原则。一般情况下，辅助蹲、坐姿变为站姿的扶手可以竖直设置，高度下部距地面700mm起，上部不低于1400mm。扶手的端部应采取向墙壁或下方弯曲的设计，以防止老人勾住衣袖被绊倒，扶手的尺寸和形式应易于握持（见图1、图2）。

2. 步行辅助类扶手

步行辅助类扶手主要设于长距离通行空间和存在高差变化的地方。在距离较长的通道、走廊两侧设步行辅助类扶手。坡道和楼梯无论长短都需要在两侧设扶手。且扶手从坡段（梯段）到休息平台应当连续。水平的、倾斜的步行辅助类扶手的高度以距地面850～900mm为宜，水平的护栏扶手距地面900～1100mm。扶手距墙尺寸不宜过大和过小，过小有碍手的插握，过大则侵占了通道的通行净宽（见图3）。

3. 防护栏杆类扶手

当通道、坡道的一侧有陡峭的高差时应该设实体防护栏杆并加扶手，住宅阳台和露台的栏杆高度为1100～1200mm，防止跌落。通道内有门窗开启扇时应设防护栏杆，防止老人误撞（见图4）。

（二）门窗

1. 门窗的开启形式

门、窗开启扇的开闭形式直接关系到老年人操作的便利和使用的安全性。不同的形式各有优缺点，选择时需要注意（见表1）。

2. 门把手的形式与位置

应当选用易施力的把手形式（见图5）。杠杆式把手的端部应当有回形弯（见图6）。把手的手持部分不宜使用手感冰冷的材料，且应当光滑易握，不

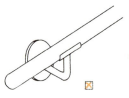

图1　扶手端部的设计

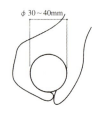

图2　易于握持的扶手直径

图3　扶手的距墙距离

老年住宅中的共通设计事项

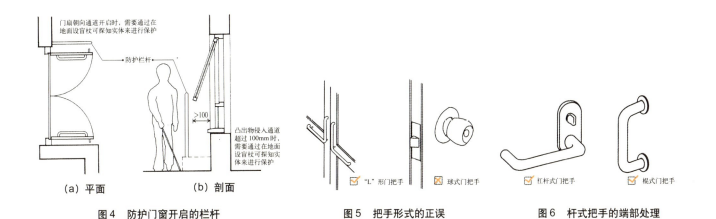

(a) 平面　　　　(b) 剖面

图4　防护门窗开启的栏杆　　　　图5　把手形式的正误　　　　图6　杆式把手的端部处理

各种门窗开启方式比较　　　　　　　　　　　　　　　　　　　　表1

形式	优点	缺点
平开扇	①气密性好 ②隔声效果好 ③便于安装锁具 ④耐久性好，不宜损坏	①开闭时容易夹手 ②开闭需占据一定的空间，开闭操作所伴随的身体移动的幅度比较大 ③开启扇受风的影响，可能突然闭合伤人
推拉扇	①开闭需要占据的空间小 ②开闭操作所伴随的身体移动的幅度比较小 ③适合轮椅使用	①气密性较差 ②隔声效果不好 ③开启需要占用一定的墙面 ④耐久性不太理想，较易损坏
折叠扇	①开闭需要占据的空间小 ②开闭操作所伴随的身体移动的幅度比较小	①开闭操作复杂、不易施力 ②气密性较差 ③隔音效果不好 ④耐久性不太理想，较易损坏

能有尖锐的棱角，以免刮伤碰伤老人。把手距离门扇边缘不得小于30mm，以避免手被门缝夹伤，这样也更方便手持和开闭操作。把手中心点距地面高度900～1000mm，一般平开门的把手设置的稍低，推拉门的把手设置稍高，以便于施力。竖向"L"形把手的高度低端距地面700mm，高端不低于1400mm。球型门把手过滑，需用较大的握力和腕力，不适合老人使用。

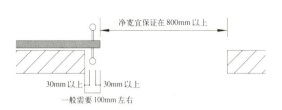

图7 保证推拉门开启后的通行净宽

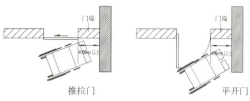

（a）方便轮椅通过的必要门垛宽度

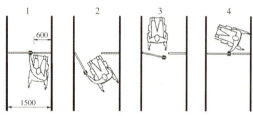

（b）门垛为600mm宽时轮椅通过的动作与步骤

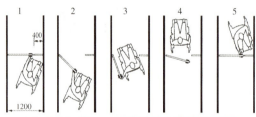

（c）门垛为400mm宽时轮椅通过的动作与步骤

图8 门旁墙垛的尺寸与轮椅通行难易的比较

3. 门与轮椅通行

很多老人使用轮椅为代步工具。居室内门的设计直接影响着轮椅的通行。我国老年建筑设计规范规定，门扇开启后门洞的最小净宽不应小于800mm。注意，推拉门的把手会占据门扇一定的宽度，使门扇不能完全推开，此时的净宽是剩下的通行宽度要预留充足尺寸（见图7）。门扇开启端的墙垛应保证一定的宽度，以满足轮椅靠近的需要，400mm为必要空间的下限（见图8）。

4. 其他

公共空间采用平开门时，为防止门扇开闭过猛，应安装闭门器。老人的单手施力能力大概在35N左右，因此门扇不宜过重，开启应当平滑。窗前有水平台面或者摆放家具时，从窗开启扇到家具的外边沿距离不能大于800mm，否则会影响窗的开启操作（见图9）。室内平开门为防止风力等突然吹动门扇，可以装门吸。但对门吸的位置应当仔细考虑，不能凌空设置，不能设在老人经常来往的动线上，以免老人绊倒。

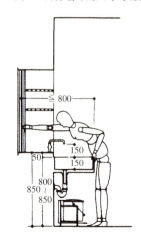

图9 窗开启操作的距离

老年住宅中的共通设计事项

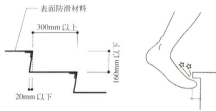

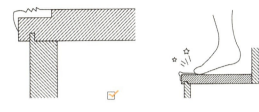

图10　踏步的适宜尺寸　　图11　凸沿缩进要小于20mm　　图12　防滑条的设置

（三）楼梯与坡道

1. 楼梯的设计要点

适合老年人使用的楼梯应当尽量平缓，踏步高应该在160mm以下，且一个梯段内踏步的高度应当保持一致。公共楼梯的踏步顶面宽应在300mm以上（见图10）。有踏步凸沿的情况下，踏步凸沿缩进尺寸应在20mm以下，否则容易绊倒老人（见图11）。防滑条一般都带有鲜明的颜色，它除了防滑的作用，还有提示高差的作用，因此应该覆盖整个踏步转角，即踏步的顶面和立面上各有一部分，这样上行和下行方向都能看到，且防滑条尽量不要突出踏步表面（见图12）。踏步的顶面与立面应用对比度较大的两种颜色来区分，方便老人识别高差和转折的位置。公共场所的楼梯还应该在起止处设可触型警示地砖（见图13）。

楼梯照明注意隐藏光源，不能直射人眼，且光源应该采用多灯形式，以防止踏步表面出现阴影或自身的投影。最理想情况的是设置地灯（见图14）。在楼梯起始处，扶手端部应该延长300mm以上，以加强预示，保证安全（见图15）。

弧形梯段不适合老人行走，应尽量避免。较宽的台阶在中部需要增设扶手，以防身体不稳时无处

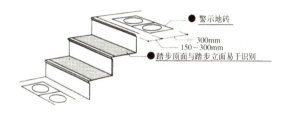

图13　踏步表面色差和警示地砖

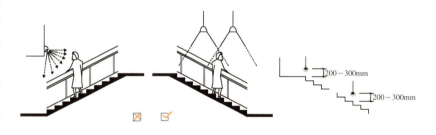

图14　楼梯照明的形式

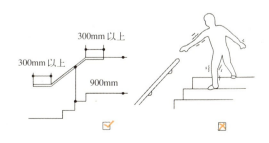

图15　扶手的端部延伸至梯段平台

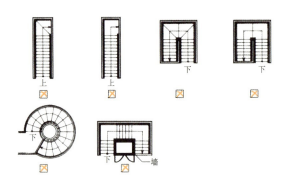

图16　应尽量避免的楼梯形式

扶靠。较长的楼梯中间一定要设休息平台，有转折的楼梯优于直跑楼梯，以防摔后更长的滚落。应当尽量避免一步高差，防止老人因向前看而忽略脚下被绊倒（见图16）。

2. 坡道的设计要点

坡道应当尽可能的平缓。我国老年建筑规范规定，最大容许坡度是1∶12（见图17），坡道总长不得大于9m且总的高差不得高于750mm。坡道的高差大于300mm时应设毗邻的台阶。对使用轮椅的老人来说，如果无法从坡道的一端看到另一端或坡道有3个及3个以上的平台时，中间平台应至少1800mm宽，1800mm长，可作为两车相遇时让车使用。坡道保证净宽在900mm以上，但也不宜过宽，保证一辆轮椅和一个人错位通行即可，过宽浪费场地。坡道的两侧均应设贯穿平台和坡段的连续扶手，扶手应为上下两道，保证站立行走者及坐轮椅使用者都能方便使用，且扶手的长度应超出坡段的起始处300mm以上，以起到提示注意和过渡的作用。室外的扶手材料应注意防锈、防滑，直径不宜过粗，仍需保证抓握方便。坡道的两侧应设路缘石，防止拐杖、轮子出沿，造成危险（见图18）。避免使用看起来像是台阶的饰面图案，如附加的或嵌入的防滑条等，容易让老人产生错觉，影响正常的行走。表面材料应当保证在着水的情况下依然防滑，且易于维护。坡段的色彩与平台的色彩应有较大的对比。坡段和平台的材料应有相近的摩擦系数。

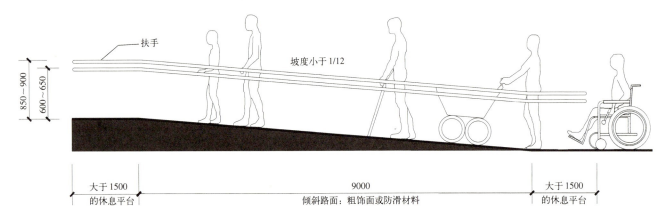

图17　坡道的设计要点与尺寸（剖面）

老年住宅中的共通设计事项

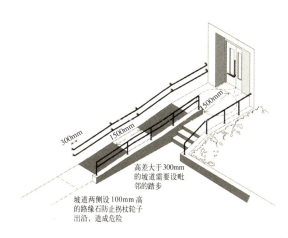

图 18　坡道设计常用尺寸

（四）储藏

1. 闲置物品的储藏

老人经过一生的积累，加上舍不得扔掉旧物，常常拥有大量的闲置物品。因此为老年人设计足够的，且使用方便的储藏空间非常重要。高柜和吊柜不适合老人的使用。但是在老人的生活起居有人照料或有定期帮忙的服务人员的情况下，可以适当的利用高柜储藏一些平时很少使用的闲置物品。

2. 衣物和被服的储藏

老人需要悬挂储藏的衣物不多，因此对大衣柜悬挂容量的要求不高。更为适合老人使用的是搁板和抽屉类的储藏形式。大衣柜的悬挂衣杆高度不宜过高，以不超过 1600mm 为宜。对于使用轮椅的老人来说，其衣杆高度应在 1200mm 左右。较深的壁柜和进入式储藏间的地面应保证与室内地面高度相平，使轮椅可以尽可能的靠近（见图 19），或采用可移动的挂衣架（见图 20）。很多老人喜欢戴帽子，

可在衣柜门的背面加挂钩及镜子，方便其穿戴和脱放（见图 21）。被褥的储藏柜深度应当在 650mm 左右。由于被褥既重且大，老年人拿取吃力，最好在中部设置较为大型的格子，方便放置。

3. 日常用品的储藏

老人日常习惯使用的钟表和挂历等物品都需要钉挂在墙面上。应在可能用到的墙面上预埋木砖或设挂镜线。由于老人记忆力的减退，往往喜欢把一些经常用的东西放在视线范围内的表面和台面上，便于随手拿取，防止遗忘。应此，足够的台

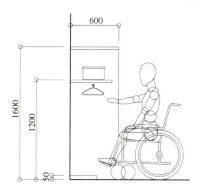

图 19　适合轮椅使用的大衣柜剖面

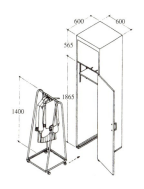

图 20　可移动的挂衣架

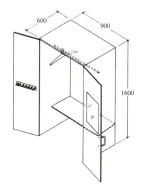

图 21　衣柜门背面的挂钩和镜子

面和明格式的储藏对老人来说是存放日常用品的理想方式。明格式的薄柜深度约400mm,可防止因物品前后叠放,后部的物品难拿和被遗忘,对坐轮椅使用者来说,柜子过深时,中等高度后部的物品也很难拿取(见图22、图23)。

老人使用的各种储藏柜均以中部储藏为宜。过高和过低的柜子老人使用起来都不方便,对使用轮椅的老人来说,在低柜中翻找东西容易引起轮椅倾覆,易发生危险(见图24)。

抽屉设置的位置不宜过高或过低,考虑轮椅使用者能够看到抽屉中的物品,最高的抽屉上表面距地不宜超过850mm,为保证俯身拿取物品方便和坐轮椅不倾倒,最低的抽屉要高于地面300mm(见图25)。

用写字台等高台面的家具,代替床头柜摆在老人居室的床边。老人可以起身时支撑身体。较大的台面便于老人摆放收音机、药品、水杯等常用物品。写字台下部空间高度应满足轮椅插入的需要。老人使用的写字台下部应当有轮椅插入的空间,最好将抽屉或柜体做成可以活动的装置,便于今后的灵活利用(见图26)。

4. 细节设计与其他

储藏柜的把手最好不要采用球型或点式把手,一方面不易施力,另一方面容易勾住衣袖带倒老人。以采用易施力的"U"形把手为宜(见图27)。由于心理安全的需要,老人喜欢将一些贵重物品锁起来,因此为老人选用储藏柜时也应当考虑这一需要。

老人喜欢用盆洗脸洗脚,但一些洗手池的形状不利于放进脸盆,应选择稍大型的洗手池。此外,应当在洗手间内设置存放脸盆的空间。卫生间内还应当考虑放置扫除工具、卫生纸等日常用品的储藏空间。

为了减少请人帮助搬运物品的次数和传统的心理安全上的需要,老人大多喜欢在家中囤积较多的粮食和食品,因此应当加强厨房的储藏功能。

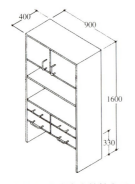

图22 适宜老人的较多明格的日常用品柜

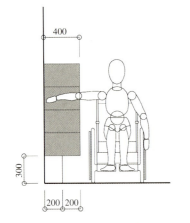

图23 便于拿物品的薄型柜

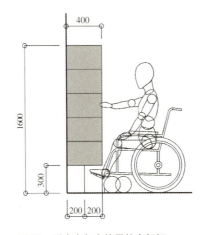

图24 适合老年人使用的中部柜

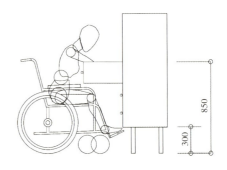

图25 最高的抽屉上表面不宜高于850mm,最低的抽屉高于地面300mm

老年住宅中的共通设计事项

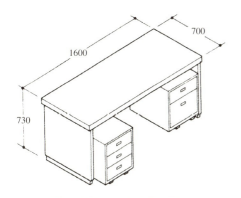

图26 适合老年人使用的写字台

图27 易施力的"U"形扶手

（五）地面与墙面装修

老年居住建筑室内的地面与墙面装修首要的设计原则是保证饰面材料的安全性。

1. 地面装修

地面的饰面材料应保证合适的摩擦系数，厨房和卫生间的地面材料应当保证着水后依然有良好的防滑性能。材料本身安全可靠，不应采用易燃、易碎、化纤及散发有害和有毒气味的装修材料。尽量选用便于清洁、维护的地面材料，减轻老人的劳动负担。局部地毯边缘翘起会造成对老年人行走和轮椅的干扰，因此应避免在使用轮椅的老人的居室内铺设地毯。避免选用容易引起视错觉的地面图案，如黑白相间的格子图形，使老人眼花缭乱，产生晕眩感。在存在高差的地方，应利用色彩等进行警示。而无高差变化的地面在材料色彩和明度上应当尽量保持一致，以防老人辨认不清，误以为存在高差，妨碍正常的行走。

2. 墙面装修

墙壁的阳角应该尽量倒角，或采用弹性材料保护，防止老人碰伤。使用轮椅的老人的居室，踢脚高度可以提至200～350mm，防止轮椅与脚踢板冲撞，有条件的情况下，踢脚以上到1800mm高范围的墙面可采用软质饰面材料防止跌撞（见图28）。

3. 其他

应当仔细考虑玻璃和镜子布置的角度和位置，避免形成强光反射，对老人的视觉产生刺激。避免人体可触及的高度范围内有任何尖锐棱角和突出物，防止老人刮伤碰伤。老年人房间宜用温暖的色彩，整体颜色不宜太暗，因老年人视觉退化，室内光亮度应比其他年龄段的使用者高一些。老年人患白内障的较多，白内障患者往往对黄和蓝绿色系色彩不敏感，容易把青色与黑色、黄色与白色混淆，因此，室内色彩处理时应加以注意。

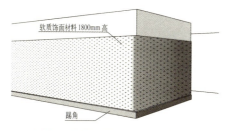

图28 设置防撞材料保护墙面和转角

二、设施与设备设计原则

(一) 标志与导向系统

老人的记忆力减退,方向辨识能力也有所下降,楼栋、住家的门牌号常记忆不清。因此设置清晰醒目、简单易懂的标识与导向系统,对方便老人的生活、保障老人的出行安全,起着重要的作用。

1. 标志牌的设计

标志牌首先要保证标志具有足够的尺寸,并使其与背景间有明显的对比度。而标志文字和图案应当与底板间有鲜明的对比度。为了最大限度地减少眩光,标志牌的表面应当避免使用镜面反射材料,尽量采用漫反射材料。标志内容需要简单、精炼,颜色和图案应易懂,对老人来说,形象的、活跃的色彩和图案可能比刻板的文字更容易记忆,应照顾不同文化层次的老人,因此使用符号和图案作为文字标志的补充更为有效。设置含有方向性的图形标

志时,应避免其方向与实际场景的方向相矛盾(见图29)。各种方式设置的标志都应牢固地固定在其依托物上,不能产生倾斜、卷翘、摆动、脱落等现象。室外设置时,应充分考虑风的压力作用,及雨水侵蚀、污染的问题。

2. 设置高度与位置

标志设置的位置应当在建筑设计规划过程中就予以考虑,预留合理、充分的空间。周围环境有某种不安全的因素而需要用标志加以提醒时,应设置与安全有关的标志。应将标志设在明亮的地方,以保证老人能正常地辨认标志。如在应设置标志的位置附近无法找到明亮光源,则应考虑增加辅助光源或使用灯箱。

标志应设在最容易看见的地方,通常不宜设在门、窗、架等可移动的物体上,以免物体移动后看不到标志。信息标志牌应当具有合适的高度,附着式设置的标志,其设置高度有以下几种:与人眼水平视线高度大体一致;略高于人体身高;对使用轮椅的老人来说,推荐在1000～1100mm之间,而对于站立的人来说则是1400～1700mm之间。

悬挂式设置的标志的下边缘距地面的高度不宜小于2m,以防碰撞。可触型标志(如凸出的文字,浮雕图案及箭头)应当设在易接触的地方,例如电梯控制面板、门牌号等。

(二) 卫浴设备

老年人洗浴宜采用盆浴与淋浴分开的方式,避免因进出浴缸淋浴、出现滑倒的危险。考虑到老年人不能站立太长时间,淋浴喷头下方应设供老年人坐着淋浴的淋浴凳(见图30)。

宜选用平底防滑式低浴盆,高度以450mm以下

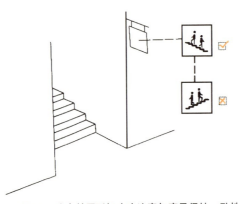

图29 方向性图形标志应注意与实景保持一致性

为宜。可以在浴缸外沿处设置过渡台面,保证老人出入浴缸时一直保持坐姿,使身体和血压稳定。台面高度以400~450mm为宜。并需要在浴缸周围安装水平和垂直方向的扶手(见图31,图32)。

当洗浴空间不够大,不能将浴缸与淋浴空间分开时,可以通过在浴缸上加坐凳类附属设备对浴缸加以改善,使老人能够在浴缸内坐着淋浴(见图33)。且浴缸上应配备可上下调节的喷头滑杆,或分别在上下两处设置喷头架。

水龙头器具应尽量采用可自动调温的恒温式水龙头,开关控制应该采用便于操作的杠杆式或感应式。老人洗澡时,浴室的温度应略高于其他居室,瞬间升温的方式最为理想,所以浴霸等采暖电器的使用对老人有益。

卫生洁具的色彩宜选用白色,特别是坐便器,一方面白色感觉清洁,另一方面更容易判断排泄物颜色,帮助老人及时发现问题与病变。智能型坐便器的温水冲洗等功能,对治疗老年人的便秘、痔疮有很好的疗效,应推广使用。老人宜选用分体式坐便器,水箱高度较高,可以背靠休息,或加背靠支撑(见图34)。坐便器的冲水阀应当选择便于施力的杠杆式冲水手柄(见图35)。坐便器上方可设射灯,同样为了帮助老人观察排泄物的情况(见图36)。坐便器的高度应较普通坐便器调高一些,方便老人起身,可以选用较高的坐便器,或通过加高坐便器座圈来调节。

坐便器的旁边可设"L"形扶手及紧急呼叫器。为防止老人忘记更换手纸,可以设两个手纸盒作为交替备用。手纸盒的位置应便于拿取,一般距离地面750mm,距离坐便器前方250mm左右(见图36)。

手盆下方应当凹入,供轮椅插入或坐着洗漱时

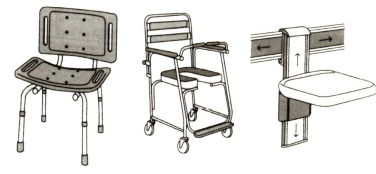

图30 几种淋浴凳

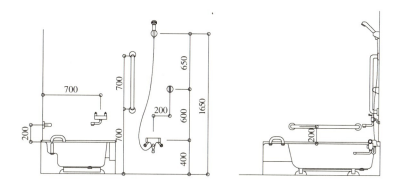

图31 洗浴空间中设备定位的相关尺寸

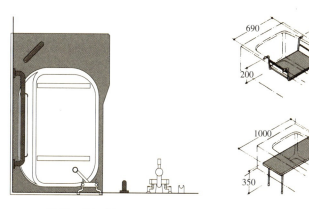

图32 洗浴空间平面　　图33 架在浴缸上的坐凳

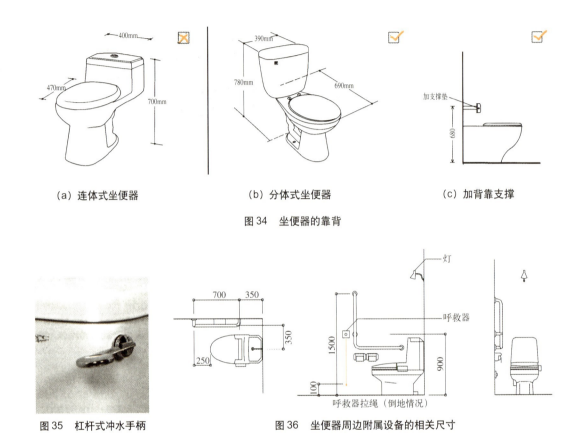

(a) 连体式坐便器　　(b) 分体式坐便器　　(c) 加背靠支撑

图34　坐便器的靠背

图35　杠杆式冲水手柄

图36　坐便器周边附属设备的相关尺寸

使用。梳妆镜的高度也不宜过高，最低点以台面上方150～200mm处为宜（见图37）。为方便老人洗发、染发，水龙头应设置得高些，或采用可抽出式花洒（见图38）。手盆附近应提供必要的置物空间，放置日常洗漱用品。

卫生间内暖气应选好位置，一要防止老人被刮伤或碰伤；二要节省空间，可选用带有浴巾架功能的暖气形式。

卫生间内的插座应为防水型插座并不少于四处：吹风机、剃须刀等小电器及充电用插座设在水池旁，坐便器旁加设智能便座用插座、电热水器用插座、洗衣机及其他设备用插座。

（三）厨房设备

厨房的煤气器具应选用可自动断气的安全装置。厨房应安装漏气检测器和火灾报警器。灶具可以选用电磁炉，因其无烟无火更为安全。水龙头应选用易施力的杠杆式（见图39），同时冷热

老年住宅中的共通设计事项

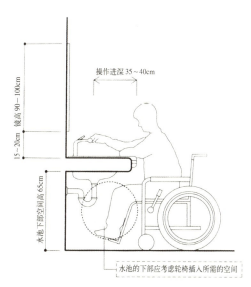

图37　手盆剖面示意图

（a）抽出前

（b）抽出后

图38　可抽出式花洒

图39　杠杆式压柄水龙头

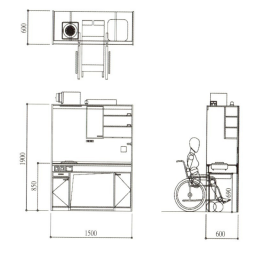

图40　适用于老人及轮椅使用者使用的小型厨房

水方向标识要清晰醒目，加装防过烫装置，以防烫伤。

水池下部的柜体最好是空的或向里凹进，以便轮椅插入或坐姿操作，水池和炉具应当邻近布置，或呈"L"形布置，避免轮椅的横向移动（见图40）。

厨房中的吊柜对老人来说使用不便，应争取多设中部柜（见图41）。中部柜的高度一般距地在1400~1600mm之间，可放置调料、杯、盘、碗筷等常用物品。

厨房的插座应不少于五处，电冰箱、抽油烟机、台面上小电器各一处，吊柜和低柜内还应各预留一处。

厨房是老人每天频繁使用的空间，需要有适宜的温度和良好的通风，窗开启扇大小要达到国家要

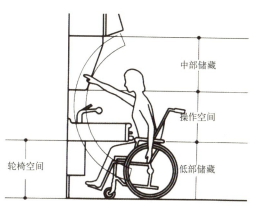

图41　人手便于操作、拿取的范围

215

求，暖气的位置不要影响低柜的布置，并能保证充分散热。

（四）电源和照明设备

居住建筑室内的照明设备应安装在安全的位置并保证足够的照度。照明灯具的设置位置不应造成眩光、反光等光环境的缺陷。开关应该选用便于按动的宽体开关。开关的高度距地1200mm左右（见图42）。插座的布置位置和高度应该便于操作。插座的高度距地面350~600mm左右（见图42）。自行装修时，写字台旁的插座可提高到桌面以上。任何开关、电源和控制器面板距离墙角的距离不能小于350mm。室内安装漏电保护装置。

（五）安全警报设备

老人卧室及卫生间内应安装救助警报装置，报警器按钮应设在易于接触的空白墙面上，高度在距地900mm左右为宜；另外可加设拉绳，下垂距地面100mm，用于老人倒地后呼救。厨房应安装漏气检测器和火灾报警器，报警装置的报警信号应当尽量做到既有视觉信号又有声音信号。

三、室内物理环境设计原则

由于老年人的视力、听力和肌体适应能力都有所衰退，因此对室内的物理环境有特殊的要求。物理环境的设置以保障老年人日常生活的舒适、安全为主要的原则。

（一）室内热环境

老年人机体的免疫力和体温调节能力都有所下降，对室内热环境的要求比较苛刻。温度突变很容易引起老人生病，因此要尽量保持各个房间的温度均衡。老人卧室应当尽量与卫生间接近，避免起夜时着凉。卫生间的采暖要充分，可以安装浴霸作为采暖的补充手段。冬季室内采暖要适度，温度不宜过高或过低，也要避免温度的起伏不稳。冬季通风换气的窗口及夏季空调的出风口不能直吹老人坐卧的区域。厨房是老人每天频繁使用的空间，需要有适宜的温度和良好的通风，窗开启扇大小要达到国家要求，暖气的位置要充分发挥热效应，又不能磕碰老人。主要起居房间不宜朝西，避免傍晚西晒强烈导致的室内温度过热和形成刺眼的眩光。

（二）室内声环境

老年人日常起居爱静怕吵，建筑的临街外墙和窗应当有良好的隔声措施。另一方面，听力衰退是很多老人面对的问题。他们有时会把电视、收音机

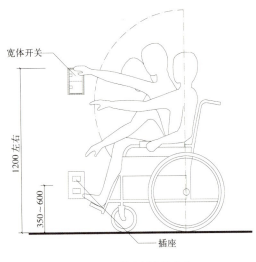

图42　开关和插座的高度

等设备音量开的很大，影响到家人和邻居，因此，居室之间的隔声也很重要。室内装饰材料应具有良好的吸声效果，避免地板、门窗、家具等磕碰发出响声传出。一些电器如冰箱、空调外机产生大量的噪声，应当避免在老人的居室内和附近布置此类电器设备，影响老人夜间休息。很多老人需要借助助听器进行交流，而一些电磁设备产生的磁场会引起助听器的嗡鸣，给老人的生活带来干扰，因此应该避免在老人的居室中布置此类电器设备。

（三）室内光环境

老人的居室内应保证充足的自然采光，以及足够的阳光直射时长。由于视力的衰退和各种眼疾的困扰，老年人对于光环境照度的要求比年轻人要高2～3倍，因此，室内应当设充分的人工照明设备，在自然光线不足的时候保证室内有足够的照度。除一般照明外，还应注意设置局部照明，较易忽略的地方是，厨房操作台和水池上方、卫生间化妆镜和盥洗池上方等。应当仔细考虑玻璃和镜子布置的位置和角度，避免形成强光反射，对老人的视觉产生刺激，或无意识撞击引起的破碎伤人。老人对照度突变的适应和调节能力减弱，室内光环境应避免产生过大的反差，如起居过亮、卫生间过暗。室内墙转弯、高差变化，易于滑倒等处应保证充足的光照，防止形成阴影影响视线。同时保证老人不会被自身的落影干扰，而难以观察地面情况。为了保证老人起夜时的安全，卧室走廊可设低照度长明灯，但需避免夜灯光线直射老年人卧姿时眼部所及区域。另外在床头可设联动开关，集中控制卧室、起居室相关的照明设备。

老年住宅装修设计要点

尊老、敬老是中华民族的传统美德。随着国民经济的快速发展，如何使老年人生活的质量也得到相应的提高，日益引起人们的重视。与其他年龄段的人群不同，老年人大部分日常生活往往都会在"家"中度过。因此，对老年人而言，住宅室内布局和装修设计是否真正便于日常的生活就显得至关重要。目前，很多有老年成员的家庭纷纷购房和装修住宅，但是在选择住宅和装修设计中却常常因为缺乏必要的专业指导，而犯一些错误，为以后的使用带来诸多的不便。清华大学建筑学院"老年人建筑设计研究课题组"通过国内外考察、入户调研和问卷统计等方法得到一些第一手材料，在此总结出一些要点，希望能从建筑设计角度为有老年成员的家庭住宅装修提个醒。

人到老年，身体各部分的机能均会出现退化的现象。一般的住宅如果在设计时没有考虑到老年人的特殊需要，就可能给老年人的日常生活带来意想不到的困难。针对这种情况，可以通过住宅装修时有针对性的改造和设计，使其更加方便于老年人的生活，从而减轻老年人及其护理者的生活、工作负担。

对于老人来说，室内装修最重要的不是豪华与美观，而是安全、方便和舒适，因此与普通家庭装修有很大区别。以下分别从7个方面阐述装修中需要注意的问题。

1. 材料选择

（1）室内避免采用反光性强的材料，如墙地面和桌面的用材，以减少眩光对老人眼睛的刺激。

（2）地面材料应注意防滑，以采用木质或塑胶材料为佳；局部铺地毯容易边缘翘起，常会给老人行走和轮椅行进造成的干扰。使用有强烈凹凸花纹的地面材料时，往往会令老人产生视觉上的错觉，产生不安定感，应避免选用。

（3）对于痴呆老人来说，由于认知和判断能力严重退化，室内地面的材质或色彩在交界处的变化，往往造成其判断高低深浅方面的困难，如误认为地面上有高差，从而得小心试探，影响其正常行走，所以不仅要使地面在同一高度上还要使材料尽量统一。而对盲人来说，不同性质空间的地面最好用不同质感的材料铺设，以使其可通过脚感和踏地的声音来帮助判断所处的空间。

（4）墙面不要选择过于粗糙或坚硬的材料，阳角部位最好处理成圆角或用弹性材料做护角，避免对老人身体的磕碰。如果在室内需要使用轮椅，距地20～30cm高度范围内应作墙面及转角的防撞处理。

（5）室内装修形式总体上宜简洁，避免过多装饰造成积灰。材料选择时还应注意其易清洁性。

2. 室内色彩

（1）老人房间宜用温暖的色彩，整体颜色不宜太暗，因老人视觉退化，室内明度应比其他年龄段的使用者高一些。

（2）老年人患白内障的较多，白内障患者往往对黄和蓝绿色系色彩不敏感，容易把青色与黑色、黄色与白色混淆，因此，室内色彩处理时应加以注意。此外还建议地面采用与墙面反差较大和比较稳重的色彩，使界面交接处色差明显。

3. 照明设计

（1）老年人对于照度的要求比年轻人要高2～3倍，因此，室内不仅应设置一般照明，还应注意设置局部照明，较易忽略的地方是：厨房操作台和水池上方、卫生间化妆镜和盥洗池上方等。加强照明除方便操作以外对保洁和维护健康也有重要意义。

（2）室内建议采用高效能的暖色调灯具，并要注意其使用寿命及易更换性。

（3）室内灯具的布置应注意使用方便，电源开关位置要明显，应采用大面板电源开关。较长的走廊及卧室床头等处，应考虑安装双控电源开关，避免老人在暗中行走过长及方便老人在床头控制室内的灯具。

（4）为了保证老人起夜时的安全，卧室可设低照度长明灯，夜灯位置应避免光线直射躺下后的老人眼部。同时，室内墙转弯、高差变化、易于滑倒等处应保证一定的光照。

4. 厨房设计

（1）厨房形状以开敞式为佳。橱柜设计时应注意操作台的连续性，以便坐轮椅使用者可通过在台面上滑动推移锅碗等炊具、餐具而方便操作，减少危险。使用"U"形和"L"形橱柜，便于轮椅转弯，行径距离短，使用双列型橱柜时，两列间间距应保证轮椅的旋转。

（2）为了方便轮椅使用者靠近台面操作，橱柜台面下方应部分留空，（如水池下部）。特别是低柜距地面25～30cm处应凹进，以便坐轮椅使用者脚部插入（见图1）。

（3）橱柜高度应考虑老人身高的特点，台面高度一般为75～80cm。若考虑坐轮椅使用者的使用，台面不易高于75cm，中部柜和上部吊柜下皮距地高度分别在1.2m和1.40m为宜。

（4）灶具的选择，应考虑由于老人记忆力下降，常常忘记关火的现象，采用定时自动关闭和带有报警装置的炉灶，或没有明火不易烫伤的电磁炉较为适合（见图2）。

图1　橱柜台面下方部分留空

5. 卫生间设计

（1）卫生间洁具布置应考虑留出轮椅进出和转弯的空间。

（2）卫生洁具的色彩以白色为佳，特别是坐便

(3) 老人洗浴易采用在浴缸外淋浴的方式，避免在浴缸中滑倒而出现危险，考虑到老人不能站立太长时间，浴室内应设供老人淋浴用的淋浴凳。扶手应根据需要连续设计。

(4) 卫生间座便器、浴缸、淋浴器等处应设水平和"L"形的扶手，保证老人站起的方便和安全（见图4）。

(5) 与厨房一样，卫生间盥洗台的高度应考虑老人的身高条件，比正常的略微降低。为了方便坐轮椅使用者使用，盥洗台下部也须留空。

6. 细部设计

(1) 为了保证老人行走方便和轮椅通过，室内应避免出现门槛和高差变化。必须做高差的地方，高度不易超过2cm，并宜用小斜面加以过渡。

(2) 室内家具宜沿房间墙面周边放置，避免突出的家具挡道。如使用轮椅，应注意在床前留出足够的供轮椅旋转和护理人员操作的空间。

(3) 门最好采用推拉式，门把手应采用杆状式

图2　老人用厨房

图3　智能型座便器

器，除白色感觉清洁外，还使人容易发现、检查出排泄物的问题与病变。智能型座便器的温水冲洗等功能，对治疗老人的便秘、痔疮有很好的疗效，应推广使用。但智能型座便器的周边要求是干燥的空间，应避免淋水，并需就近设置电源插座（见图3）。

图4　浴室中扶手设计的位置

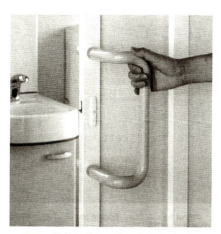

图5 推拉门的把手应采用杆式门把手

图6 橱柜门把手应使用受力方便的"棒状式"把手

(见图5)。装修时下部轨道应嵌入地面以避免高差；平开门应注意在把手一侧墙面留出约40～45cm的空间，以方便坐轮椅的老人侧身开启门扇。

7. 五金设备

（1）门窗、家具把手及水龙头开关等五金部件均易选用受力方便的"棒状式"把手，避免使用球型把手，由于球型把手过滑且不方便抓握，不适合老人使用（见图6）。

（2）走廊和卫生间应设扶手，以木质为佳，直径4cm，高度约85～90cm。扶手应注意连续设置，因为老人在起夜时，身体未舒展开，对黑暗环境适应又较慢，常常需要靠扶着连续扶手前行。扶手的端部应设计为下弯形状，以防勾住袖口，并有示意扶手结束的作用。

老年人居室装修设计实践

当人逐渐步入老年后,心理和生理上都会发生一定的变化。生理上,身体的各种机能退化,感觉能力、观察能力、行动能力等逐渐下降或丧失。身体健康的壮年人轻而易举能做到的事情,对老年人来说却可能有所不便,甚至发生危险;生理的变化又影响到心理,老年人容易产生惧怕寂寞、无聊和被社会遗弃的想法,需要与亲友、邻里加强联系,寻求友谊、慰藉与互助,同时也非常希望老有所为、老有所乐等。

因而,老年人的居室应以充分考虑居住者的生理、心理特点为基础,根据住宅套型的具体状况进行空间和细部设计。力求使居室设计不仅限于提供老年人日常的生活所需,更能满足老年人的心理诉求,使其晚年生活仍能保证较高的品质。

本文根据作者以往从事老年住宅设计的理论和实践经验,归纳出关于老年人居室设计的一些理念,并通过实际实践的案例从空间的设计与改造及家具的选择与布置两个层面进行论证和总结。

案例背景:

业主为一对老年夫妇。男主人76岁,身体健康,腿脚稍有不便;女主人71岁,身体健康,生活积极活跃。其女儿一家在附近居住,通常与老人共进晚餐。

住宅楼栋为两梯六户的高层塔楼。套型为2室2厅1卫,纯南朝向,套内使用面积74.8m²(见图1)。

在设计过程中业主夫妇提供了许多有价值的意见和建议。我们根据这些生活化、细节性的要求,结合专业知识,进行了居室的具体设计,之后又针对使用过程中业主发现的一些问题进行了改善。

本例虽为个案,但设计理念及处理方法仍具有一定的普遍意义和可借鉴性。

图1 老人住宅套型平面

一、上篇:空间的设计与改造

老人在生理和心理上的特点,决定了他们对居室空间有一定的特殊需求。为了使原本普通的套型适于为老人所专用,本案例在空间设计上从视线、光线、声音、储藏、无障碍设计等角度综合考虑,做了五处建筑层面的改动(见图2、图3)。

老年人居室装修设计实践

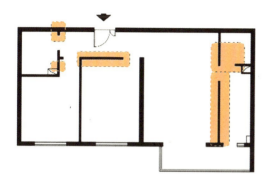

图2　装修前平面及改动部位

图3　装修后平面

1. 正对户门的卧室非承重隔墙改为玻璃隔断，并留有可开启窗扇；
2. 厨房与起居室之间的轻质隔墙改为玻璃隔断及推拉门；
3. 储藏间原本向厨房开门改为向餐厅开门；
4. 卫生间门向南平移30cm，门后留出置物空间；
5. 卫生间坐便器与管井之间的墙上开宽度30cm竖长洞口，嵌入下部穿孔的磨砂玻璃。

同时，家具也是影响室内空间状态和使用的重要因素，我们就此提出了家具灵便化的概念。另外我们也考虑随着老人年龄的增加，室内空间还需要有随之对应的改变，因此预留一定的改造余地。下面，我们从上述几个角度逐一分析空间上的设计与改造。

（一）视线设计

老人居室中的视线设计主要有两方面的考虑，一是便于老人观察居室中的情况，比如在起居室能够观察到入户门处是否有人进出；从餐厅能看得到厨房内是否忘记熄灭火源等。二是形成老人与家人之间自然的视线交流，利于相互间的联系沟通，并便于老人得到照顾。

针对本案例的具体情况，我们采用了多种手法扩大视角、延伸视线，以满足老人的需求。

1. 通过镜子观察户门

鉴于入户门与起居室的相对位置，我们将厨房推拉门和储藏室入口之间的墙面设置为镜面，利用镜面反射的原理，使得老人在起居室中能够方便地观察到户门的情况（见图4），反之，在门厅也可以了解到起居室内的状况。

图4　厨房、餐起、入口视线互相照应，老人通过镜子观察户门

2. 餐厅起居共用电视

老人居室中如能将餐厅和起居室置于同一空间是颇为有利的,既可以节约套型建筑面积,又便于老人和家人间的视线交流。本案例恰好具备这一条件。餐厅和起居室合一,共用一台电视,老人可以在餐厅边用餐边欣赏电视节目。子女通常回家较晚,与老人用餐有时间差,借助这样的布置,子女可以边吃饭边与在起居室中的老人一起看电视、聊天,共享天伦之乐(见图5)。

3. 玻璃隔断便于观察

由于中式菜肴烹饪时往往油烟较重,封闭厨房能够有效地减轻油烟及厨房噪声对户内其他房间的影响,因而在我国被广为采用。然而对于老人来说,普通的封闭式厨房存在两个问题:第一,在厨房里工作时,抽油烟机噪声比较大,厨房内的人无法通过声音判断外面的情况,厨房外的人也不知道厨房里的人情况如何,一旦老人有意外发生,不易及时被发现和求助;第二,老人容易害怕孤单寂寞,需要和其他家人保持经常的视线交流。所以,在老人居室中,厨房的设计应该便于内外的视线交流。

本案例中,厨房与起居室之间的隔墙改为玻璃隔断及推拉门,视线可穿透玻璃隔断及推拉门的透明部分(见图4)。这样,在起居室活动的一方就可以看到厨房里的工作情况(见图6);在厨房中工作的另一方也能随时看到外面的情况(见图7)。而由于玻璃隔断及推拉门的阻隔,厨房的油烟和噪声对起居室的干扰也较小。

图5　餐厅、起居同看电视

图6　从起居室望向厨房

图7　从厨房望向餐厅

（二）光线设计

老人由于视力减退，对于居室内光照度的要求较高。为了使老人更多地享受自然光的照射，让室内的光环境更加自然健康，我们提倡将光线由室外引向室内深处。

在本案例中，有三处改造体现了这一理念（见图8）：卫生间隔墙加窗洞，门厅隔墙改窗，厨房隔墙改落地窗。

1. 卫生间明亮化

原卫生间为暗卫，没有对外开窗，自然采光及通风条件较差，日间亦需人工照明。潮湿阴暗、通风不良的卫生间容易藏污纳垢、滋生病菌；采光不足，使用不便，带给人的心理感受不舒适。对于老人来说，影响尤甚。因此卫生间应尽量明亮化，以利于老人的健康，方便老人使用。

改造后，我们在卫生间坐便器与杂物柜之间的墙上开设宽度为30cm的竖长洞口，嵌入下部穿孔的磨砂玻璃，通过室内白墙反射将光线引入，让卫生间"明"起来（见图9），不需要经常开关灯。并由磨砂玻璃下部的小孔，使卫生间内外空气流通，改善了通风状况。

2. 门厅明亮化

门厅空间在居室中所占面积不大，但承担的功能却不少，又是居室的"门面"所在，要保证此处的良好空间效果并方便老人使用及清洁，采光的设计需要重点考虑。

采用将门厅明亮化的手法，将正对户门的卧室非承重隔墙改为玻璃隔断，并留有可开启窗扇，使门厅"明亮"起来，无论是换鞋还是走过，对老人来讲，都方便了许多，并不需要经常开关灯。从空间效果来说，改造前居室入口正对一堵墙，使人感觉憋闷；改造后给人的心理感受开阔敞亮，同时一角的可开启窗扇还有利于室内通风（见图10）。

3. 厨房明亮化

原有厨房为一般的封闭式厨房，进深较大，仅有南向门连窗洞口的采光，厨房深处自然采光条件较差。将厨房与起居室之间的轻质隔墙改为玻璃隔断及推拉门，不仅增强了视线上的交流，也改善了

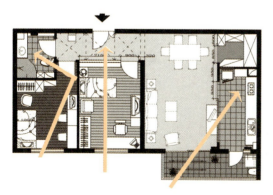

图8 通过玻璃将光线引入室内深处

图9 卫生间明亮化设计

图10 门厅明亮化设计

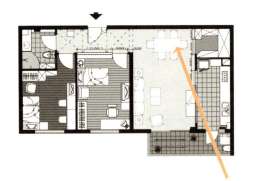 

图11 起居、餐厅上午的光线示意　　图12 起居、餐厅下午的光线示意

室内采光。如图所示（见图11、图12）上午东南方向的进光经由厨房，透过玻璃隔断可射入起居室；下午，西南方向的进光可经由起居室，透过玻璃隔断射入厨房，起居室和厨房都增加了光照时间。同时，室内进光量及光线入射的深度也有所增加，厨房深处以及处于起居室深处的餐厅采光条件也的到了改善。

（三）声音设计

基于老人的生理、心理特点，除了视线上的交流，声音上的交流对老人来讲也是十分必要的。因此，老人居室的各个空间，尤其是卧室、卫生间等密闭性较强的空间，在设计时务必保证老人声音交流的便利性。

本案例中，我们将面对入户门的卧室隔墙改为玻璃隔断，并在其靠近卫生间一侧留有可开启窗扇，此举除了有利于室内采光、通风外，更重要的作用是窗扇开启后，两卧室间以及卧室与卫生间之间的声音交流更为便利而有效。当老人在各自的卧室里休息，或者有一位老人使用卫生间时，两人能够互相听到对方的声音，大大增强了老人生活的安全性及心理的安全感（见图13、图14）。

图13 卧室开小窗使声音通达　　图14 卧室开小窗使声音通达（实景）

（四）储藏设计

老人往往不舍得丢弃旧物，因而家中会积累越来越多的物品，当储藏空间不足时，一些并非常用和必要的物品将会侵占其他功能空间，造成室内凌乱、拥堵，空间使用不便。又考虑老人行动力和记忆力均会有所衰退，老人居室中储藏空间的设计应遵循分类明晰、储量充足、就近布置、取放方便的原则。

在本案例中，既安排了居室东北角的储藏室作为主要的集中储藏空间，又在阳台的端头、门厅与卧室的隔断下部、门厅吊顶内、卫生间门背后等处，根据其所在空间的功能要求，就近设置了大量的分类储藏空间。比如：卫生间的门之所以向南平移30cm，就是为了在不影响门正常使用的前提下，在门背后留出储物的空间，主要存放卫生间内常用的毛巾、浴衣等。门厅与卧室的隔断下部精心设计了供两边共同使用的储物柜，中部以立板隔开，朝向门厅开门的部分作为鞋柜，深度为30cm，朝向卧室一侧深度15cm，用于放置眼镜盒、药品等老人随手可取的常用小物品。门厅吊顶内隐藏的储物区，主要用于存放不常用的衣物被褥等。阳台端头的储物柜多用来放置不便在室内存放的杂物，如五金工具、保洁用品等（见图15）。

（五）家具灵便化

由于生理机能的退化，老人的行动能力及体力较弱，同时对居室环境的适用性要求较高，老人居室中的家具往往需要不时地变动位置以满足老人的一些特殊需求。比如老人通常喜暖，常常随着季节的变换，变动常用座椅或床铺的位置，以便在冬季既能更多地接受日光的照射，又免受冷风侵袭，而在夏季则尽量避开空调的凉风直吹。

家具灵便化在此的含义是指将家具适当小型化、轻质化，造型及功能设计考虑可灵活布置，使得家具的体量和重量满足老人按自身需要随意变动其位置的要求，且不同的布置方式均不影响家具的正常使用功能。

家具的不同摆布形式能够影响空间的使用效果，家具的灵便化使得居室空间的布置和使用更为灵活，适用性更强。

在本案例中，沙发、茶几、电视柜均由可自由组合的独立小单元拼成，可以根据老人的需要而移动（见图16）。

关于家具的具体选择与布置，我们将在下篇中进行详细论述。

图15 套内的储藏空间

图16 家具小型化、灵便化

（六）无障碍设计

针对老年人居室的无障碍设计，大至居室空间环境，小至家居用品的细部，均需要全方位地周全考虑。一方面应方便老人的使用，鼓励老人在一定程度上生活自理，适量活动以减缓衰老；另一方面，一旦老人失去自理能力，需他人照护时，居室还能够提供相应的空间条件。

从空间设计的角度来说，除了考虑常规的便于老人活动的各种要求外，还需为老人日后可能使用轮椅而预留通行和回转的空间，并注意开关、插座等设施设备的高度应适合坐轮椅的老人使用。

本案例依据无障碍设计的基本原理，结合业主老夫妇的具体特点，在以下几个方面做了细致的设计：

1. 注意房间的门口及过道的宽度，利于轮椅通行

房门洞口净宽不小于850mm，家具之间过道宽度不小于900mm。门厅处为居室中的通行"枢纽"，将其过道净宽度设为1400mm，是考虑到在轮椅直行或入户门呈开启状态时，过道富余的宽度还能允许一个人自由通过。

2. 在居室的适当区域安排可供轮椅回转的空间

轮椅回转所需的最小空间直径为1500mm，如图所示（见图17），在起居室及卧室中均为轮椅的回转提供足够的空间。门厅过道中因将鞋柜下部架空300mm，宽度也能满足要求。

3. 起居室、厨房及阳台相互穿通，形成空间回路

空间回路不但使此区域的空间趣味性更强，为老人的活动提供更多的动线选择，节约了家务劳动时间，减少了劳动强度，更重要的是使轮椅的使用更为便利，轮椅只需前行、转弯，而无需费力地后退及回转，就可以由一个空间去往另一个空间，减轻了老人使用轮椅的负担。

4. 阳台的细部设计

在阳台的端头约1200mm高度处设置横长镜面（此为老人坐于轮椅上的视平线高度），供使用轮椅的老人在阳台活动时能够方便地从镜中观察到身后的情况（见图18）。

阳台的升降式晾衣杆摇柄的安装高度应不超过1200mm，以方便坐轮椅的老人操作。

5. 室内开关插座高度调整

考虑到老人抬手和弯腰较为吃力，以及坐轮椅的老人适合的动作范围，开关高度由常规的1400mm下调至1200mm；插座高度由常规的300mm提高至600mm，书桌等处的插座高度应提至桌面以上，以便老人使用（见图19）。

图17　居室内的轮椅回转空间和无高差设计

图18 阳台端头轮椅使用者视线高度的镜面

图19 老人使用的插座高度要提到桌面以上

图20 玻璃上贴的防撞警示图案

6. 阳台、卫生间地面无高差

阳台、卫生间内部地面无高差,且与居室内其他空间交界处亦不应有超过20mm的高差,如有小的高差可用斜面衔接。

7. 大面积玻璃及镜面应在人的视线高度粘贴防撞条,以免老人误撞发生危险(见图20)。

（七）空间的可改造性

老人居室的空间设计,不仅要适应老人当前年龄阶段的使用需求,还应考虑到随着老人年龄的增长,可能出现的各种状况,预先留有一定的空间改造余地。应事先确定好可能的空间功能变化,使空间基本尺度适当,以便日后的改造不需大兴土木,只需简单地改变家具的布置即可。

本案例中,业主夫妇虽已属中高龄老人,但目前身体状况良好,生活尚能自理,不需照护人员陪

图21 空间的可改造性,仓库可改为保姆间,餐桌靠近厨房布置

住,故暂时未设保姆间。考虑日后老人需要保姆陪护的可能,空间设计时将储藏室作为备用,对其尺寸进行了特殊处理,既适用于目前的储物功能,又保证一旦需要将其改为保姆间时,能够放得下一张单人床及其他必需的家具。

封闭式厨房过道的宽度通常不便于轮椅回转,将来老人行动不便,需使用轮椅时,可将厨房的玻璃隔断轻易拆除,也可把餐桌设置在靠近厨房橱柜处,以方便老人传递菜肴等(见图21)。

二、下篇：家具的选择与布置

高品质的居室空间设计为老人提供了良好的居家活动场所，是保障老人生活安定的基础；而家具的精心选择与合理布置则直接关系到老人日常使用是否简便易行、安全舒适，是老人享受较高生活品质的重要条件。

下面我们根据各个功能空间的不同使用需求来具体分析家具的选择和布置。

（一）门厅

老人进出家门时，需要在门厅里换鞋。看似简单的站姿伸脚找鞋、弯腰提鞋等动作，往往因老人腿脚不便，体力不足而困难重重，稍有不慎，就可能摔倒或发生其他危险。因此，要为老人设计合理的家具设施，让其采用安全的动作方式，避免危险发生。我们认为老人居室的门厅内应该注意设计以下几点：

1. 易于取鞋的鞋柜

供老人使用的鞋柜，最好底部留空。这样，老人能够直接伸脚放鞋进去或者穿鞋出来，而不用弯腰去用手取鞋。

留空部分不宜太深，也不宜过浅，大约半只鞋的长度（约120mm）较为适当。过深时，鞋子易被完全踢进深处，不便穿取，使得老人不得不弯腰取鞋，或者是单脚站立，另一只脚伸去找鞋，这都存在安全隐患。因此，如果柜子本身较深，可在留空部分深处垫一块挡板，以防鞋子踢入。

留空部分过浅时，常用的鞋子大部分暴露在鞋柜外的过道上，既影响老人的行走，也影响家中的整洁，不得不经常收拾，又增加了家务劳动量（见图22）。

2. 就近摆放的坐位

门厅内最好能有坐位供老人坐下换鞋。因为站着换鞋对老人来讲存在一定的难度，还有潜在的危险性。所以，宜在鞋柜附近适当的位置摆放坐椅，使取、换鞋的动作更加安全方便（见图23）。

3. 便于撑扶的台面

坐位或者鞋柜旁边应有可供撑扶的台面，便于老人站着换鞋或者起坐时撑扶。在本案例中，我们根据老人使用扶手的适宜高度，将鞋柜台面的高度设定为850mm，边棱抹圆角，便于老人撑扶。

（二）起居室和餐厅

起居室和餐厅是老人日常活动频率较高的地方，比如吃饭、看电视、招待客人以及子女回家探望等。因此，起居室和餐厅的家具选择既要满

图22　鞋柜实例

图23　鞋柜旁的坐凳

足老人平时的生活特点，也要照顾到节假日人多的情况。

1. 适合老人使用的沙发

为老人选择的沙发，通常主要考虑硬度、高度和是否有扶手。

1）沙发的硬度：一般人可能认为较软的沙发坐着更舒服，但是对老人来讲则不然。通过对老人使用沙发时动作的观察，沙发过软时，老人坐下去会陷在里面，起身比较困难，坐长了也会感到腰疼。所以，为老人买的沙发，坐面和靠背的硬度都应该大一些，便于起坐和枕靠。

2）沙发的高度：老人用的沙发坐面和靠背应比一般的沙发适当高一些。坐面高，保证坐下后，大腿与小腿间的夹角基本在90度左右，有利于老人肢体的血液循环，也有利于起身和坐下；靠背高，则方便枕靠，高度最好能达到颈部，即使坐的时间稍长，颈部也不会太累。

3）沙发的扶手：沙发的两侧需要有结实的扶手，便于撑扶和倚靠。老人有时会坐在沙发上打盹，有了扶手便会安全和舒服很多。如果扶手宽大，还可兼做放置书报、小物品、小食品等的台面，更便于老人使用（见图24）。

2. 灵便而略高的茶几

老人起居室中的茶几作为沙发的配套家具，使用频率较高，从使用的方便性及舒适度考虑，应具有摆放的灵便性及适当的高度。

1）茶几的灵便性：供老人使用的茶几应能够按照老人的需要随意移动、组合。比如在本案例中，若沙发上就座的人较多，可将两只独立的小茶几沿其长向一字排放，使在座各人均有可用台面；而平时老人自用时，可将两只独立的小茶几沿其短向并排组合，在沙发前留下一定的空间以方便出入，也便于将留出的小空间作其他用途，如摆放一个矮墩，让腿舒展的放在上面，或放置洗脚盆，一边泡脚一边看电视。

2）茶几的高度：老人使用的茶几应比一般茶几略高，这样老人俯身取物前倾幅度较小，动作相对轻松。茶几台面升高之后，台面下的空间也随之增高，老人能够舒服地把腿伸入茶几下面，随时活动筋骨促进血液循环（见图25）。

图24　沙发选择要注意硬度、高度和是否带有扶手

图25　沙发前轻便和高的茶几

3. 灵活的餐桌和餐具柜

老人家中餐桌需要灵活布置，平时便于两个老人的使用，人多时又能够通过可扩展的台面增大餐桌容量。

在案例中，我们为老人选择了折叠桌，可放可收。平时将桌面收小，方便两位老人使用；人多时，拉伸桌面、添加备用的椅子即可。

靠近餐桌的储藏间隔断柜兼作餐具柜，并设置了适当的台面用于放置果酱、面包、药品、电热水壶等常用物品；抽屉内则放置零碎物品，便于取用。

4. 照明与眩光的问题

1）照明：由于视力的衰退，老人对照度的要求比年轻人要高2~3倍，因此，老人居室内应选用亮度较高的灯具，整体照明应均匀全面，不留死角，并且根据需要设置局部照明。

本案中，以起居室为例，我们选用了亮度较高的吸顶灯作为整体照明用灯，餐桌上方设置吊灯主要用于提高餐桌区域的照度，此外还在厨房玻璃与起居室的隔断顶部加设了暗藏日光灯槽。两位老人对暗藏日光灯槽的使用非常赞赏，一方面由于暗藏灯槽的位置可同时兼顾起居室及厨房两个空间的基本照明，便于使用；另一方面暗藏灯槽的灯光属于二次反射光，光线柔和不刺眼，且由于其位置在电视屏幕后方，不易在屏幕上出现反射的眩光，作为电视背景光十分适合。此外，日光灯耗电量较低，作为需要长时间的开启的照明用灯较为节能，故在老人居室中推荐使用。

2）眩光：眩光是日常生活中的常见问题。一些表面光滑的物品受到一定角度光线照射时易于发生眩光，比如镜面类物品、电视和电脑的屏幕等；此外，某些透光的纱帘在逆光时由于织物纹理的交错晃动以及光线的衍射效应，引起视觉上刺眼、眩晕等不适感。老人的视觉更为敏感脆弱，因而在老人居室中更应尽量避免眩光的产生。

本案例中，挂钟位置的安排便是一例。挂钟原本按照老人习惯的视高，挂在餐厅的侧墙上，以便在餐厅、起居室中活动和在厨房里工作时，都能方便地看到时间。但在实际使用中发现，白天从南向大窗户射入的光线，刚好使在该高度上的挂钟玻璃罩产生反射眩光而无法看清表针，故需将挂表的位置作调整。经反复试验观察，最后确定了便于老人看清楚的挂钟摆放位置。

阳台及卧室纱帘的选用也是经过试验，选择了合适的织物纹理以及透光度适中的面料，消除了视觉上的不适感。

（三）卧室

卧室是老人最重要的休息空间。不论是对于生活尚能自理的老人还是需要他人照护的老人，卧室中家具的选择与布置对老人的生活品质均有直接的影响。

本案例中，卧室同时还兼有老人书房的作用。因此，设计上主要考虑床、书桌、休息坐椅以及活动空间等因素。

1. 两侧都可上下的床

老人的睡床摆放时最好左右两侧均不靠墙，两边都可上下床，这样做有三点好处：第一，使老人上下床更方便；第二，便于老人整理床铺；第三，当老人需要他人来照顾时，护理人员操作更为方便，比如帮其进餐、翻身、擦身等，并便于有需要时多人员协作（见图26）。

图26 两侧均可上下的睡床

图27 睡床边方便取物的台面

老人体质通常较弱,对温度的变化较为敏感,需要根据温度随时增减铺盖的厚度。床的宽度可适当增加,供老人放置常备的被褥,随手取用。

老人习惯就近拿取常用物品。床的两侧需适当设置储物柜及台面来放置常用物品,如药瓶、眼镜盒、收音机、衣物等。老人记忆力减退,故常用物品的储物柜最好做成明格使物品易于查找。床侧应考虑设置台面较高的家具,如书桌等可供老人上下床时撑扶（见图27）。

老人常爱在床上使用电动保健器具,床头附近应设置插座;顶灯开关通常设在房门附近,为方便老人在床上即可方便地开关顶灯,可在床头附近设置顶灯的双控开关;床头附近还应设置呼叫器以备使用。插座、呼叫器及开关的位置均应方便老人操作。

老人视觉的衰退使其对灯光的要求较高,床头灯应易于调节照射角度及光线强度,便于老人按照需要随意调整。

2. 稳重的坐椅

当老人坐下或者从坐椅上起身时,经常需要撑

图28 稳重的坐椅

扶椅子扶手。如果坐椅较轻,老人撑扶时容易歪倒。因此,老人的坐椅需要结实、厚重一些。带扶手的沙发椅或者传统的中式木椅都是很好的选择（见图28）。

3. 合理摆放的书桌

书桌通常摆放在窗子附近以得到较好的采光,但在老人的房间里应注意避免书桌的摆放位置与开

启窗扇的冲突。当窗户被书桌完全挡住时,若窗户为外开,老人必须隔着书桌伸手去打开窗户,动作幅度过大,操作不便且易发生扭伤或摔倒等危险。如果窗户为内开,开启的窗扇又会挡在书桌上,影响书桌的使用或站起时碰头。因此,应在窗前留出足够的可靠近的空间,既便于开启窗扇,又不影响书桌的使用。

此外,书桌的摆放位置还应考虑与光源方向的关系。要保证老人使用书桌时,光线既不会直射人眼,也不会在通过电脑屏幕上形成眩光(见图29)。

4. 集中的活动空间

一般情况下,家具的占地面积会占到房间使用面积的1/3,剩下的活动空间较为有限。因此,在摆放家具时,不要把活动面积切分得太碎。在老人卧室中将家具沿墙边摆放,且不要有局部凸出过多的家具,以便在卧室内留出一个相对集中的活动空间。这对于老人来说很有益处。一方面老人的活动余地大,可以随时在这个空间里伸展四肢,舒活筋骨,达到锻炼和休息的目的;另一方面,卧室中部操作空间较大,对家具的使用也较为便利(见图30)。

(四)阳台

阳台是室内外的过渡空间,也是居室内部空间功能的补充与延伸,在老人的居家生活中起着重要的作用。充分利用阳台,创造良好的阳台环境,使老人能够在此增加与室外的交流,晒晒太阳,呼吸一下新鲜空气,对于老人保持健康的生理和心理状态不无裨益。阳台的细部设计主要应注意以下几点:

1. 取消阳台内外高差

通常情况下,阳台与室内地面之间会有一个小高差。在老人居室中,应尽量消除或减小这个高差,比如用阳台找坡的形式来处理,以防老人出入时不慎绊倒。

图29 合理摆放的书桌

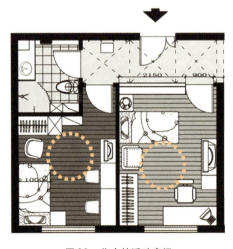

图30 集中的活动空间

2. 采用防滑易清洁面砖

阳台与室外环境联系较为紧密，容易积灰；又因常在此处进行洗晾衣物、浇花等用水活动，容易形成一些积水或者湿迹，故阳台上铺设的地砖应该具备防滑、反光度低、花色素净、易于清洁的特点。

地砖的花纹不宜过于花哨复杂，不应有过强的反光。老人的视力有所衰退，面砖过花或反光过强，容易导致老人眼晕，感觉不适。地砖在防滑的同时，表面凹凸不可过多，否则容易藏污纳垢，不易清洁。

3. "洗衣-晾衣-清洁"一体化

通常阳台的采光通风状况较好，适于晾晒衣物。如能在阳台上设置用水点，合理安排洗涤池、墩布池的位置，使洗衣-晾衣集中在此处完成，省去了搬动衣物的步骤，不仅便于操作，节约劳动力，更重要的是避免了衣物沥水沾湿其他空间的地面及物品。洗衣的剩水还可用于涮洗抹布、墩布等，直接进行阳台的清洁工作，方便而节水。

4. 防止过晒

阳台采光面积较大，应考虑炎热季节的防晒问题。建筑上可采用外部遮阳的处理手法，而在居室内部可利用半透光的纱帘或百叶帘，既保证适当的进光量，又可有效防止过晒，并易于调节。在阳台上种植品种适合的绿色植物，也能够起到较好的降热遮阳效果，且能够净化室内空气，使人赏心悦目（见图31）。

（五）厨房

厨房在老人的日常生活中使用频率很高，是住宅中的主要家务操作空间。厨房橱柜以及设施设备的选择及布置应适合老人的生理特点，便于操作，利于减少工作量，并避免不当操作引发的危险。

1. 操作台面的设计

台面高度影响操作的舒适度，设定时应考虑老人具体的身高条件，进行一些操作实验。本案例中，女主人的身高为1600mm，台面高度设为820mm（略低于常规的850mm高度），使用较为舒适。

图31 利用绿化防止阳台过晒

操作台面通常可按照不同的操作内容分为若干区域，如配菜区、洗涤区、烹饪区等，台面应设置充足，便于操作及放置必备物品；橱柜应根据台面分区进行储藏分类，便于操作时随手取用。例如本案中，洗涤区橱柜中放置碗盘等餐具，烹饪区橱柜就近存放常用炊具、调味品等，配菜区橱柜主要储藏刀具等常用食品加工用具。

2. 中部高度储藏的增加

厨房吊柜充分利用了高处空间，储量丰富，十分必要。但其高度的设定有一定限制，其下沿高度过低，操作时容易碰头，尤其当柜门忘记关闭时易发生碰伤危险；下沿过高时，开门取放物品吃力，且减少了常用储藏量。

中部储藏的采用可以有效解决这一问题。可将吊柜下沿高度设置略高于操作者头部，仍保证便于取放物品，而在中部空间增设深度为200～250mm的储物架，既增加了储量，方便拿取，又消除了碰撞误伤之忧。

吊柜及中部柜下沿最好能设置适当亮度的局部照明，以便于台面、池前操作。（见图32）。

3. 热水的使用

老人动作的精准度和应激性减弱，热水的使用对老人有潜在的危险性。因而常用热水的厨房、卫生间等处应考虑防止烫伤的措施，比如宜采用混水龙头，便于老人调节；热水器具备水温限制调节，避免水温突然过高等。

4. 厨房墙面材料的选用

厨房往往油烟较大，易于积垢，而厨房面砖的砖缝则是油渍最难清除之处。因此，建议厨房墙面尽量选用缝隙较少，表面光洁的材料。比如本案中，烹饪区附近墙面采用尺寸较大的面砖以减少砖缝积垢，减轻老人清洁的工作量。也可考虑选用深色勾缝剂，使积垢不明显，减少频繁清理的劳动量。

5. 开敞物品架的设置

厨房中各种物品数量繁多，可适当设置开敞物品架放置常用物品，免除老人易遗忘，找寻物品困难之苦，同时也便于老人取用。开敞物品架的缺点是观感杂乱，可将其设置在避开居室内主要视线之处，使其不显（见图33）。

6. 厨房中的无障碍设计

除了地面无高差、选用适当地砖材料外，厨房中的无障碍设计主要还应考虑橱柜的设计。

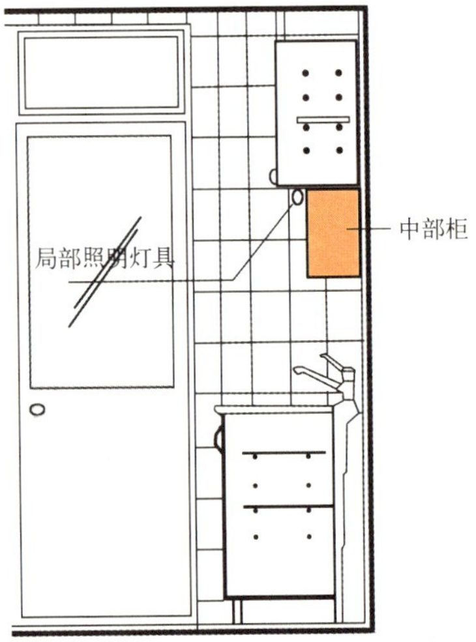

图32　厨房中部柜剖面示意图

图33　开敞的物品架便于老人取物

针对坐轮椅的老人，厨房橱柜以L形为好。轮椅直行和转弯动作较平移容易，L形橱柜使行进距离较短，并便于轮椅转弯操作；台面应连续，以便坐轮椅使用者在台面上平推挪动餐具，而不必从一处台面端到另一处台面（见图34）。台面的下方应部分留空，方便坐轮椅的老人靠近台面操作，距地25～30cm处一般不再设储藏，因坐轮椅使用者不便向下够取；洗涤池旁最宜安排垃圾桶的放置空间。

橱柜正面的把手不能有尖头或者较大凸起，以防老人操作和轮椅滑行过程中发生磕碰或衣物被钩住。本案例中，我们选用的是圆角造型的把手，凸出柜面较少，较为安全（见图35）。

（六）卫生间

卫生间是居室内主要的用水空间，使用频率高，安全隐患也较大，往往因光线设计、设施设备选用不当而存在一定危险。因此，卫生间应该有较高的照明和设备要求。

1. 适合老人的浴凳和扶手

为避免出入浴缸时或者在浴缸内滑倒而发生危险，老人应尽量采用淋浴的方式。但老人不宜长久站立，最好能在浴室内设置浴凳，让老人坐着洗澡，既安全，又舒适。

淋浴和坐便器旁边需设置水平和竖直的扶手，便于老人起坐撑扶（见图36）。

2. 易于操作的五金小件

老人的手部力量及动作的精准度有所减弱，应为老人选择易于操作的五金小件。门把手、热水器水温调节阀、座便器冲水开关等五金小件应尽量采用按、压、推这样易于用力的动作方式，而不宜采用提、拧、握的方式，以保证老人使用起来更方便省力（见图37）。

3. 适当增加坐便器坐高

老人做下蹲和起立动作较为吃力，可适当增加

图34　L形连续厨房台面

图35　橱柜的把手

图36 浴凳和扶手

图37 回弯式门把手

坐便器坐高来解决。老人用的坐便器一般比常规坐便器坐高增加20~30mm即可，既保证老人处于坐姿时双脚能够落地，避免血液循环不畅，又便于老人起立。

4. 坐便器旁设置插座以便接插智能便器

智能便器对老人如厕有很多益处，使用时更为舒适方便，有利于治疗痔疮等疾病。老人家中即使目前尚未采用智能便器，也应预留插座，以备今后加设。

根据国际通行标准，我国已经进入老龄化社会。老人的生活质量对于个人、家庭乃至社会都具有重要意义。老人的大部分日常生活会在家中度过，因而老人居室设计的优劣对老人的生活质量起着至关重要的影响。

本文通过详尽分析老人的生理、心理特点，及其对居室空间和家具的特殊要求，在具体个案的基础之上，提炼出关于老人居室设计的一系列理念。期望能够对老人居室设计具有一定的指导意义。

充分理解老人的需求，熟练掌握设计技巧，可以有效地改进老年居住建筑的设计。我们希望上述设计理念能够得到深入理解和灵活运用，通过对居室空间及家具的合理设计，弥补老人生理机能的衰退，为老人的生活提供硬件上的支持，从而创造良好的居家环境，使老人保持积极健康的心理状态，为家庭和睦与社会的安宁和谐做出贡献。

面向残疾老龄人的住宅设计

——唐山康复村改建方案残疾人住宅设计分析

　　本文是关于唐山康复村改建项目的方案介绍。文章分析了项目所面临的要求,总结了在该项目中采用的针对老龄残疾人住宅设计的新方法,并着重从平面确定,空间设计,建筑构造及设施的设计,室内家具及设备的设计4个方面对老龄高位截瘫者住宅的特殊性设计进行了探索,希望对今后的相关设计提供参考。

　　唐山康复村是唐山市政府为安置在1976年唐山大地震中造成高位截瘫的24对夫妇所修建的社区。社区占地9亩（基本为61m×101m的矩形）,修建有6排共24户平房住宅,当时的住宅设计考虑了高位截瘫者的生理特征,希望通过创造无障碍的居住环境,协助他们重新建立起独立、自立的生活。然而由于当时我国对于残疾人居住环境的有关研究十分缺乏,唐山康复村中的残疾人专用住宅在后来的实际使用过程中仍反映出许多问题,距离当初无障碍的初衷有很大的距离（见图1）。

　　由于当时修建时经济条件有限且时间紧迫,康复村的房屋建造极为简易,如今经过近30年的风雨,房屋的状况已是岌岌可危,亟待重建。应唐山市规划局的委托,清华大学建筑学院、美术学院与社会学系组成的残疾人、老龄人群居住环境研究组承接了唐山康复村改建项目的研究与设计任务。

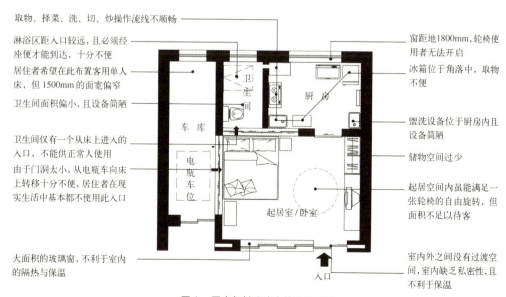

图1　原康复村残疾人住宅平面图

一、项目面临的要求

康复村的改建并不是原址上的重建。从建成至今的近30年中，社会发生了巨大的变化，相对于当初的修建，改建项目面临着更加复杂的要求。

首先是市场化运作的要求：政府希望能够通过市场化运作筹集资金，从而减轻政府的财政负担。

第二，残疾居住者的要求：对于残疾居住者，不仅要考虑他们生理上的需求，同时还要满足他们心理、生活习惯等方面的需求。

第三，老龄居住者的要求：虽然高位截瘫者与老龄人的行为特征有许多相似之处，然而老龄人还伴随着其他方面的机能衰退，康复村中现有居民均已接近或已进入了老龄期，对于他们的住宅设计应当有老龄与残疾的双重考虑。

第四，对居住质量的要求：随着社会生活条件的普遍提高，居住者对居住质量的要求也有了明显提高，康复村中的居民自然也不例外，改建后住宅的居住质量必须符合现代的标准。

第五，经济的居住成本要求：大部分康复村中的居民的主要生活来源靠国家救济，属于经济上的弱势群体，他们的住宅应当在保证必要的居住质量的前提下尽量降低其居住成本。

二、设计及研究方法

由于康复村中的居民是特殊群体，因此在该项目的设计中采用了一些与普通住宅设计所不同的设计方法，希望通过这些方法尝试，探索出一条适用于残疾老龄人群住宅设计的有效方法。

第一，充分发挥实地调研的重要作用。虽然参与此次项目设计的人员均从事老龄人居住环境方面的研究，对国际与国内较先进的相关研究有相当的了解，但为保障设计能够真正满足实际居住者的需求，并且验证已有研究成果的适用性，避免不适合的套用设计所造成的失误，在设计之前还是对现实居住者的生理、心理、生活习惯以及经济条件等多方面状况进行了更深入、更全面的调查研究。

首先通过调研入户的形式从多方面展开，调研的内容包括：①了解居住者的生活习惯与模式；②调查现有住宅的建筑形式及组合方式，室内空间划分，室内家具及设施的现状；③了解居住者对现有住宅的使用评价以及对改建后住宅的要求；④观察居住者对现有室内环境的自发改造；⑤请居住者演示一些较复杂或有困难的生活动作，如做饭，如厕，洗浴，上下车等；⑥测量居住者的人体尺度等。

第二，建筑与室内设计共同协作，同步进行。建筑与室内设计之间相互脱节一直是我国住宅设计中存在的一个严重问题，室内设计往往要对建筑空间进行二次改造，这样既影响建筑质量，又提高了室内设计装修的成本，而且往往还不能达到最佳的效果。唐山康复村改建方案是一次建筑与室内设计共同协作的尝试，建筑设计与室内设计基本上保持同步进行，设计的整个过程贯穿着建筑与室内设计的相互协调，相互改进，是一个共同完成的在有限条件下进行最优化方案的过程。

三、改建后住宅定位与平面确定

通过对改建项目面临的诸多要求的综合考虑与协调，以及对康复村居民的生活情况及周边地段的设施分析，认为比较可行与有利的方法是将改建后的社区定位为残疾人与老年人共同居住的社区。因为老龄人与残疾人同属弱势群体，而且都需要完善的医疗与护理服务，具有许多共通性，康复村与老年住宅的结合既可以解决康复村居民的老龄化问题，又可引入开发商投资建设，满足市场化运作的要求。改建后的社区将原有的平房改建为有电梯的多层楼房，一层部分安置原有的康复村居民，二层以上为带电梯的老年住宅。

对住宅平面有制约的因素有多项，其中包括基地面积容积率的限制；残疾人住宅及二层以上老年住宅的面积配比与结构的上下对应；住宅的进深、面宽、通风、采光等建筑因素的制约；还包括套型结构，空间需求，家具布置等室内设计方面因素的制约。通过建筑与室内设计双方综合协调，一层残疾人住宅平面最终确定为：建筑面积保证在$65m^2$，6m的面宽，11.7m进深，满足必要通风以及采光（见图2a）。二层以上为面积适中的一室户与二室户相拼的老年住宅（见图2b）。

四、改建后老龄高位截瘫者住宅设计分析

一层高位截瘫者的住宅设计从居住者的实际状况及需求出发，充分反映老龄高位截瘫者居住环境的特殊性，体现了老龄残疾人住宅设计的一些基本原则。

（一）空间设计

针对老龄高位截瘫者的特点，在住宅的空间设计上进行了以下的特殊考虑（见图3）。

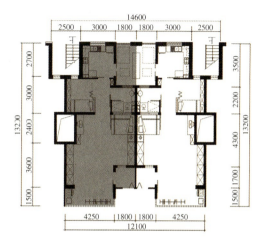

(a) 一层残疾人住宅组合平面
（注：图中阴影部分为一户残疾人住宅）

残疾人住宅平面限制要素：

公平性原则；
面积$60\sim 65m^2$；
良好的采光及通风条件；
增加过渡空间，客房与阳台；
室内空间满足轮椅的基本活动；
增大储存空间；
一定的平面可适性；
与二层的结构对应；

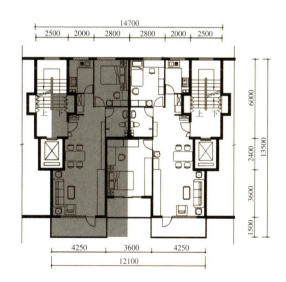

老年及普通住宅平面限制要素：

设置电梯，
一定的套型选择余地；
面积适中；
良好的采光及通风条件；
一定的平面可适性；
与一层的结构对应。

(b) 二层以上老年住宅组合平面
（注：图中阴影部分为对应的一户残疾人住宅）

图2 改建后住宅平面

住宅精细化设计·设计篇·老年住宅专题

1. 套型设计

套型的确定建立在满足生活需要和保证一定居住质量的基础上。65m² 的室内空间，被划分为门厅、起居、卧室、多功能房、厨房、卫生间，以及两家共用的车库。相对于原住宅，增加了作为室内外过渡的门厅与一间多功能房；由于居住者的许多起居活动需要在床上进行，起居空间与卧室仍然合并，但扩大了面积，起居与卧室之间以帘的形式进行软性分隔。起居室与卧室作为活动最集中的区域，朝南，阳光充足，且有较大的开间，可以招待多人来访。所有房间均可自然通风。

图3 一层残疾人住宅平面
（注：图中虚线圆为单辆轮椅自由旋转所需空间（D=1500mm））

2. 多用性

虽然现居住者是残疾人,但家中也会有正常人拜访,况且在这批居民之后还会有其他的入住者,以后的入住者并不一定是同样的高位截瘫者,因此,住宅的内部设计需要满足正常人与残疾人的双重需求。例如卫生间的入口设计,既可从床上进入,满足现有居住者的要求,又可以从门出入,使普通人也可正常使用;残疾人淋浴时所必须的平台并不采用固定式,而改进成为一个可翻式的翻板,平台放下时供残疾者使用,翻起来贴上墙面,即成为一个可供正常人使用的淋浴区。

3. 可适性

虽然对原住户的住宅设计秉承公平性的原则,但在室内也为每个家庭根据自身情况进行改造留有余地,例如尽可能地采用可改造的非承重隔墙,便于以后的套型改造;厨房与客房的位置可以互调,住户可以根据自家的情况与需求进行选择。

4. 空间的要求

由于居住者夫妇双方均依靠轮椅行动,而来访者大多数也是使用轮椅的邻居,因此室内的空间尺度是以轮椅的活动为基本尺度标准。走廊最窄处宽度为1200 mm,满足一辆轮椅与一个正常人共同通过;起居空间可容纳4个轮椅围绕一张方桌的活动;厨房满足2辆轮椅同时的活动。各个房间内,均可满足1张轮椅的旋转。

5. 活动的集中性

为了避免轮椅使用者频繁移动带来的不便,尽量使活动发生的地点集中,将一些活动相近的空间进行合并,如扩大厨房的面积,使厨房与餐厅合并;在阳台处接通上下水,使洗衣与晾衣的空间合并;由于居住者在床上度过的时间远远超过正常人,因此以床为中心,构筑完备的床上小环境,床边安排一定量的贮物空间,从床上可直接进入卫生间,床头设有主要电源的控制开关。

6. 双入口设计

居住者在社区中以及室内行动均使用轮椅,但如出社区则需乘坐电瓶车。电瓶车由于体量较大,不宜在室内出入来往,因此采用了双入口的设计,南门主要用于轮椅的出入,北侧则安排一个两家共用的车库,专用于存放电瓶车,居住者在这里完成轮椅与电瓶车间的转换,从北门直接外出,而外出归来,也由北门进入,先将携带的物品放入厨房或多功能房再进入主要活动区——起居室,这样即节省了室内空间又保证了室内的干净整洁。

7. 45cm平台的搭建

45cm是轮椅座位的高度,与轮椅座位等高的平台,意味着坐轮椅使用者可以较方便地从轮椅上转移过去,室内的床,洗浴台,座便器,车库内轮椅与电瓶车之间换车用的转移平台,均保证此高度。随着居住者年龄的增长,手臂力量的衰减,45cm平台的作用将越来越重要。

(二)建筑构造及设施的设计

1. 地面

由于居住者的室内活动完全依靠轮椅,为保证行动的方便与安全,室内地面尽可能的保持水平,对于一些必要高差,如卫生间为防溢水而存在的凹陷，入口与室外之间的地面高差等，均以舒缓的坡道进行过渡。

2. 门

所有室内门宽设为1000mm，满足轮椅以及电瓶车的自由出入；对私密性或安全性有需求的空间，如户门，厨房与卫生间门等，采用有锁的推拉门，而对私密性要求不高或且不便安装推拉门的空间，如多功能房和半公共性的门厅，则采用了折叠推拉门。

3. 窗

考虑轮椅使用者的视线高度及开启方便，室内窗全部采用了推拉窗，除卫生间外，所有窗台高为780mm，卫生间的窗台高为1200mm，高于一般轮椅使用者的视线，以保证卫生间的私密性，但从轮椅上仍能够方便开启。

4. 采暖

采用地板式采暖，这样不仅使采暖效果更加均匀舒适，同时也避免了凸出的暖气片易与轮椅使用者的脚部发生碰撞的安全隐患。

5. 电路开关

根据轮椅使用者最舒适抬臂高度，电路开关的高度设在距地面1200mm处；为减少居住者的频繁移动，在床头设室内所有电路的双控开关；开关面板采用大按键，有夜光指示。

6. 插座

插座高度设为距地600~850mm，避免了轮椅使用者在使用时因弯腰过度而失重所造成轮椅倾倒，同时850mm这一高度还保证了插座高于一般桌面与床上物品的普通堆积高度；厨房与卫生间内的插座设置安全保护；考虑居住者随年龄的增长，视力逐渐衰退，插座面板采用较鲜艳的色彩且与墙面具有一定的色彩反差，方便寻找。

7. 踢脚

转角处墙面在距地300mm高设软质踢脚护墙，防止轮椅碰撞。

8. 阳角

各处墙面阳角设弧形护角，避免磕碰受伤。

（三）室内家具及设备的设计

1. 床

为方便夜间上卫生间，将床靠近卫生间布置，采用双人床，规格为1800mm×2000mm×450mm，可从床尾与床侧双侧上床；床的300mm以下为凹入部分，深度为300mm，方便轮椅使用者脚部伸入；床头上方距地面1400mm的墙面上设置搁架，用于储放常用小物品。

2. 床头柜

床头柜高700mm，可以作为坐起时的扶手使用；由于居住者在床上度过的时间长且活动不便，夜间用品，药品以及常用的小物品均要放在床头柜上，因此具有较大的容量；设有2~3个抽屉，用于储存药品及小物品。

3. 储物柜

采用壁柜形式，推拉式柜门；有较大的储物容量；根据就近取物原则，进行分区设置，一部分在床附近布置,用于储存被褥等床上用品,一部分沿起居室墙面布置,存放衣物,另一部分布置在客房,储存不常用物品;柜内高度根据坐轮椅使用者手可触及的范围而定,设为距地 300~1700mm 之间其中 700~1400mm 部分为常用物品储存区,轮椅使用者可以最小费力地取物;对物品根据大小,进行分类储存,大物品的储藏柜深 600mm,小物品的储藏柜深 350mm。

4. 开敞格架或桌面

由于记忆力的衰退,老年人习惯将一些常用物品放在明处,因此在室内比较方便的地方设置了一些开敞式的格架或桌面,用于放置常用物品或装饰物。

5. 抽屉

家具中设置一些明抽屉,用于储存小物品。

6. 橱柜

厨房内的操作是最易对轮椅使用者形成障碍的家庭活动之一,因此对橱柜进行了有针对性地专业设计(见图4)。橱柜间活动空间满足两辆轮椅的同时活动;橱柜台面保持连续,采用"L"形布置,取物、择菜、洗涤、炒菜、切菜的操作流线顺畅连贯;洗、切、炒等主要区域集中于一张轮椅旋转范围内;洗涤池位于窗前,采光明亮,灶侧设调料吊柜,洗涤池近侧吊柜内设沥水架;设置移动小桌,既可做炒菜时的接手台,又可作为二人就餐的餐桌(见图4a)。底柜及吊柜根据轮椅使用者的适宜操作高度而定,台面高度设为 750mm,灶具内嵌,吊柜采用中部柜,高度为距地 1050~1600mm,为防止操作时碰头,设为上大下小;洗、切、炒 3 个主要操作区的底柜下部中空,方便轮椅使用者将腿部插入;

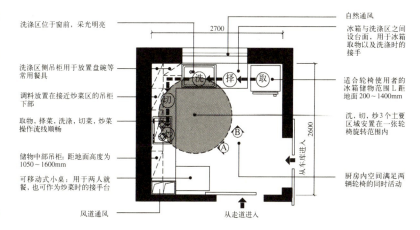

(a) 厨房平面

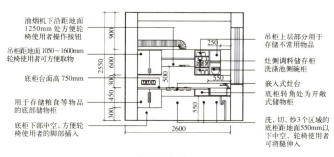

(b) A 立面

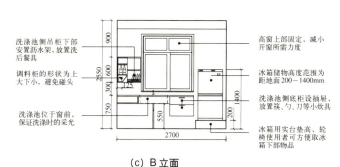

(c) B 立面

图4 残疾人用厨房详图
(注:针对双轮椅使用者家庭设计)

为防止轮椅使用者取冰箱底部物品时由于过度弯腰而倾覆，在冰箱下垫以200mm高的实台，采用高度小于1200mm的低矮型冰箱，将储物范围限制在距地面200~1400mm内（见图4b、图4c）。

7. 卫生间设备

卫生间具有两种进入方式：一种为残疾人专用，从床上进入，另一种为从门进入。内部设置了完整的洗浴、洗漱、坐便等卫生设备，使残疾人和正常人均可使用。空间满足一辆轮椅的自由旋转；有窗户与风道两种通风方式；用浴帘保证空间上一定的干湿分离；采用高位截瘫者专用坐便，表面为平板，高度为45cm（见图5a）；为有效利用有限的空间，且使正常人也能够利用卫生间，将残疾人洗

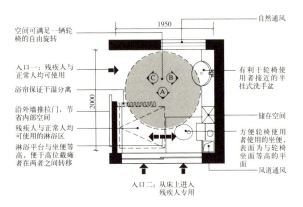

(a) 卫生间平面图

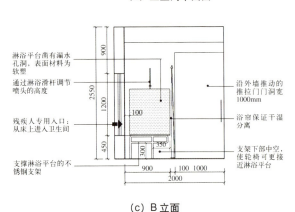

(c) B立面

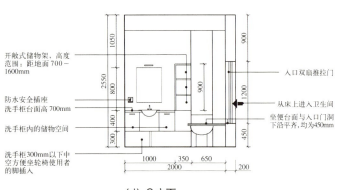

(b) A立面

(d) C立面

图5 残疾人用卫生间详图
（注：残疾人与正常人均可使用）

浴时所必须的平台设计成可翻式，翻起后，正常人即可使用淋浴区。淋浴平台的表面材质为软塑，带孔洞漏水，台下的金属支撑架为局部悬空，可使轮椅使用者更接近平台，身体转移更为方便；淋浴平台与坐便平台等高，高位截瘫者可在两者之间平移（见图5b、图5c）；洗手盆采用可使坐轮椅使用者更接近的半挂式，洗手台高700mm，台下中空，可供轮椅插入，台侧提供了一定的储存空间，考虑坐轮椅使用者的照镜高度，洗手台上镜面悬挂略倾斜，手池侧插座具有安全保护（见图5b、图5d）。

8. 材质及细部

家具及部分设备的材质多采用木材，塑料等牢固且手感舒适的材料，尽量避免使用玻璃、金属等易碎品，或感觉冰冷的材料；在转角或阳角的处理上，采用弧形护角，避免磕碰受伤的隐患。

五、收获及意义

唐山康复村的改建方案是对我国老龄残疾人住宅设计所做的一次尝试，通过这次尝试，希望对"我国老龄残疾人居住环境"方面的研究作出一些有益探索。

这次唐山康复村的住宅设计，是以实地调研为基础，在充分了解老龄高位截瘫居住者的特点与需求的根本前提下进行的，对已有的研究成果与数据的应用，也均经过现场的实际验证，从而保证改建后的住宅对实际居住者的真实适用性。此外，改建方案的目标是对老龄高位截瘫者的居住环境作出整体性改善，通过建筑与室内设计双方面的协作，方案从社区规划、住宅平面布局、空间组成、建筑构造及设施、室内家具及设施等多方面进行了全方位的综合设计，避免了以往因片面设计而带来的一些失误。

在这次唐山康复村改建方案中，设计者们尝试了一些特殊的设计方法，总结了有关老龄高位截瘫者居住环境设计的一些基本原则，希望这些设计方法与原则能对今后相关方面的设计提供一些参考。

考虑视力衰退因素的老年人居室设计要点

根据2007年我国老年人口统计发表的数字，目前我国老年人口已达到1.44亿。由于老年人的身体各方面机能会发生退化，特别是几乎每个老年人都在视力上逐步退化，直接影响到自主生活，因此在老年人居住建筑的设计中对此必须有充分的考虑，才能最大限度地避免危险和意外的发生，才能提高老年人的生活质量。本文专题探讨考虑老年人视力减退的居室设计要点。

一、视力衰退现象的特征

视觉是人体接受外部世界信息最重要的感觉能力之一。由于自然规律的作用，大部分老年人的视力水平在60岁以后急剧衰退。视力减退一般而言有两方面的原因：一是生理因素，进入老年后，生理机能逐步衰退，视觉器官的功能随着生理机能衰退也会出现相应的减退，即所谓老化现象；二是病理因素，即由老年人易发的各种眼病所致。资料表明，造成老年人视力减退的主要眼病是老花眼、屈光不正、白内障、青光眼、糖尿病导致的视网膜病变和黄斑部退化等。

在居家生活中，视力减退会给老年人带来许多潜在的危险。如由于看不清楼梯踏步、凸出物等会引起摔跤事故，屈光不正会造成对近处的事物感知不够敏感，从而导致碰头和摔倒等意外。老人摔跤后，很容易发生骨折，卧床不起又会引起身体各方面功能退化和并发症。因此在住宅设计中充分的考虑到老人视力减退问题，从家具设备到空间布置上细化设计，以此消除隐患，防范于未然，使老年人的居家生活舒适、安全。

二、视力障碍对于住宅设计的要求

由上所述，老年人身体机能特别是视觉功能的下降，对生活的影响很大，常需要帮助和照护，如果能够为老年人提供良好的室内外环境设置，那么就可以在很大程度上减少事故的发生，更长时间的保持其独立生活能力，有效地提高生活质量（表1）。根据我们的调查研究，现将住宅设计中特别需要注意的事项总结列表如下，以供家庭照护人员和设计人员参考。

老年人的视力减退是一个普遍现象，在住宅设计中应充分考虑他们的需要，从照明设置、家具布置、物品摆放到门窗、楼梯等的细部设计，需要设计师倾注更多的心血。改善老年人居住环境的安全性和舒适性，可使他们能够更多的靠自己的力量幸福地安度晚年，获得自信和保持尊严，同时也可减轻家庭和社会负担。这既是建筑师、室内设计师的重要责任，也应当得到全社会的关心和参与。

考虑视力衰退因素的老年人居室设计要点

由视力衰退带来的不便及应对措施　　　　　　　　　　　表1

容易与家具发生碰撞或被绊倒	
照护应当注意的事项	• 家具和物品的放置必须和其本人商量。不要在其常经过的地方放置活动的小件的物品，以防不注意绊脚； • 厨房、卫生间在脸部高度容易碰到的地方不宜放置凸起物，如带棱角的柜门把手、突出的毛巾钩等； • 家具应当沿墙顺排，不要有较大凸起或凌空摆放，如写字台和椅子； • 花瓶、镜框等易碎的装饰物品应当放置在不易碰到的位置或将其固定； • 需要使用玻璃的场所尽量选择钢化玻璃
住宅设计应当采取的措施	• 老人常去的空间尽量使其能够直线到达； • 室内门应设置门吸，保持全开状态，以减少碰撞的机会； • 采用推拉式门时，宜采用上方吊轨的形式，以取消地面凸起的门槛； • 玻璃门扇在距地面 1.4~1.6m 的范围内，最好设计 10cm 左右的色带，以示警视（见图1）； • 面朝走廊的门要求对内开启（见图2）； • 走廊里的柱子尽量不要凸出墙面（见图3）； • 墙的转角最好抹成圆角，减少碰撞时产生的伤害（见图4）； • 楼梯下部空间应当封闭，以防碰头（见图5）； • 尽量不要在洗脸台前面设置低头时容易碰到的置物架、五金件（见图6）

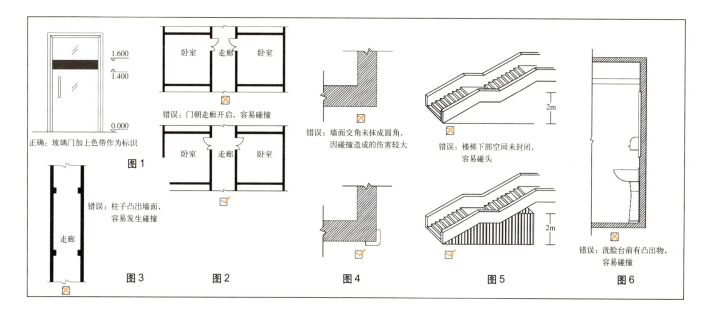

图1　正确：玻璃门加上色带作为标识

图3　错误：柱子凸出墙面，容易发生碰撞

图2　错误：门朝走廊开启，容易碰撞

图4　错误：墙面交角未抹成圆角，因碰撞造成的伤害较大

图5　错误：楼梯下部空间未封闭，容易碰头

图6　错误：洗脸台前有凸出物，容易碰撞

看不清梯段和高差，容易在楼梯上或有高差的地方摔倒	
照护应当注意的事项	• 接近楼梯的墙面可设置铃声装置或者明显标记； • 尽量不要使用与地面颜色接近的地毯，以免看不清其边缘的微小凸起而绊倒； • 老人经常使用的交通场所尽量避免使用地毯，减少微小凸起
住宅设计应当采取的措施	• 对于视力接近全盲的老人走廊与楼梯最好成直角设置，尽量避免正对，以防踏空（见图7）； • 楼梯踏步不能采用板式的，以防露空处绊脚（见图8）； • 扶手应长于楼梯段，端部应处理成向下或向墙侧弯曲的形式，以防勾住袖口拽倒老人（见图9）； • 楼梯间应设明窗，楼梯照明要保证足够的亮度，避免有阴影区，并上下设双联开关，局部应设置地灯做夜间照明（见图10）； • 老人卧室与卫生间应紧邻，如果远离，途中也最好不要路过楼梯间，以防夜间不够清醒时发生事故（见图11）； • 楼梯起始处须有明显的预告，如将地面分色或将材料变化，并须与门和走廊间有过渡平面，不可突然起始（见图12）； • 为防止踏空，楼梯踏步应设计得较宽，端部须清晰醒目，可在此部位设计不小于3cm的色带。（见图13）

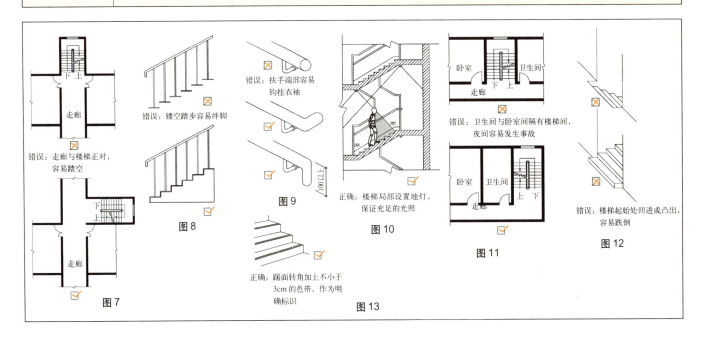

考虑视力衰退因素的老年人居室设计要点

续表

寻找、认清东西困难	
照护应当注意的事项	• 不能仅限于使用语言对其本人形容物品，一定要让其本人亲自触摸，以产生清晰的感觉； • 若移动物品，一定要放回原处，或者及时告知其本人； • 经常使用的小物品（如眼镜、笔、餐巾纸等）应当在频繁使用的场所备有
住宅设计应当采取的措施	• 壁柜、衣柜等家具的内部或上方应设灯，以便于找寻物品； • 日常用品的储存柜可多设明格，进深不宜过人，以方便看清、拿取； • 柜格的高度应当在正常人手能够到的高度5cm以下； • 配电盘、水电煤气表等须放在容易操作和看清的高度； • 在容易出现阴影的地方设置照明； • 家具要避免选用玻璃或镜面玻璃门扉
分不清房间的门	
住宅设计应当采取的措施	• 对于视力退化严重的老人，可把门和墙壁的颜色明显分开。门口可设明显标志； • 各房间地面尽量选用不同的材料，使脚感和踩踏声音有所区别
眩光带来的影响	
照护应当注意的事项	• 应当使用较厚的窗帘，保证睡眠不受外界光线的影响
住宅设计应当采取的措施	• 走廊正面和打开房门的对面不要有较大的朝西的开窗，以防眩光和因瞬时明暗变化过大造成看不清东西（见图14）； • 地面及桌面等尽量避免使用强烈的反光材料； • 灯具位置应保证在以垂直于镜面的视线为轴的60°立体角以外，防止光线直射眼睛产生眩光（见图15）

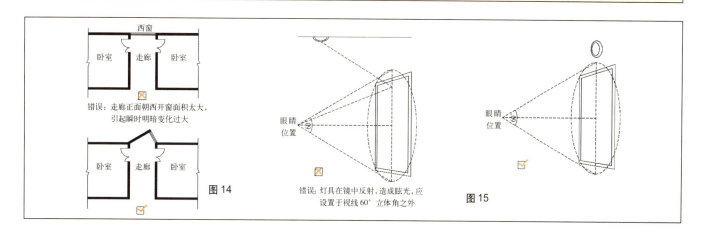

错误：走廊正面朝西开窗面积太大，引起瞬时明暗变化过大

图14

错误：灯具在镜中反射，造成眩光，应设置于视线60°立体角之外

图15

续表

难于保持清洁	
照护应当注意的事项	• 手需要经常触摸的地方,如电灯开关处,应选择耐污和容易擦拭的材料; • 地毯纤维不能过长,以防细小脏物落入不易清除; • 布置家具物品时,注意不要形成难以打扫的死角
住宅设计应当采取的措施	• 地面、墙面(特别是手扶及的部分)最好选择耐脏的材料; • 卫生间等比较潮湿的场所应加强通风换气,防止结露发霉; • 排水口要求容易去掉堵塞物,而且易于取出掉入的物品
电器的关闭和开启有困难	
照护应当注意的事项	• 及时告知全盲者电灯的开闭情况; • 电话、遥控器等应选择识别清晰和大型按钮的形式
住宅设计应当采取的措施	• 用大型开关面板取代点式开关,可以使用鲜艳的颜色引起注意; • 电话、遥控器等应选择识别清晰和大型按钮的形式; • 开关、插座在房间里的高度、位置尽量统一、明显,使其本人容易找到
厨卫照明设计不周带来的问题	
照护应当注意的事项	• 厨房可选择功率较大的灯具,保证足够的照度,减少与其他房间的照度差; • 卫生间应选用可以调光的灯具,以免夜间刺眼
住宅设计应当采取的措施	• 灯具尽量不要设计在便器的后方,避免自身挡光; • 厨房的操作台和水池上方,应局部设灯保证良好的照明,有利于操作和保洁(见图16); • 利用多个灯具相互消除阴影

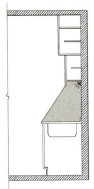

图16　　　正确:保证水池上方有充足的照明

日本老年人居住状况及养老模式的发展趋势

一、日本老年居住现状

1. 日本老年人口状况

日本人口至2006年接近1.28亿,其中约有20.8%的人口为65岁以上的老人。其中65岁以上的人口数目为2660万人,女性为1529万人。2003年统计时,生育率已下降到1.29,平均寿命的延长和生育率的降低,使日本人口的老化速度急速加快。据日本有关方面预测,到2015年4个日本人中就有1个是老年人,到2050年则3个人中就有1个是老年人。日本是世界上人口老化速度最快的国家之一。

从表1的两图中可以看出,日本"二战"后是生育高峰期,目前已经快要到达前期高龄阶段,到2050年,金字塔上的凸出部位将移入后期高龄阶段,金字塔的顶部加大,底部缩小,老年人口多于低年龄人口,今后日本全社会的养老负担将十分沉重。

面临这样迅速的人口老化问题,日本政府和社会早在20世纪70年代就已经开始重视,出台了很多相关的政策,逐步适应老年化社会的进展,并为老龄化最高峰时期的到来做好了准备。

2. 日本老人居住现状

在日本90%以上的老年住户现在居住的住宅水平高于日本政府规定的日本最低居住水平。95.5%

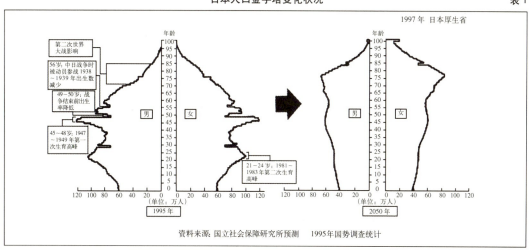

日本人口金字塔变化状况　　　表1

的老人在家中养老，4.2%的老人住在疗养院和老人中心等老人福利设施中。其中公共护理养老设施共有12203处，入住人数722942人（2004年国势调查报告，总务厅统计局）。日本虽然仍有与儿女同住的东方式的习惯，但近些年在逐步降低：如1968年有79.2%的家庭是老少同居，而到1994年已减到55.3%，并且这一趋势还在继续持续，包括同居意识也在降低。

日本高龄者现在居住的房屋由于建造年代较早，破损程度严重，特别是单身老人的住宅，四分之一以上需要修理，而且由于住宅设施的缺陷或不足，导致老年人在家中发生意外事故的事情频频发生。据日本厚生省1998统计，造成国民死亡的五大原因为：肿瘤、脑溢血、心脏病、肺炎，第五位是突发事件，其中最主要的是交通事故，其次便是在家中发生的事故。而老年人在自己住宅中出意外的比例要高于交通事故，仅1998年，日本就有7801位老人在住宅中发生意外，主要是：摔倒、滑倒、坠落，最近比较引人注目的是老人在浴缸内淹死的事故。为了确保高龄者的生活安全，政府制定了相应的政策，利用补助和贷款的形式，对老年人居住的住宅进行翻修改建，其中改造的主要部位是浴室和厕所，占住宅改造总数的三分之二。现在有60岁以上居住者的住宅中，18.6%在构造和设备上考虑了年老者居住的要求。

日本的社会养老保障制度比较健全，一般的公民从工作之日起就缴纳养老基金，等到年老退休时就可以领取养老金并享受社会的养老服务。但是由于日本老年人口的数量庞大，而且平均寿命逐年增高，所以养老设施供不应求。尤其是国家出资兴建的设备齐全、规模较大的养老设施，许多老人都必须排队等候很多年才能入住。由于仅靠政府不能完全满足如此庞大的养老需求，所以国家鼓励个人和集体出资兴办养老设施，同时通过贷款优惠等政策提倡子女与老人同居或者近居，这样一方面减轻了国家的负担，另一方面也促进了地区性小规模养老设施的发展。

3. 日本养老设施的分类

日本的养老服务已经形成了一个结构比较完善、门类比较齐全的体系，这个体系能够针对不同类型老人群体的不同需求提供相应的服务。在这个体系之下，每个老人都可以找到适合自己的养老方式，享受平等的人性化、个性化的服务。

日本的养老模式可以大致区分为在宅养老和设施养老两大类，见表2。

在宅养老强调以在家养老为主，附以社会性的援助服务，主要服务对象为身体比较健康，基本自立，能够在家养老的老人。服务形式为：通过建立家庭服务员派遣制度和社区网点设施，入户为老人提供饮食、洗澡、清扫、洗衣、购物和医疗等服务。另外还建立了老年人特需生活用具的借贷和发放制度、短期护理和日间入托服务等制度。

设施养老强调以在养老设施内养老为主，收养对象为生活不能自理，在家养老有困难或会发生危险者。其中又分为几种不同的设施类型，老年人及其家庭可以根据健康状况、家庭现状等具体条件，在众多的养老服务类型中进行选择。

4. 日本关于老年人居住问题的新政策

作为世界上第一长寿国，日本对老年问题尤其是老年人的居住问题一直都非常重视。近些年来，政府针对老年人的居住问题出台了很多的政策，以

日本养老设施的分类　　　　　　　　　　　　　　　表2

类型	名称	服务内容
在宅养老	入户探访服务	对日常生活不便的老人家庭进行探访，帮助进行家务、清理等工作
	入户护理服务	根据医生的诊断，对卧病在床的老人提供上门服务，其中包括注射以及基础护理等
	日托服务中心	采用每天接送的方式，老人在日托中心主要参加一些娱乐活动，包括洗澡、吃饭等内容
	咨询服务中心	通过专家提供有关政策、医疗、生理、心理等各方面的养老咨询服务
	短期入住设施	接纳一些卧病在床的老人，养老设施代替家人服侍老人一段时间（一般为7天）
设施养老	特别养护老人院	接纳那些生活不能自理，无法在家养老，时刻需要护理的老人
	保健院	接纳那些不需要进入病院治疗，通过体能锻炼能够恢复健康老人
	经济型老人院	接纳生活基本能够自理，但由于种种原因无法在家养老的老人，需缴纳一定的费用
	高龄生活福利中心	是小规模的老人综合服务设施，主要为老人活动中心，内设有床位，接纳需要护理的老人

下是其中比较具有代表性的几条。

（1）日本政府把专门为老年人、残疾人建设住宅的工作正式列在日本第七个住宅五年计划中（1996～2001年），说明老年人的居住问题受到了政府的充分关注。

（2）1995年6月出台了《对应长寿社会的住宅设计方针》，对住宅室内各部位的设计进行了细致和严格的规定，以适合老年人的行为需要。该设计方针的使用范围包括新建和改建的住宅，主要内容涉及老人房间和其他空间的合理布置要求及设置扶手和取消高差等方面的要求。并提出了一些参照数据以供设计者选择。目的在于帮助老年住户尽可能长的保持在住宅内独立生活的能力，并确保其行动的安全性。

（3）1996年3月出台了《福祉性街区规划建设手册》。对社区建设应该为老年居住者考虑，在设计上作了细致的规定，如确保移动环境的连续性，各公共空间的综合一体化设计，街区空间及绿化景观在配置上确保多样性和易于老年人活动交流等。

（4）1997年制定了针对老年住宅建设和改造增加贷款的政策。如自行增建老人住宅时，政府对每户可增加贷款150万日元；如针对老年人在住宅中增设设备时，每户可贷款100万日元；建造与老人同居和近居的住宅时，每户可贷款450万日元等。

（5）1998年出台了《面对高龄者优良住宅租赁制度》的政策。公营、民营等住宅开发公司在建造优良的适合老年人居住的租赁住宅时对其进行鼓励和补助。对老人应交付的租金给予补贴。

（6）2000年4月，政府制定了《护理保险制度》，该制度的目的是为瘫痪和智障老人提供护理服务。每个40岁以上的公民都必须缴纳护理保险费，而在出现瘫痪和智障症状以后就可以享受护理保险的相应服务。政府对提出护理申请的对象进行鉴定，在鉴定的基础上确定其可享受哪一级的护理服务（共分6个护理等级）详细流程见表3。

总之，日本近年针对老年人居住问题出台的一系列新政策，可以说是对社会老龄化作出的及时反应，对日本社会今后能持续稳定发展，人们不为自己的养老问题担忧，有着积极和重要的意义。

日本老人申请养老服务的过程　　　　　表3

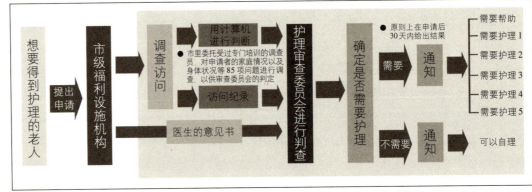

注：需要帮助——需要社会帮助　　需要护理1——部分护理　　需要护理2——轻度护理
　　需要护理3——中度护理　　　需要护理4——重度护理　　需要护理5——特殊护理

二、日本养老模式的发展趋势

1. 社会福利概念的改变

过去对社会福利的理解多带有消极的意义，即对于社会的弱势群体给予扶助，以提高其生活水平。近些年来西方发达国家及日本在社会福利的概念上有所更新和转变，其对象不再限于弱势群体，而是关系到全体国民的基本人权和待遇问题。特别对于老年人群体而言，指出老人受到的帮助和护理等社会服务应建立在尊重其本人意愿的基础上。例如尊重老年人常年养成的生活习惯，愿意在家养老的意愿等，提供社区服务、上门服务。

日本目前对集中化大规模的养老设施缺少人性化、个性化的设计进行了反省，提倡养老设施的小规模化、住区化。政府通过一些优惠条件鼓励个人参与社会养老，例如，个人在所居住的社区中开办老人院，为周围的老人提供服务等。这种贴近老人原有生活环境的、家庭化的管理服务模式可以使老人生活在其所熟悉的环境和氛围之中，方便其满足亲情和友情交流的需要，因此有利于老年人的身心健康。这在日本正在形成一种趋势。

可以说日本的养老指导思想的进步带来了养老模式的变革。

2. 从单纯的生理护理转向注重老年人的心理感受

同处亚洲文化圈，日本的养老观念与中国有很多的相似之处，很多老年人即便是年老体弱、行动不便，也不愿意去养老设施养老，因为怕别人议论自己的子女不孝，怕一旦进入生命的终点站，将不能返回等等。他们宁愿频繁地去医院看病，听取医生的忠告，在候诊室中与病友交流，得到心理安慰。针对这样的一些实际问题，政府鼓励相关医院就近设立养老设施，接纳短期入住的老人，帮助其恢复健康后，重返家庭。同时可作为一种由家庭养老转向设施养老的过渡模式，使老人在心理上有一个准备阶段。医院也可在医疗、护理方面产生规模效益。

在养老设施中，也从过去单纯注重生理护理、局限于保证入住老人的安全和满足老人的生理需求，转向注重老年人的心理感受、尊重老人的个人尊严和自主能动性等方面。这种转变具体体现在养老设施中的很多管理和护理细节上，如组织有行动能力的老人参与其力所能及的服务工作、组织丰富多彩的自娱性文娱活动、在设施的设计上缩小护理人员与老人之间的距离感（如将护理站服务台设计成开放式）等。通过这些做法让进入养老设施的老人从细微的方面感到一种自由和亲切感，更快地适应养老设施的生活。

3. 智障老人的问题受到全面关注

日本人口平均寿命位居世界第一，随着超高龄老年人的数量增多，智障老人的比例也相应增大。由于智障老人行为上的特殊性，特别是没有丧失行动能力的智障老人如果不能得到及时的看护往往容易引发意外事故，因此这部分老人的在家养老难度较大，要么导致老人难以得到及时的照顾，要么导致看护工作负担过重。所以需要建立专门的护理设施以解决这个问题。在日本老人院中一般都设有专门的智障老人的居住空间和护理措施。

智障老人的问题在日本近几年受到高度的重视，具体表现在以下几个方面：①全国范围内都成立了诸如"智障老人之家"之类的社会团体，呼吁全社会帮助和照顾智障老人。②有关的学者和研究机构都加强了智障老人问题的研究，国家在这方面也积极提供了经费资助。研究重点在20世纪90年代初期集中于设施的形态方面，90年代中期以后转向智障老人的空间认知特性，及最佳护理规模等方面。这些研究的成果体现在对于智障老人护理的很多新的理论和措施上。③在设计方面，考虑到智障老人的特殊性，作了许多细致的处理。例如：针对智障老人迷失方向性的特点，在交通空间中设置环形走廊，既满足老人散步的需要又避免老人因无力选择方向而发生情绪波动。另外，为防止老人走失，电梯开关设计为双钮，只有同时按下两个按钮，电梯门才能开启，这样可防止智障老人在监护视线之外时走失。诸如这样的设计细节还有很多，它们的宗旨都是为了让智障老人生活得更加安全和舒适。

4. 对在宅养老提供支援与帮助

老年人到了高龄阶段通常留恋旧居，不愿意改变现有的居住环境，一旦有所变动就会对他们的身心健康带来较大的影响。

所以近年来日本提倡让老人在原宅养老，并为其提供社会化的服务。最终的目标是为了让老人能够在熟悉的环境中自立生活。在宅养老援助政策的基本方针是提供全方位的、多种档次的服务项目，以供老人自由选择，例如上门保健服务、体能训练服务、精神安慰陪伴和专业护理及家务援助等等。而且为了让老人详细地了解政府的养老政策及援助服务的内容，设立了专业的咨询机构和服务窗口，确保老人在知情的情况下得到需要的服务。此外，创造条件使老人能更多的参加各种活动，促进身心健康。例如在社区内修建活动场所，小规模的手工操作间，兴趣教室等。为老人提供就近适宜活动的空间，帮助老人们建立良好的人际关系。

5. 养老服务事业走向专门化、规范化

从1999年开始，日本政府设立了"福利居住环境咨询师"的资格考试制度。"福利居住环境咨询师"的职责是：为老年人和残疾人发现其在居住上的需求，确定老人住宅建造或改建的方针和内容，并在老年人和残疾人本人、他们的家庭成员、建筑设计人员和施工单位之间进行意见的协调。这标志着日本的养老服务业正在向专门化和规范化的方向发展。

伴随养老事业的发展，日本有越来越多的年轻人加入养老服务的队伍。养老服务正在成为年轻人的一个重要的就职去向。因此，服务队伍的年轻化也是日本老人事业的一个新趋势。

日本学术界对老年人问题的研究自20世纪80年代以来逐渐增加。如日本建筑学会每年一度的全国大会上所发表的论文中，有关老人居住环境等领域的论文数量从1986年的不到30篇发展到目前的每年80～100篇左右。从研究的重点来看，20世纪80年代前期主要集中于养老院，80年代后期主要以老人保健设施为重点，90年代主要转向尊重居住者的自主性和个性的居住环境设计，以及以智障老人为对象的护理设施，研究内容与时代需求的变化是紧密对应的。

总之，于1970年就已进入老年型国家行列的日本，在老年人的居住和养老方面已经进行了多方面的探索，积累了许多宝贵的经验。特别是由于日本和我国同属典型的东方型社会，在家庭观念方面基本相似，因此日本的老龄问题对策，尤其是有关居住环境的老龄化对策对于我国具有重要的借鉴意义。

日本老人设施情况参见图1～图13。

图1 日本老人住宅
将老人的住宅安排在一层,保证无障碍、无高差,同时利用庭园的绿化丰富老人的生活

图2 日本东京世田谷区深泽住宅老年活动教室
住宅区内提供专门为老人活动的场所和空间,社区内的老人可以在这里进行例如插花、书法、手工等有趣的活动,增进老人之间的相互交流,同时也加强与社区内其他年龄层次住户之间的交流

图3 日本分水市老人设施的外立面
活泼有趣的细部处理给老人的生活和探访者都带来生气和活力。

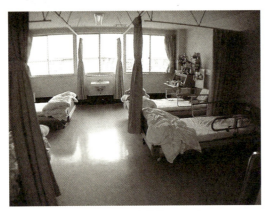

图4 养老设施内的普通四床间

图6 集体用餐
养老设施内老人用餐时的场景,有些老人需要工作人员帮助喂食。

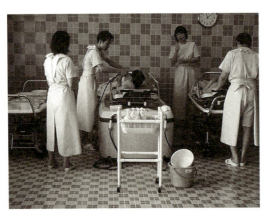

图5 养老设施内专用的可升降的机械洗浴设备

图7 养老设施内的日间活动
养老设施中的装修和家具布置为老年人营造家的氛围。

图8 养老设施内的日间活动
老人和工作人员或者志愿者一起做游戏。

图10 开敞的护士站（工作人员正在开会）
养老设施非常注重工作人员与老人之间的亲近关系，将工作人员所在的办公室、护士站与公共空间打通，并设置低矮的柜台以减轻老人被隔离、被冷落的心理感受。

图12 养老设施内的公共活动空间
开敞的公共活动空间采光良好，适宜老年人聚在一起进行交流或活动，可减轻老年人的孤独、寂寞感。

图9 参加劳动发挥余热
养老设施鼓励老人们尽其所能帮助工作人员做一些简单的工作，例如叠毛巾等轻体力劳动。

图11 养老设施内的智障老人专用的
单元式护理空间
由于智障老人的特殊性，将智障老人分成5~10人一组，组成专门的护理小组，设置专用的护理空间。

图13 电梯按钮
为了防止智障老人走失，养老设施内的电梯按钮设计成需要双钮同时按动才能启动的形式，预防意外的发生。

选房秘笈

不论您是经朋友介绍，还是慕名前往；也不论您是被住宅产品的品牌、优良的物业管理所吸引，还是被热卖的场面、优美的环境所感染，选定了梦中的"栖居"，准备"慷慨解囊"的时候，接下来要做的就是进行几号楼、几单元、几零几的选择了。由于居住区用地范围内部和周边的环境千差万别，影响居住品质的因素，如日照、景观、交通条件等不尽相同；同一居住区内的同一种房型，由于处于不同的住栋、单元和楼层，之间必然存在一定差异；如若不慎重挑选，日后的居住品质可能会受到影响。

但大部分住户是头一回购房，没有选房经验，到底哪好哪不好自己心里也没谱，只得东听听亲朋的劝诫，西听听过来人的经验，犹犹豫豫地把自己的血汗钱交给开发商……鉴于上述情况，我们结合以往进行的住宅入户调研和设计经验，为消费者梳理出一套系统的选房经验，为住户"明明白白选房，安安心心住房"创造条件。在这里我们归纳了6个方面，在住户进行住栋、单元以及楼层的选择时，逐条核查即可。

1. 交通状况——首当其冲

交通乃居住区的"命脉"，它陪伴着您每一次的回家和外出，因此交通情况应是选择的第一要点。

①进出小区的道路要便捷，顺畅；

②考虑停车位与单元入口的位置关系，要满足停车后可方便入户，避免绕行；

③要注意地面停车位与所选住房的距离，避免汽车起步停车发出的噪声影响正常生活；

④选择紧邻外界公路或是正对小区主干道的住栋时，要考虑到过往车辆带来的噪声及灯光会影响夜间休息。

2. 相邻楼栋——"敬而远之"

相邻楼栋往往是遮挡阳光、阻碍视线、带来对视的"元凶"，因此挑选楼栋时要特别注意与之相邻的其他楼栋，尽量争取"阳光权"、"景观权"和"隐私权"。

①一般情况下，南侧楼间距较大的住栋能够获得更加充足的日照；

②选择住栋时还要兼顾私密性，防止对视现象的出现；

③正对两楼间隙的套型，视线可以穿越，获得良好视野，但夹风和反射噪声不容轻视；

④要关注楼栋周边临时空地的"发展方向"，以免日后落成的建筑物影响现有的生活。

3. 服务设施——祸福难料

会所、公共活动场地、幼儿园、小学及水面、中心绿地属于服务设施的范畴。靠近服务设施的住栋自然可以方便使用这些设施，但同时也要认识到它们会带来"副作用"。

①中心绿化周边的住栋中,南侧面向绿地的住栋日照充足,景色秀美,居住品质较高。

②确定住栋与公共活动场地的位置关系时,还要考虑自身作息规律与场地活动"时间表"的关系——公共活动场地早晚常会成为业余活动的场所,如做操、扭秧歌、跳舞等,这便少不了音乐、广播伴奏,如此会或多或少影响到此时需要休息的住户。

③靠近幼儿园、小学校的住栋可方便家长接送,但活动的喧闹声有可能会影响住户的日常生活。

④水畔套型环境清幽且夏季相对凉爽,但还要考虑到成群的蚊子以及水体变质。

4. 辅助设施——避为上策

居住区内常见的辅助设施有垃圾收集站、泵房、配电室等。这些设施由于其本身的职能性质,或会发出难闻的气味或会产生噪声,影响居住品质。

要特别留意辅助设施的具体位置,最好不要紧邻这些设施选择住栋——虽然规划、建筑方面都做了相应的处理,但隐患仍然存在,同时还会对心理造成一定影响。

5. 单元位置——权衡利弊

同一栋楼中的不同单元有尽端单元和中间单元之分,有些楼栋还有转角单元,不同位置的单元各有其有缺点,应根据自己的情况加以选择。

①尽端单元

位于尽端单元的房型一般可以三面开窗,因此房间的采光、通风条件优越,景观视野开阔;但其外墙面积大,故而房间在夏季时吸热相对较多、冬季时散热亦相对较多,用于采暖、制冷的花销也就相对较大,同时当两楼栋侧面间距较近时也会产生对视的可能。

②中间单元

位于楼栋中间的单元,虽然不具备端单元的"广角",但其相对节能,节约了采暖、制冷的费用。

制冷费用也是不能小视的。

6. 楼层高低——各有所长

不同楼层的住房在采光、通风、视野等方面存在一定的差异,同时我们也知道房价与楼层直接挂钩,应根据自身情况选择性价比合适的楼层。

①首层

其优势在于入户方便,接近自然,可以借用小区的公共绿化;但与高楼层比较,房间相对阴、潮,蚊蝇较多,灰尘大,并且更容易受到路过车辆噪声、灯光的干扰。

②2层、3层

与1层相比少了几分潮气,多了几分阳光,并且与地面保持了较好的"对话"关系;但有时树会成为"遮阳板",阻挡了阳光的入射,但从另一个角度来看也避免了夏季过晒。

③4层及其往上

随着楼层的升高,采光、通风条件更加优越,视野变得开阔,小区内部及周边的秀丽风景尽收眼底;但同时与地面的距离也随之扩大。

④当层数达到20层以上

视野更加开阔,日照、采光、通风等条件也十分优越;但从高空看地面,感觉太远,部分老年人或儿童会感到眩晕或出现身体不适的其他症状,同时上下班高峰时间搭乘电梯会有不便,此外,高层住宅中"高层啸风"的现象也较为严重。

住宅精细化设计·设计篇·其他

⑤顶层

顶层赠送的露台往往会成为改变生活质量的契机。此外当屋顶为坡屋顶时，屋顶空间可以加以利用；但由于多了一个外表面，夏季热量会透过屋顶传入室内，而冬季室内的热量也会由此流向室外，增加采暖费用，并且由于构造等处理不当有漏雨的可能。

以下便以一个楼盘的局部为例，具体分析不同楼栋、单元的优缺点，以期给大家一个形象的认识。

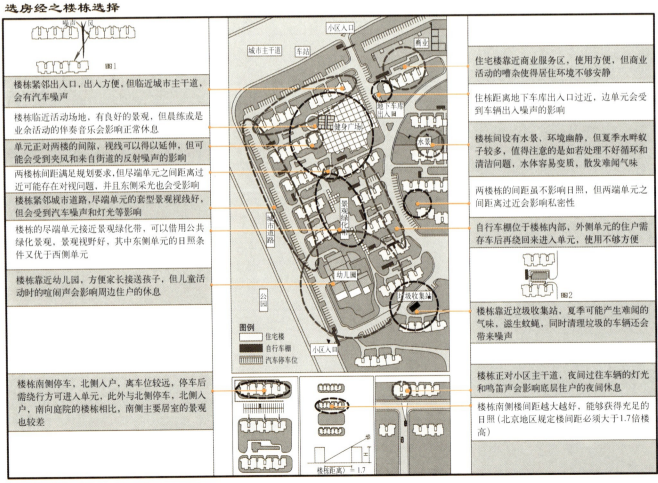

住宅建筑窗的设计要点60条

窗作为建筑的基本构件，不仅是建筑物采光、通风的装置，同时肩负开阔视野，沟通内外空间的重任，承担愉悦人们视觉，塑造景观的职责；在与人们生活密切相关的住宅建筑中，窗的上述作用更加不容忽视。众所周知，影响窗设计的要素很多：除了要考虑众多功能需求，还要照顾经济条件、能源消耗、气候特征、民族文化以及制作、运输、安装等诸多制约因素。在过去的设计中，由于设计考虑不够周全，给居住者带来使用上的不便或是造成能源浪费的例子不胜枚举。在住宅建设蓬勃发展，追求居住品质的今天，越来越多的建筑师、开发商、居住者开始关注住宅建筑窗的设计，将窗的设计作为营造温馨居所的"筹码"。在这里笔者结合实态调研的统计结果及实际工程的设计经验，依照窗的设计步骤，从确定窗的位置、考虑窗的大小、设计窗的形式、进行窗的划分和确定窗的开启以及选定窗的构件5个方面，归纳整理出60条有关住宅建筑窗的设计和选择时的检查要点；一来希望能够利于设计人员在今后的实际工程中加以借鉴，起到抛砖引玉的作用，二来也希望能够在选择窗的类型以及检查窗的设计时成为房地产开发商的有益参考（见图1）。

一、确定窗的位置

1. 注意开窗的位置与室内开口位置的关系，争取做到当人位于内部房间时，视线能够通过开口部穿越多个空间延伸至窗外，以增加通透感（见图2）。

2. 无论身处窗前还是远离窗口处，保持坐姿或是站姿均有良好的视野范围（见图3）。

3. 开窗应尽可能对准室外最美的景观，将其作为画卷"引入室内"（见图4）。

4. 确定窗的位置时要照顾室内家具的布置，过多和过于分散的窗会影响家具的摆放（见图5）。

5. 确保居室的私密性，充分考虑与邻近窗户的平行对视，特别是斜上方俯视等视线干扰（见图6）。

6. 东西向开窗时必须考虑相应的遮阳措施，卧室、起居室应尽量开南向窗（见图7）。

7. 妥善处理窗与空调外机的位置关系，既要考虑外立面的美观，对外机及其连线进行遮挡，同时还要考虑空调室外机的设置高度避免在室内能够直接看到，产生视觉堵塞感，此外应避免室外机换气风扇正对开启窗扇设置，以免将热风吹入室内（见图8）。

二、考虑窗的大小

窗的大小：

8. 尽量以100mm模数确定窗洞口尺寸，并与砌块组合的尺寸相协调[1]。

9. 开窗面积应符合窗地比的要求——住宅卧室、起居、厨房等房间窗地面积比值不应小于1/7，楼梯间的窗地比应大于等于1/12。

窗的宽度：

10. 确定窗侧边墙垛尺寸时，要照顾家具布置，同时兼顾多种摆放的自由度。

11. 从外立面考虑，应注意窗自身及与窗间墙之间的比例关系，以求形成虚实对比，有节奏感的立面效果（见图9）。

窗的高度：

12. 尽量提高窗的上沿高度以增加进深方向的照度（见图10）。

13. 条件允许的情况下可以运用反梁，最大限度的增强进深方向的采光质量（见图11）。

14. 注意窗上沿高度与楼板吊顶的关系（尤其是卫生间），应避免吊顶后顶棚面低于窗上沿高度的情况发生（见图12）。

三、设计窗的形式

窗的形式：

15. 目前住宅建筑窗的形式主要有：普通窗、凸窗、转角窗、落地窗、通高窗、高窗、老虎窗、天窗等。最为常用的是普通窗、凸窗、转角窗和落地窗（见图13）。

凸窗：

16. 考虑到开关窗时，人在保持身体平衡的前提下，探身并伸开手臂的有效作用范围，凸窗窗台进深不宜超过700mm（见图14）。

17. 当窗台较宽且选用平开窗需要探身开关窗时，其高度不宜设定在400～450mm范围内——该高度的窗台正好卡在膝关节处，起不到支撑身体的作用，探身开关窗易使人跌跪于窗台上，对老年人尤易发生危险（见图15）。

18. 妥善处理凸窗处的保温，防止冬季寒冷地区凸窗的顶板、侧壁以及窗台出现冷凝结露的情况（见图16）。

19. 当凸窗顶部用玻璃围护时，应注意其安全（楼上坠物砸损）、清洁、遮阳问题（见图17）。

20. 若凸窗侧壁选用玻璃时，要考虑窗帘挂设的问题（见图18）。

21. 当凸窗窗台较低需要设置护栏确保安全时，要考虑护栏设置位置和固定方式；不希望将栏杆设在窗台内沿，以免将窗台空间与室内空间分隔，既不美观又使窗台空间无法利用（见图19）。

落地窗：

22. 当住宅建筑的窗台低于900mm时要采用护栏或在窗下部设相当于护栏高度的固定窗作为防护措施以确保居住者的安全（见图20）[1]。

23. 设置护栏时要充分权衡将其设在室内或室外的位置以及优缺点（见图21）。

24. 大面积落地玻璃门窗应注意加设可辨识标志，避免冲撞（见图22）。

25. 服务阳台的使用状况一般较为杂乱，因此与之相连的落地窗下部宜选用透光不透视的材料，以防混乱景象"一览无余"，与其他空间（如：厨房、餐厅）的整洁气氛不相匹配（见图23）。

通高窗：

26. 两层通高窗的设计需事先考虑窗扇开启，

擦拭以及窗帘的吊挂、开合等使用问题（见图24）。

27. 当通高窗中有过梁通过时，要考虑到梁顶面积灰的解决方法（见图25）。

高窗、老虎窗、天窗：

设计要求：

28. 设置高窗、老虎窗、天窗时，应注意解决窗的开启及擦拭困难等问题（见图26）。

29. 天窗的设计要考虑阳光入射的角度，并要解决其水密性以及夏季遮阳、冬季结露的问题（见图27）。

30. 半地下室的高窗，应注意防止积水渗入和灰尘进入。

31. 地下室设有窗井时，要考虑安全（防止坠落）、排水、防止杂物掉入以及方便清理等因素（见图28）。

窗的形状、风格：

32. 选择窗的形式时要照顾到建筑的整体外观和风格，注意协调、统一（见图29）。

33. 同一立面上不同房间的窗，其形式要能够形成一定的节奏、韵律（见图30）。

四、进行窗的划分、确定窗的开启

划分

34. 在满足通风、开启等要求的基础上要推敲窗划分的比例关系。

开启

- 窗扇的开启形式：

35. 目前大量应用于住宅建筑中的窗的开启形式有：平开（分内开和外开）、推拉、悬窗（分上悬和中悬）、立转、固定、折叠、复合开启（倾开平开窗）等等（见图31）；其中平开窗、推拉窗应用最为广泛。

- 开启扇的大小

36. 满足规范中对通风开口面积的要求——卧室、起居室、明卫生间的通风开口面积不应小于该房间地板面积的1/20；厨房的通风开口面积不应小于该房间地板面积的1/10，并不得小于0.60m²。

37. 考虑到玻璃的整体强度以及构件的承受能力，平开窗的开启扇，其净宽不宜大于0.60m，净高不宜大于1.40m；推拉窗的开启扇，其净宽不宜大于0.90m，净高不宜大于1.50m（见图32）。

- 开启扇的位置：

38. 确定开启扇位置时，需考虑室内流场分布，以免影响居室自然通风的质量（见图33）。

39. 应设置自然通风器或小开启扇以便在寒冷的冬季能够引导室内空气微循环（见图34）。

40. 要能够方便、安全地擦拭窗扇，避免设计中出现难以清理的"卫生死角"（见图35）。

五、选定窗的部件

窗框

41. 窗框材质的选择需考虑其物理性能，如强度、气密性、水密性等；当有保温隔热的要求时，要满足相应的指标要求。

42. 在一定强度质量范围内，尽量选用断面尺度小的型材并进行合理划分，控制窗框所占窗面积的比值，避免将窗划分过于细碎，阻挡入射光（见图36）。

43. 应注意窗框材料的颜色与建筑外立面、栏杆等构件的用色协调（见图37）；一般深色框在视觉效果上比白色框对视线遮挡少。

44. 挑选窗框型材时要考虑窗轨沟槽的形式，应保证其易于清洁，并不易被积灰堵塞排水口影响雨水排出（见图38）。

玻璃

45. 注意玻璃品质的选择，使其满足保温、隔热、降低噪声以及节能等需求。

46. 合理选择窗玻璃的色彩，提倡使用无色透明的玻璃，选用有色的如蓝色或绿色玻璃时要考虑对室内光线及立面的影响等问题。

47. 要注意作为防护措施的固定窗应采取夹层玻璃，玻璃边框的嵌固必须有足够的强度，以满足防冲撞要求。[1]

窗扇

48. 窗扇的开启程度应能够控制，并做到不同程度的开启均可固定，避免刮风造成窗扇损坏（见图39）。

纱窗

49. 外窗开启部分宜设纱窗防蚊蝇。

50. 纱窗应易于安装、拆卸和清洗。

51. 当选用平开窗时，尽量做到在不开纱窗的情况下，可方便的开关外窗。

52. 窗纱的选用应注意其颜色、可透视性、网眼密度及挺括度等产品性能。

开启把手：

53. 窗扇把手的形式要利于抓握操作（见图40）。

54. 窗扇把手的设置高度应符合人体工程学，其位置还要满足窗框整体的受力特征。

55. 推拉窗中要防止开窗后抠手隐藏于前一窗扇后，给操作带来不便（见图41）。

窗锁：

56. 窗锁应安全可靠，使用方便，不易损坏。

57. 纱窗也应注意配置窗锁。

窗台：

58. 确定窗框在窗洞内外位置时，要考虑对窗台空间的充分利用（见图42）。

59. 关注外窗台的排水设计，重点是窗台下滴水的设置以及窗台与窗洞侧边节点的处理，防止雨水冲刷积灰的窗台后沿窗台两侧流下，浸染墙面（见图43）。

60. 外窗台要有一定的强度和宽度，考虑能够踏在上面擦窗。

在与人们生活密切相关的住宅建筑中，影响住宅窗户设计的因素错综复杂。如何快速、综合地整合分析、系统设计是建筑师必备的创作思维方法；而如何准确、全面地判定优劣、为业主带来高质量的窗是作为开发商应该具有的基本素质。本文结合实态调研和实际工程，归纳总结出若干住宅建筑窗的设计要点，希望能够在住宅建筑中，对窗的设计系统化，窗的检验标准化方面作出一些初步的尝试。

住宅建筑窗的设计要点60条

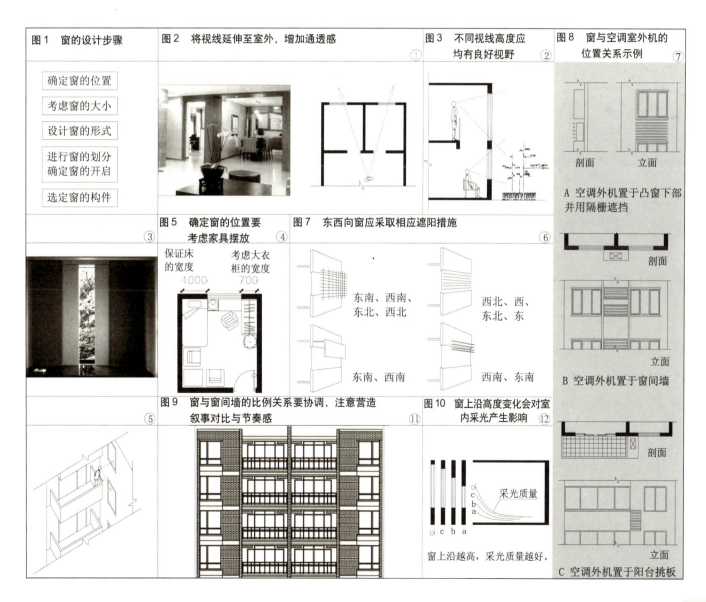

269

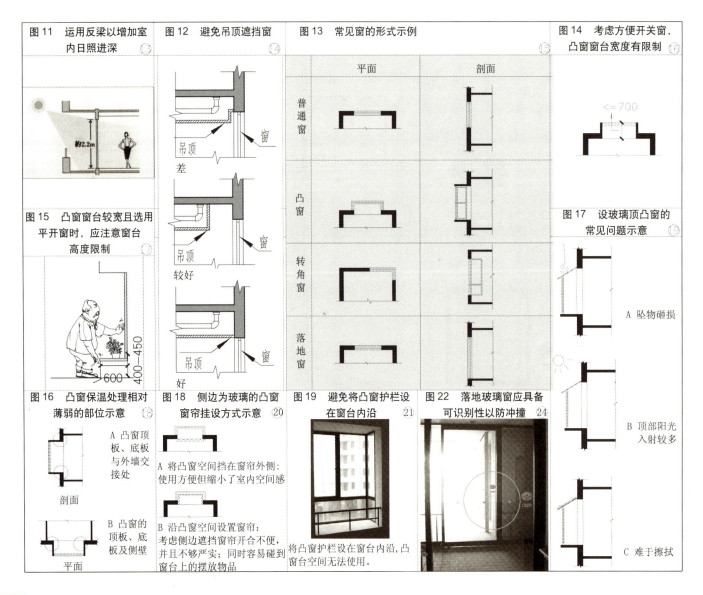

住宅建筑窗的设计要点60条

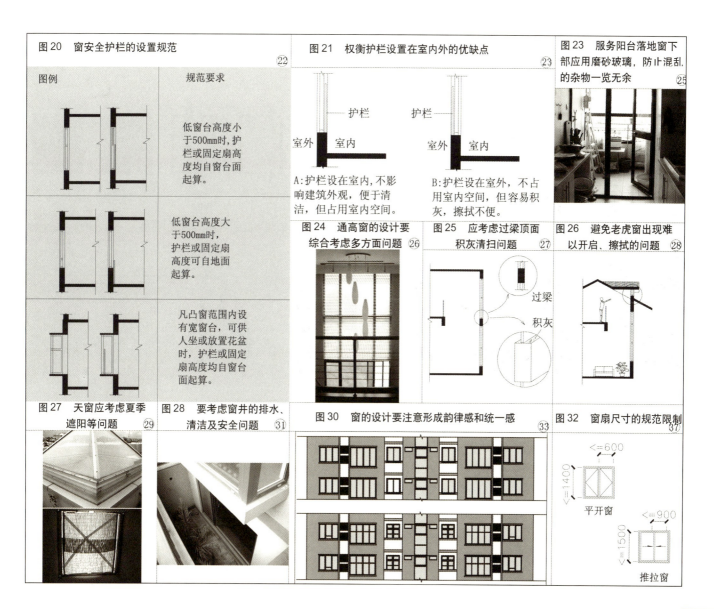

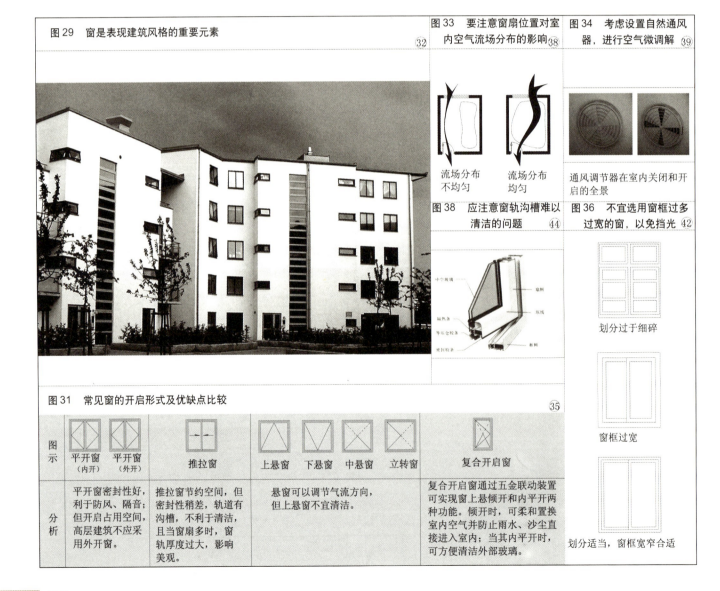

图29　窗是表现建筑风格的重要元素

图33　要注意窗扇位置对室内空气流场分布的影响

流场分布不均匀　　流场分布均匀

图34　考虑设置自然通风器，进行空气微调解

通风调节器在室内关闭和开启的全景

图38　应注意窗轨沟槽难以清洁的问题

图36　不宜选用窗框过多过宽的窗，以免挡光

划分过于细碎

窗框过宽

划分适当，窗框宽窄合适

图31　常见窗的开启形式及优缺点比较

图示	平开窗（内开）	平开窗（外开）	推拉窗	上悬窗	下悬窗	中悬窗	立转窗	复合开启窗
分析	平开窗密封性好，利于防风、隔音；但开启占用空间，高层建筑不应采用外开窗。		推拉窗节约空间，但密封性稍差，轨道有沟槽，不利于清洁，且当窗扇多时，窗轨厚度过大，影响美观。	悬窗可以调节气流方向，但上悬窗不宜清洁。				复合开启窗通过五金联动装置可实现窗上悬开和内平开两种功能。倾开时，可柔和置换室内空气并防止雨水、沙尘直接进入室内；当其内平开时，可方便清洁外部玻璃。

住宅建筑窗的设计要点60条

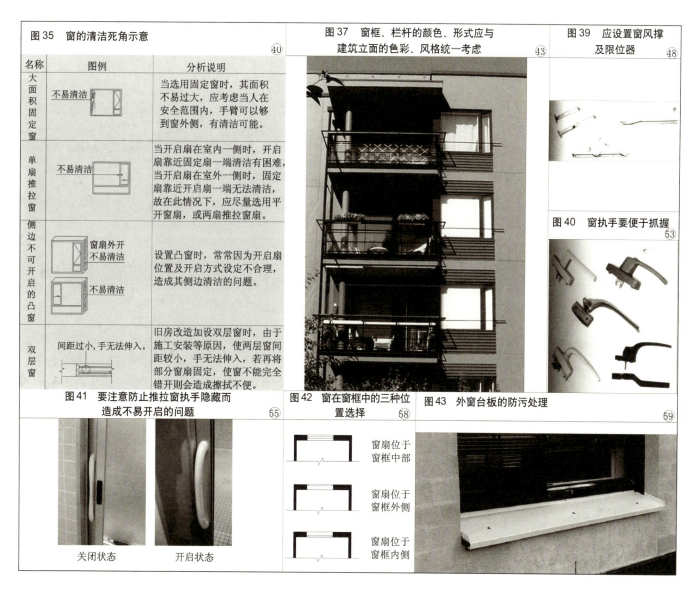

图35　窗的清洁死角示意 ㊵

名称	图例	分析说明
大面积固定窗	不易清洁	当选用固定窗时，其面积不易过大，应考虑当人在安全范围内，手臂可以够到窗外侧，有清洁可能。
单扇推拉窗	不易清洁	当开启扇在室内一侧时，开启扇靠近固定扇一端清洁有困难，当开启扇在室外一侧时，固定扇靠近开启扇一端无法清洁，故在此情况下，应尽量选用平开窗扇，或两扇推拉窗扇。
侧边不可开启的凸窗	窗扇外开 不易清洁 / 不易清洁	设置凸窗时，常常因为开启扇位置及开启方式设定不合理，造成其侧边清洁的问题。
双层窗	间距过小，手无法伸入。	旧房改造加设双层窗时，由于施工安装等原因，使两层窗间距较小，手无法伸入，若再将部分窗扇固定，使窗不能完全错开则会造成擦拭不便。

图37　窗框、栏杆的颜色、形式应与建筑立面的色彩、风格统一考虑 ㊸

图39　应设置窗风撑及限位器 ㊽

图40　窗执手要便于抓握 ㊼

图41　要注意防止推拉窗执手隐藏而造成不易开启的问题 ㊺
关闭状态　　开启状态

图42　窗在窗框中的三种位置选择 ㊽
窗扇位于窗框中部
窗扇位于窗框外侧
窗扇位于窗框内侧

图43　外窗台板的防污处理 ㊾

住宅套型设计还有改进的余地

住宅的套型设计与人们的家居生活密切相关。因此,设计师要想把套型设计做好,就必须对家居生活进行细致入微的观察和研究,在此基础上进行精益求精的推敲。遗憾的是,目前很多住宅开发项目对于套型设计没有给予应有的重视,设计出的套型存在一些明显的不合理之处,一些住户购房后甚至需要大动干戈进行改造,给人们的家居生活带来了许多不便。这些问题的根源大体上可以归结为3个方面。一是部分开发商和设计者平日工作繁忙,往往缺乏生活经验以及对生活的细致观察;二是开发商给设计者留下的设计周期往往过短,使设计人员没有时间认真反复的进行推敲;三是在过去住宅开发总体上供不应求的局面下,人们往往只把住宅的地段、面积和价位作为主要的比较对象,而对住宅套型的选择只能迁就。当前,随着住宅开发项目增多,市场竞争日益激烈,套型设计的优劣无疑会成为购买者进行选择时一个重要的考虑因素。

其实,对于开发商来说,更好的套型并不一定意味着增加投资,反之却可以获得购房者更多的青睐,带来更好的市场效益,应该是一件双赢的事情。因此,今后的住宅开发项目应该对套型设计予以更多的重视。笔者结合清华大学建筑学院的住宅科研项目,结合多年来对我国住宅进行实态调研,对套型进行了分析统计。因此对目前家居、装修中的一些问题及住户对套型的需求有一定的了解,对套型设计的重要性也深有感触。通过研究发现,很多住宅开发项目的套型设计只要再深入推敲一下,就完全可以实现较大的改善,以下就以一个实际的住宅套型为例,进行一次改进套型设计的尝试。

1. 原方案平面分析

该方案是北京近郊某经济适用住宅小区所采用的套型设计之一。该方案由一个三室户和一个一室户组成。其优点是:套型面积大小适当,单元总面宽小,结构整齐,较为节地、经济。但笔者认为该方案在套型划分及细部设计上推敲尚有不足,在以下8个方面还有改进的余地(见图1):

① 采用南梯损失了南向面宽;
② 入户门小不利于搬家具;
③ 入口过道长浪费面积;
④ 主卧、书房、厨房通风差;
⑤ 次卧、书房空间过于狭长,内部光线暗;
⑥ 厨房厨柜只能单面排列,空间利用不充分,冰箱无处放;
⑦ 餐厅空间不能独立,并远离厨房;
⑧ 室内空间不够通透,感觉呆板。

在保持与原方案面积相同、面宽相同的前提下,对该方案做了两种修改尝试,在此分别称为微调方案和改进方案。

2. 微调方案

基本保持原方案的平面外轮廓,仅对套型内

住宅套型设计还有改进的余地

图1 原方案平面图

图2 微调方案平面图

部的墙体重新划分和调整。通过把楼梯间向南提，取消了南向凹槽。在三室户中增加了独立餐厅，功能更加明确；室内各房间门相对布置，使通风情况得到改善；由于户门南移，消除了过道面积，其面积补进起居空间；服务阳台扩宽，增加了洗衣机和洗涤池，方便家务劳动。两套套型中均增加了储藏面积，厨房还增加了冰箱位置（见图2）。

3. 改进方案

楼梯间改到中部朝北,增加了南向可使用的面宽。一室户和三室户均增加了独立餐厅。三室户厨房面宽增大,可设双向排列厨柜,提高了使用率;取消入户走廊,适当减小次卧和书房的面积,补进主卧和起居室;室内空间层次丰富,通风良好。一室户增加了可分可合的半间房,可根据需要灵活使用;同时还增设了储藏间。

改进方案中将三室户面积略减,相应增加了一室户的面积,作为经济实用房,可减少购买者的经济压力;一室户增加为一室半,则使其居住质量大为改观,适应的客户群更广(见图3)。

尽管套型设计可以通过设计者的努力做到尽量完善,但我们也必须承认,对于不同的购房者来说仍然存在着一个"众口难调"的问题。因此,我们在套型设计上除了尽量满足最广泛的需求以外,还应当运用一些手法使套型可以灵活多变,如:除必要的承重结构墙外尽量采用隔墙或开口,注意管线、管井的布置位置,以方便住户日后的改造等,以求适应住户的多样化和个性化的需求。

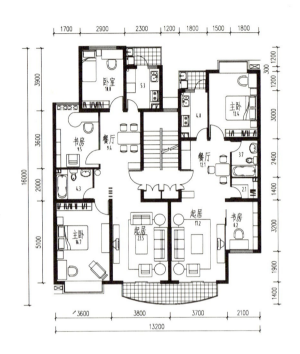

图3 改进方案平面图

镜子在住宅中的巧用

在日常生活中，镜子是一件必不可少的家用物品，尤其是在有爱美女性的家庭里。人们在家中不同位置安放不同用处的镜子，便于观察着装、仪表等。但是镜子反射景物的原理，绝不局限于端详外表。除了这个传统而基本的用途之外，在住宅中，它还可以被巧妙的用来扩大空间感受、提高室内亮度、促进观察交流、装点居室生活等。不过，镜子在住宅中的使用也受许多民间风水说法的限制，许多人会相信，家中的一些地方不能摆放镜子。

那么如何恰当的使用镜子，充分发挥镜子的作用，又有效的避免不利情况呢？下面本文就将根据镜子不同的功能，总结一下如何将镜子巧妙的使用在住宅中。

一、观察仪表容貌——镜子对外貌的反映

古语讲：对镜贴花黄。观察容貌是镜子最传统和最基本的用途。随着社会的发展和生活水平的提高，人们越来越关注自己的仪表和形象，如果在家中适宜的位置安放镜子，将大大方便人们观察自己，增强信心。

1. 门厅处的镜子

门厅是住宅的入口空间，也是出门前的最后一道"关口"，人们离家前或者回家时，都会习惯性的看看自己。尤其是出门时，人们会格外仔细地端详全身情况。因此，玄关处的镜子应该是面积足够大的穿衣镜。一般来讲，穿衣镜宽度应大于45cm，高度应大于150cm。镜前还应留有足够的空间，让人能转身观察侧面和身背后的情况（见图1）；门厅内的光色要既反映真实情况又有一定的美化效果，以增强自信心。

图1　门厅穿衣镜

2. 卧室中的镜子

卧室是更衣、试衣最常发生的场所，穿衣镜在卧室里显得尤为重要。有些家庭喜欢把镜子安装在衣柜内，这样打开衣柜便可照镜；有的家庭喜欢购买独立的穿衣镜放置于卧室中，使之成为一件家具；有的家庭则喜欢在装修时将镜子直接安装在墙上。不同的方式都有各自的利弊，可根据卧室的大小、装修风格和主人的喜好来选择。

置于柜门内的镜子，有位置上的优势，主人能够一取出衣物，就直接对着镜子比照。但因受柜门限制，通常宽度较窄，高度也有限。男士佩戴领带时会很方便，但对女士来讲，想搭配全身的服饰，观察整体效果，就要困难些了。

作为独立家具的穿衣镜，装饰性强，好的造型可以使之成为家中的一件艺术品；但相比之下，镜子本身也要占用一定的空间，如果卧室较小，就不提倡使用了。

贴在墙上的镜子，既有装饰性，镜子本身也不占用空间；不过装修后则固定不易改变，因此要事先考虑好镜子的大小和与家具的位置关系，留下足够的镜前空间，以方便使用。

一般在卧室里，女士们会试穿和搭配不同的衣服和饰物，仔细的观察各个角度，欣赏镜中的身影。而通常卧室内家具占地面积会达到地板面积的三分之一以上，因此要注意留有一个集中的空地供人活动转身，而不是被家具切割成为很小块的面积。

不管是哪种形式的镜子，都要避免镜面正对着睡床，以防夜里或者朦胧中起身时，被自己的影子吓到；民间风水说中讲，镜子对着床会有煞气，也是基于这种原因而提出。将镜子与床头并排布置（见图2），既有扩大空间之感（后文中将会讲解），也避免了起身后与自己的身影相对。

3. 更衣室内的镜子

随着生活水平的提高，越来越多的主卧室都附带有专门的更衣室，将更衣照镜活动转移到了这样一个专门的空间内。人们的动作过程通常是从衣柜内拿出衣服，然后对着镜子打量、试穿，接着放回柜内或其他顺手的地方；通过比较选择之后，穿好衣服，对着镜子全面的观看欣赏。因此在设计更衣室时，主要考虑的是衣柜、镜子、台面、镜前空间四者间的关系是否适合这一动作过程，而后再设计恰当的照明。

图2　镜子与床的位置关系

镜子在住宅中的巧用

卫生间镜子的种类和作用　　　　　　　　　　　　　　　　　　　　　　　表1

种类	作用	功能要求
梳妆镜	洗脸化妆时用	防雾，良好的镜前光环境
放大镜	看清细部	仔细观察脸或者头上的微小之处
手持的镜子	看清细节；与其他镜子配合使用，观察头后的情况	轻便，可以随意拿起大小适宜，能照到一定的范围
洗浴镜	洗澡时观察自己的身体	面积大小最好能够看到全身；防雾，有蒸汽时也能够正常使用

图3　卫生间内的几种镜子

4. 卫生间里的镜子

人们会在卫生间内进行洗脸、洗澡、化妆、穿脱衣等多种活动，因此要设置不用用处的镜子（见表1）。一般洗脸台前都会有梳妆镜，为了方便看清细节，最好与之配套设置放大镜（凸面镜）；要看到头后，则需要独立的手持镜子与之配合（见图3）。此外，设置一面洗浴镜非常必要，洗澡时对着镜子观察一下身体，便于发现平时不易注意到的青瘀或者皮肤变化，减少伤病隐患。

5. 阳台上的镜子

在阳台上安放一面梳妆镜，将日常的梳妆打扮地点转移到这里，无疑是个新颖巧妙的做法。在阳台上梳妆，光线充足，可以充分享受自然光的照射；阳台上通常也会有一些茂盛的绿化和舒适的坐椅，于是梳妆也就成为一种享受。同时，明亮的环境里，脱落的头发也易于发现和打扫。不足之处是，光线过强时，镜子会反射部分光线进入人眼造成不适。因此，要斟酌镜子的位置，避免这种情况的出现（见图4）。

注意：总的来讲，镜子的安放要充分考虑人在镜前的使用是否方便舒适。这里应注意以下几个问题：

a. 恰当的镜前距离

照镜子时，要有一个舒适的距离，以便人们能更好的看清和欣赏自己。不同作用的镜子需要的镜前距离不同，看细节的镜子最小，梳妆镜其次，穿

图4　阳台上的梳妆镜

衣镜最大。如果距离不当，比如穿衣镜前的距离过小，人就无法看到全身的整体效果，低头看腿脚时，也会有一定视觉上的变形。

b. 适当的照度，舒适的亮度对比

不同用途的镜子，镜前所需要的照度不同，穿衣换鞋的要求低一些，梳洗、化妆则要高一些。达到这些照度要求后，还应考虑合理的亮度分布，使镜前环境明暗结合，便于使用。如果亮度对比过小，会使景物显得平淡，缺乏生气和立体感；亮度对比过大则容易产生不舒适眩光，既不方便使用，也易造成视觉疲劳。因此，最好选用光源不裸露的灯具，避免灯光直射入眼；在镜前安放装灯具时，还要避免光源恰好通过镜面反射进入人眼。

c. 宜人的光色，良好的显色性

照镜子既要让人看清真实的自己，也要看起来显得更美丽，所以光色和显色性十分重要。暖光色（红光成分偏多）能在室内形成亲切轻松的气氛，衬出健康自然的肤色，适于在镜前使用。通常情况下，很多人宁愿多费电也要使用白炽灯，是因为它光色宜人，显色性好。一些新型的低色温荧光灯，光色基本上接近白炽灯，既节能也兼顾了人们对暖色光的喜好。

d. 正确的投光方向，良好的立体感造型

在镜前，光线的指向性不宜太强，以免阴影浓重，造型生硬；灯光也不能过于漫射和均匀，以免缺乏亮度变化，使造型平淡。灯具最好设在镜前上方和两侧，以兼顾光源方向和造影问题，避免出现"阴阳脸"、"熊猫眼"等。

二、扩大居室空间——镜子对空间的改变

通常人们都想让自己的家显得更大一些，尤其随着小套型的增多，这种需求更加强烈。镜子由于其自身的反射功能，在这里将发挥巨大的作用。它可以放在转角处延伸墙面地面；也可以覆盖整面墙，将房间面积翻倍；还可以局部镶嵌使墙体有不同的虚实感觉，从而从视觉上扩大房间面积，扩大室内空间感受。

1. 转角处的镜子将墙地面延伸

a) 当两面墙相交时，将通高的镜子放在其中一面墙上，将另一面墙反射过去。这样虽然实际墙体已经结束，但由于反射的原理，它看起来并没有结束，而是被延长了，这样就扩大了空间感觉。比如图中所示的卧室的墙面被延伸（见图5）。

b) 墙面与顶棚相交时，将镜子镶嵌在顶棚上，墙面被向上反射，空间就被提升了。这个方法很适

镜子在住宅中的巧用

（a）卧室的墙面被延伸

（b）起居室的墙面被延伸

图5　墙面被延伸实例

图6　起居墙面被提升

图7　房间面积翻倍

合于较为低矮的空间。比如可以在电视墙上的顶棚上贴镜子，这样似乎电视墙就升高了（见图6）。

c）墙面与地面相交，在墙面最下沿贴一小条通长的镜子。同理虽然由于墙的阻挡，空间已经结束，但是看起来，这只是一个轻质隔断，在墙后还有更大的空间。

2. 通高的镜面使房间面积翻倍

从顶棚至地面，用镜子覆盖整面墙壁，使房间中所有家具都反映镜面之中，室内空间会在视觉上增大一倍。比如，在餐厅的墙上放置镜子，从某个角度看起来，整个起居室和餐厅的情况都反映其中，房间的面积在视觉感受整体扩大了（见图7）。

3. 局部镶嵌的镜面让墙体弱化

通长的墙体由于其材质和厚度所决定，往往较为死板，给人以厚重感和压迫感，我们可以通过镜子弱化这个感觉。比如，图片中所示起居室，它的局部墙面镶嵌镜子之后，原先大面积的白墙就被划分成为不同质感的几段墙体，从而有虚有实，空间的限定感被削弱，达到扩大空间的目的（见图8）。

注意：用镜子来扩大空间的实质是反射空间，让人产生一种迷惑感，心理上觉得空间变大了；因此，要注意从镜子中看到的东西以及给人造成的心理感受。

a. 避免镜子正对来人；

门厅处的镜子不可正对入口，人一进门突然发现镜中的自己，容易受到惊吓，同时很快明白眼前的大空间只是镜子而已，也就看穿了"把戏"；民间风水学中似乎也忌讳门口悬镜。

b. 避免两面镜子相对的情况出现；

若在左右相对的墙面同时覆盖镜子，则因两面镜子互相反映，视觉上空间的深度便有无限远之感，这会令人觉得不着边际和欠缺安全感，所以不适宜用于家居。

c. 避免镜子的边框和接缝恰好在人的正常视野内，影响视线和美观，削弱空间效果。

三、提高室内亮度——镜子对光线的反射

利用镜子反射光线的特性，我们可以把室外的自然光引入室内，增加室内亮度；或者，通过巧妙的设计，反射灯的光线，提高灯具效率、营造室内氛围。

例如，在普通的住宅里，如果墙面上有一大片镜子，室内的亮度会提高很多，且能大大改善不同进深处亮度不匀的情况（见图9）。

再如，地下室即使留有采光窗，但光线也往往不够充足，我们也可以同理安装镜子，将室外光线引入室内，增加亮度，提高舒适度。

图8 虚实不同的墙体

图9 通过镜面和玻璃增强室内光线

注意：使用镜子反射光线时，要注意镜子的位置和角度所产生的效果。

a. 避免经过镜面反射后，光线直射至书桌、床等位置，产生眩光，影响人的工作和休息；

b. 避免经过反射后，室外的人轻易的就看清了室内的情况。

四、促进观察交流——镜子对视线的延伸

利用镜子能反射出人和空间的这一特点，我们可以在室内的某一个地方，通过镜子，观察另一个空间的情况，这样交流就有了更大的可能性。

比如，从居室的某一面镜子可以观察到户门的情况。那么，家里的人不用走过去，就能知道是谁回家了。这一方法方便正在厨房或者书房工作不便脱身主人，他们只需探探头，就可以和回家的人打招呼；也适用于有老人的家庭中，既省去了他们走过去看的麻烦，又能满足老人迫切想要见到儿女回家的心理；反之，儿女回家时，也能一进门就能看见老人（见图10）。

注意：使用镜子来观察交流时，要注意被观察处的私密性和被观察者的心理感受。

a. 避免从门厅、起居等相对公共之处，观察到卧室、卫生间等相对隐私之处；

b. 避免在书房里工作的家人有不舒适感：比如眼前总有人影往来经过，或者做作业的子女有被监视感，这样家人一进书房就不得不关门。

五、装点室内空间——镜子对生活的点缀

除了观察容貌、扩大空间、促进交流、引入光线之外，镜子本身就是美化居家的重要装饰品。镜子可以制作成各种造型，成为一件艺术品来点缀房间；从镜子里，人们可以看到一幅动态的画面，其装饰效果比一幅画更生动。

1. 具有装饰效果的镜子

随着工艺水平的提高，镜子本身的艺术性也越来越强，成为家中的时尚点缀。镜子的形状各异，镜框的材质和风格各不相同，镜子可安装在墙上，也可以独立的放在地上。人们可根据装修风格、房间布局和个人喜好合理选择（见图11）。

图10 老人通过镜子观察户门

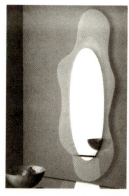

图11 镜子的装饰效果

2. 具有画框作用的镜子

镜子还可以配上不同材质及样式的边框置于台面上、挂于墙上，镜前摆放鲜花、烛台，或者在对面合适的位置悬挂精美的画，加上室内活动的人影，镜中出现的影像就像一幅幅生动的画面。让人随着不同角度与样貌，产生不同感受与联想（见图12）。

注意：用镜子装饰房间，必须注意室内布局的总体效果。镜框的材质造型颜色，镜面的形状、大小，都要与室内整体设计搭配。比如传统的中国式镜子，运用竹木花鸟等民族元素，与过分简洁的装修风格就不协调；而活性可爱的各种小装饰镜，则用在年轻时尚的家中（见图13）。

总结起来可以发现，平时看起来不起眼的镜子，通过仔细的研究和分析，它的作用可以远大于通常人们所知的"照镜子"这一基本功能。利用镜子，我们可以让自己的家显得更开阔更明亮；利用镜子，我们可以使家人间的交流更频繁更多样；利用镜子，我们可以让自己的居室更美丽更多姿多彩。

因此，多观察和体会生活，多挖掘和发现日常物品的用途，我们相信，单一的功能变得多样化的时候，即便是小小的镜子，也能在住宅中发挥出巨大的作用。

图12　镜子的画框效果

图13　时尚装饰镜

主要参考文献

[1] 国家技术监督局,中华人民共和国建设部. GB 50045－1995 中华人民共和国国家标准——高层民用建筑设计防火规范. 北京: 中国计划出版社, 2001.

[2] 国家技术监督局,中华人民共和国建设部. GB 50096－1999 中华人民共和国国家标准——住宅设计规范. 北京: 中国建筑工业出版社, 1999.

[3] 中国建筑技术研究院. GB50096－1999 住宅设计规范. 北京: 中国建筑工业出版社.

[4] 建设部工程质量安全监督与行业发展司. 2003全国民用建筑工程设计技术措施——规划建筑. 北京: 中国计划出版社.

[5] 时国珍主编. 中国创新90中小套型住宅设计竞赛获奖方案图集. 北京: 中国城市出版社, 2007.

[6] 日本高齢者住宅財團編著. 高齢社會の住まいと福祉データブック, 1998.

[7] 日本建設省編. 建設白書2000, 2000.

[8] 日本東京商工會議所編. 福祉住環境コーディネーター檢定2級テキスト, 2000.

[9] 新潟市. 介護保險サービスガイド, 2000.

[10] 桔弘志. 高齢者施設高齢者集合住宅に關する研究，日本建築學會2000年度全國大會發表論文.